不懂感恩再优秀也没有用

感恩是一种态度、一种情怀、一种美德，更是一种使命……

肖成彪◎编著

内蒙古人民出版社

图书在版编目(CIP)数据

不懂感恩再优秀也没有用/《不懂感恩再优秀也没有用》编委会主编;肖成彪编著.—呼和浩特:内蒙古人民出版社,2020.8

ISBN 978-7-204-16409-7

Ⅰ.①不… Ⅱ.①不… ②肖… Ⅲ.①人生哲理—通俗读物 Ⅳ.①B821—49

中国版本图书馆 CIP 数据核字(2020)第 169174 号

不懂感恩再优秀也没有用

作　　者	肖成彪
责任编辑	晓　峰
出版发行	内蒙古人民出版社
地　　址	呼和浩特市新城区中山东路 8 号波士名人国际 B 座 5 楼
印　　刷	唐山楠萍印务有限公司
开　　本	710mm×1000mm　1/16
印　　张	20
字　　数	350 千
版　　次	2020 年 12 月第 1 版
印　　次	2021 年 1 月第 1 次印刷
印　　数	1—6000 册
书　　号	ISBN 978-7-204-16409-7
定　　价	59.80 元

如发现印装质量问题,请与我社联系。联系电话:(0471)3946120

网址:http://www.impph.com

前言

懂得感恩的人，会懂得珍惜，就容易得到幸福和成功。

感恩，是生活和工作中不可或缺的阳光雨露。它是一种处世哲学，一种生活态度和道德情操。它是生活工作中的大智慧，来自对生活和工作的爱与希望。懂得感恩的人，才是天底下最富有的人。

感恩，是一种美好的情怀，是一种知恩图报的良知。"滴水之恩，当涌泉相报"是中华民族的传统美德，是华夏儿女崇高的精神境界。在人生的旅途上，我们应心怀感恩之情，感恩祖国、感恩社会、感恩亲人、感恩朋友，感恩所有关心支持帮助过我们的人。

感恩是一种生活的必需。因为，感恩不只是一种对于生命馈赠的欣喜，感恩也不只是一种对于这一馈赠所给予的言辞的回馈，感恩乃是用我们赤子般纯洁无瑕的心，去领受那付出背后的艰辛、期冀、关爱和温情。感恩是茫茫天地间宇宙大爱的传承，感恩是宇宙洪荒中生命与生命相联系的见证。

感恩是一种对生命恩赐的领略，感恩是一种生活的智慧。"感恩"不一定要感谢大恩大德，"感恩"可以是一种生活态度，一种善于发现美并欣赏美的情趣。人生在世，不如意事十有八九。如果我们囿于这种"不如意"，终日惴惴不安，那生活就会索然无趣。

也许，生活中的一切确实不是那么尽善尽美，但作为一名公司员工，我们却要感谢自己的工作，因为它不仅给了我们生存的物质，还为我们提供了展现人生价值的舞台，让我们的人生阅历得以丰富，让我们的人格得以锤炼，让我们的聪明才智找到萌芽的乐土。在职业生涯中，无论做什么事，我们都要将个人的心态归零：放空自己，怀着一颗感恩的心，把每一次挑战都看成一个新的起点，一次新的经验。学会感恩，我们就会变得宽容，不再抱怨；学会感恩，我们便能以一种更积极的心态去回报我们应感谢的对象；学会感恩，我们就会怀抱一颗感恩之心，去帮助那些需要帮助的人……“送人玫瑰，手有余香”，怀着这样一种从容、坦然与喜悦的心去感恩你的工作吧，你将会取得更大的成功。

没有不美好的生活，只有不懂感恩的人；没有做不好的工作，只有不负责任的人。感恩为怀，珍视生命中的每一次感动，感恩生活中的每一份给予，把握人生中的每一个机会；责任为魂，用主动负责的积极态度去做每一件事，把握成功的先机。怀感恩之心，践责任之行，踏踏实实做人，勤勤恳恳做事，成功的大门就会向你敞开。

学会感恩，我们就会变得宽容，不再抱怨；学会感恩，我们便能以一种更积极的心态去回报我们应感谢的对象；学会感恩，我们就会怀抱一颗感恩之心，去帮助那些需要帮助的人……感恩，充实着我们的生活；感恩，塑造着我们的心灵；感恩，让世界变得美丽；感恩，使我们拥有爱心。常怀感恩之心，我们便能够生活在一个感恩的世界；常怀感恩之心，快乐就会永远与我们的人生相伴。

让我们永远怀揣一颗感恩之心，去感谢生活中充满芬芳的点点滴滴吧，因为心存感恩会让我们收获更多。

目录

第一章

永葆感恩之心，做一个懂得感恩的人

感恩是一颗火种，拥有一颗感恩的心，我们便拥有了打败消极的力量，用积极的心态重塑一个健康向上、勇往直前的人生。不知感恩的人，注定是个冷漠自私的人。不知关爱别人的人，纵使给他阳光，也不会放射出自身的温暖，更不配得到别人的爱。

不懂感恩的人比豺狼还可怕

现代人的痛苦，很大原因是不懂得感恩。他们把所享用的一切都认为是理所当然，别人有一点对不起自己的地方就抓住不放。感恩越来越少，怨恨越来越多，人就越来越自私。自私的人不懂感恩，吝啬与别人分享，甚至恩将仇报。

有一位东郭先生，死读书，十分迂腐。一天，东郭先生赶着一头毛驴，背着一口袋书，到一个叫“中山国”的地方去谋求官职。突然，一只带伤的狼窜到他的面前，哀求说：“猎人用箭射中了我，差点要了我的命。求求您把我藏在您的口袋里，将来我会好好报答您的。”东郭先生看到这只受伤的狼很可怜，让狼蜷曲了四肢，钻进放书的口袋中去。不一会儿，猎人追了上来，发现狼不见了，就问东郭先生：“你看见一只狼没有？”东郭先生说：“没看见。”猎人相信了东郭先生的话，朝别的方向追去了。

猎人远去之后，东郭先生把狼放了出来。不料，狼却对东郭先生说：“我饿极了，你就让我吃掉你吧。”说着，狼就张牙舞爪地扑向东郭先生。东郭先生怒斥狼的“忘恩负义”，幸亏这时一位农民扛着锄头路过，把狼打死了。

“中山狼”的忘恩负义、恩将仇报启示我们：一个不懂感恩的人会比豺狼还可怕，注定不会受人欢迎。不知感恩，缺乏感恩心态，会导致一个人的情感变得麻木，对人对事缺乏热情与认真，工作、生活懈怠，渐渐变成冷漠无情的动物。如果一个人的生活中只剩下冷漠，他的生命也将慢慢枯萎，没有朝气，他的人生对于他人、对于社会也没有什么价值。

一个不懂得感恩的人，注定是一个自私自利的人。自私关闭了感恩的门，也关闭了快乐的门。快乐源于一颗感恩的心，感恩让我们心中多了一份难得的满足和宁静。如果总觉得别人欠你的，从来不想别人和社会给你的一切，这种人心里只会产生抱怨，不会产生感恩。

有个小村庄里有位中年邮差，他从刚满20岁起便开始每天往返50公里的路程，日复一日将忧欢悲喜的故事送到居民的家中。20年一晃而过，人事物几番变迁，唯独从邮局到村庄的这条道路，从过去到现在，始终没有一枝半叶，触目所及，唯有飞扬的尘土罢了。"这样荒凉的路还要走多久呢？"他一想到必须在这无花无树充满尘土的路上，踩着脚踏车度过他的人生时，心中总是有些遗憾。

有一天当他送完信，心事重重准备回去时，刚好经过了一家花店。"对了，就是这个！"他走进花店，买了很多野花的种子。从第二天开始，他带着这些种子撒在往来的路上。就这样，经过一天，两天，一个月，两个月……他始终持续撒播着野花种子。没过多久，那条已经来回走了20年的荒凉道路，竟开出了许多红、黄各色的小花；夏天开夏天的花，秋天开秋天的花，四季盛开，永不停歇。种子和花香对村庄里的人来说，比邮差一辈子送达的任何一封邮件更令他们开心。在充满花瓣的道路上吹着口哨，踩着脚踏车的邮差，不再是孤独的邮差，也不再是愁苦的邮差了。

幸福犹如香水，你不可能喷向别人而自己却不沾几滴。的确，在生活中，超越狭隘、帮助他人、善意地看待这个世界才会与快乐相伴。对此，罗曼·罗兰说得很精彩："快乐和幸福不能靠外来的物质和虚荣，而要靠自己内心的高贵和正直。"因此，我们要修炼自己的感恩之心，对生活热爱，对生命敬重和珍视。如果我们能时时用感恩的心来看这个世界，则会觉得这个世界很可爱、很富有。

我们应该把拥有的一切看成是恩赐，懂得感恩。感恩让我们心与心得以交流，让我们拥有朋友和快乐。懂得感恩，才能真正体会生命的意义。

学会感恩，你会像敬重生命那样敬重你的工作。不懂感恩的人，注定无法成为公司重点培养的对象，他们只会成为过客。不懂感恩的人，他们的存在价值会大打折扣。一个贪婪、矫情、缺乏爱心、缺乏责任、缺乏工作热情的人会有前途吗？又有哪一家公司会给这样的人以发展的机会呢？可以说，一个员工不懂得感恩，就不值得老板重用。因此，从今天起，请带着感恩的心去工作。带着感恩的心工作，才会有足够的耐心做好任何事情，让自己离成功越来越近。

心怀感恩，学会知足常乐

心怀感恩就是对世间所有人和事物给予自己的帮助和恩赐表示感激，铭记于心。拥有了感恩之心，才会拥有良好的心态，才会懂得满足，才会感到快乐。古往今来，无数典故诠释了这一道理。

一个人知道满足，心里就时常是快乐的、达观的，这有利于身心健康。相反，贪得无厌，不知满足，就会时时感到焦虑不安，甚至是痛苦不堪。快乐、幸福都是建立在知足的基础上的。贪图太多不实际的幻想往往是一件祸事。

有这样一个寓言故事：

有个人得到了一张藏宝图，图上指出在密林深处有一处足以让所有人心动的宝藏。这个人立刻准备好了一切旅行用具，甚至不忘带上四个大口袋来装那些“即将到手”的宝物。

一切准备就绪后，他进入那片密林，一路上披荆斩棘、跋山涉水。他先找到了第一份宝藏，在看到那些金子的时候，他被眼前的金光灿烂震撼到了。他马上掏出袋子，把看到的所有金币都装进了口袋。等他离开这个地方的时候，看见门上写着一行字：“知足常乐，适可而止。”

“知足常乐”的警示并没有让这个人警醒，他想：有一个人能看着这么多金子无动于衷吗？于是，他没留下一枚金币，扛着大袋子来到了第二个宝藏处，里面储藏的是堆积如山的金条。这个人依旧把所有的金条放进了袋子，当他拿起最后一条时，上面刻着："贪心让人步入深渊。"但是一心想发财的他，完全忽视了这个警告，迫不及待地走向了第三个藏宝的地方。

第三个藏宝的地方有一块磐石般大小的钻石。这个人的眼睛马上就亮了，他贪婪地拿起钻石，放入了袋子。等拿到钻石之后，他发现这块钻石下面有一扇小门。他心想：这个门的下面一定有非常多的财宝。于是，他一点也没有犹豫，就打开门跳了下去，谁知，下面并不是金银财宝，而是一片流沙。这个人在流沙中越陷越深，最终与金币、金条和钻石一起长埋在流沙之下了。

人生是否快乐，关键看你是否知足。俗话说"欲壑难填"。人的欲望是无止境的，一种欲望满足了还会有更多的欲望滋生，若欲望太多太高，则永远得不到满足和快乐。如果这个人在看了警示后懂得适可而止，能在跳下去之前多想一想，那么他就会平安地返回，成为一个真正的富翁。不知足的可怕之处，不仅在于摧毁有形的东西，而且能搅乱你的内心世界。你的自尊，你的原则，都可能在贪心面前垮掉。

知足者才能常乐。人有了贪欲就永远不会满足。不满足，就会感到欠缺，高兴不起来。老子在《道德经》中说："祸莫大于不知足。"讲的就是知足常乐的道理。许多人不可谓不聪明，但却由于不知足，贪心过重，为外物所役使，终日奔波于名利场中，每日抑郁沉闷，不懂得人生之乐。

弘一法师，俗名李叔同，1880 年生于天津官宦富商之家，1942 年 10 月 31 日圆寂于泉州。

弘一法师对佛学的贡献，主要体现在他对律宗的研究与弘扬上。弘一法师为振兴律学，不畏艰难，深入研修，潜心戒律，著书说法，实践躬行。他是近代佛教界备受尊敬的律宗大师。但在生活上，弘一法师淡泊物质，随缘生活。一条毛巾用了十八年，破破烂烂的；一件衣服穿了几载，缝补再缝补。有人劝他："法师，该换新的了。”他却说：“还可以穿用，还可以穿用。”

出外行脚，住在小旅馆里，又脏乱、又窄小，臭虫又多，有人建议说：“换一间吧！臭虫那么多。”他却说：“没有关系，只有几只而已。”

平常吃饭佐菜的只有一碟萝卜干，他还吃得很高兴，有人不忍心地说：“法师！太咸了吧！”弘一法师恬淡知足地说：“咸有咸的味道。”

弘一法师的言行可谓知足常乐的代表。知足常乐是一种人性的本真。知足是一种处事态度，常乐是一种幽幽释然的情怀。当然，知足常乐，并非沾沾自喜、盲目乐观、矫揉造作、狂放不羁，而是懂得洞察暂时的成功，乐于开拓，为将来取得更大的成功鼓足信心，做好充分的准备。

“人生一世，草木一秋。”若人人都能心怀感恩、知足常乐，世间便少一点横眉冷对，多一点笑脸相迎。这个世界也会充满和谐温馨。知足常乐，在烦躁与喧嚣中会过滤掉压抑与沉闷，沉淀默契与亲善。

感恩大自然的恩赐，保护好环境

大自然赋予了人类生命。它赐予人类水、阳光、土地、植物，使人可以生存在浩瀚的天地间。若是没有水，人类将会受到饥渴的威胁；若是没有阳光，植物将无法生长，人也无法生存。大自然给了人类太多的恩赐，但人类却很少感恩大自然。

工作和生活中，很多人并没有学会爱护自然环境，而是一味地破坏自然环境，伤害大自然。比如砍伐树木、捕猎动物，人类做出一系列的举动，都伤害了大自然。大自然已变得满目疮痍。这些破坏环境的举动不仅伤害了自然，也伤害了人类自己。大量捕猎动物，使生态不平衡。向河道排放污水，使水资源污染，而人类喝了污染水，会导致各种疾病。因此，我们要学会感恩大自然，保护环境。保护环境是一个热门的话题，也是一个迫在眉睫的严重问题。

我国的环境问题十分严重。据统计，我国内蒙古的草原退化已经到了惊人的程度。6359万公顷可利用草地面积中，目前退化草地面积已达3867万公顷，占可利用草原的60％。素以水草丰美著称的全国重点牧区呼伦贝尔草原和锡林郭勒草原，退化面积分别达23％和41％。鄂尔多斯草原的退化最为严重，面积达68％以上。以往沙尘暴基本上是从阿拉善盟和巴彦淖尔盟的沙漠地带发起，后东移到乌兰察布盟和锡林郭勒盟，向世人拉响了令人担忧的生态警报：美丽的锡林郭勒草原也已严重沙化。内蒙古乃至世界上最为典型的草甸草原东乌珠穆沁旗，草场退化面积已占全旗可利用草场的66％以上。以荒漠草原为代表的阿拉善盟和伊克昭盟，草原退化、沙化之势更为严峻。与20世纪50年代相比，阿拉善左旗的草地覆盖度降低了30％～50％。目前，荒漠和半荒漠已占到了这个旗草地的96.9％。

我国古代的黄土高原曾经是美丽富饶的地方，商朝时黄河流域的森林覆盖率曾为50％以上。但是，经过几千年来掠夺式的开发，大自然给予了人类无情的报复。现在，黄土高原的水土流失地区到处是荒山秃岭、沟壑纵横，黄河——中华民族的“母亲河”，竟成为世界上泥沙含量最多的河流。

近几十年来，随着人口的急剧增长和经济的高速发展，人类生产和生活对环境造成的破坏日益严重，出现了空前的环境危机。环境危机包括环境遭到污染，森林、草原和野生动植物等自然资源遭到破坏，以及由此引起的生态环境的恶化。

生态环境的日益破坏使我们的家园遭到了严重的威胁，天空湛蓝如镜，大地绿草如茵，已经快要不复存在了，而人们却又执迷不悟地破坏环境，这种状况实在令人担忧。众所周知，自然环境是人类生存、延续的物质基础。如果我们破坏了环境，等于破坏了我们生存的基本条件。为了我们的生存，为了我们的明天不会上演各种悲剧，我们作为社会成员的一分子，要感恩大自然的恩赐，保护环境。

滇池卫士张正祥，一个对滇池爱到骨髓的普通农民。2009 年感动中国年度人物对他的评语是：他把生命和滇池紧紧地绑在了一起。

1962 年，14 岁的张正祥回到富善村，在滇池边上以打鱼为生。19 岁当上生产队长，他给村民立下规矩，不许在滇池里洗衣，倾倒污染物，不许砍伐山上的树木。张正祥真正走上“保滇”之路是在 20 世纪 80 年代。滇池四面环山，西部和南面的群山紧靠水面，恰在这里蕴藏着丰富的磷矿和石灰石，而且埋藏浅、品位高。1982 年开始，西山出现了很多采石场和矿场。在张正祥的记忆中，当时每天都有很多树木被砍，轰隆隆的机器声晚上都轰鸣不停。“地动山摇的，西山被挖得坑坑洼洼，灰尘漫天飞扬，最多时有 40 多个采矿点。著名景点‘睡美人’脖子后挖出了一个大坑，只要再将前面一个山丘挖掉，‘睡美人’就要成‘无头鬼’了。”看着郁郁葱葱的西山逐渐变成濯濯童山，张正祥只能干着急。更可气的是，这些采石场往往是一查就关，一走又开。他实在憋不住了，卖了自家的养猪场，再次住到西山上当了护林志愿者。附近的村民常见他骑着辆破自行车东奔西跑，渴了就喝一口山沟里的水。30 年间，他为保护环境奉献了自己的一切，最终获得了大家的尊重和理解。

当我们享受大自然的每一刻时，又是否想过，感恩就是回报。我们享用了大自然的盛宴，爱护它们难道不是我们的职责吗？

我们应当爱护自然环境。良好的环境是我们赖以生存的根本。环境是社会文明和进步的重要标志，营造优美的环境是我们共同的需求。我们要学会对自然感恩，珍惜大自然的产物。我们在日常生活中要创造美好的自然环境，停止捕捉野生动物的行为，重新恢复生态平衡。不浪费粮食，节约水资源。这些行动就是对大自然最好的感恩。

让我们满怀着一颗感恩的心重新看待生活，从我做起，保护环境，热爱大自然吧！

感恩祖国，时刻把祖国放在心里

古今中外，人们都把自己的祖国比作母亲，对她怀有极其深厚的感情，英文中的“祖国”的单词是“motherland”，字面含义就是“母亲之国”；对“母亲之国”的热爱，是人类共同的情感。因此，感恩祖国是一种社会价值，更是一种真实的情感。我国运动员获得世界冠军，五星红旗冉冉升起时，往往会泪流满面。此时，国家不再是一个简单的符号，感恩祖国也不再是干巴巴的道理，其澎湃的情感蕴含着丰富的内容，激荡着每一个人的心田。

对于一个人来说，祖国首先代表地球上的一个地方，那个地方的一切，高山大海、原野河流，地下矿藏、地上鸟兽都和自己息息相关，都深深地刻印在自己生命的轨迹之中。爱祖国，爱的就是这一条条大河、一座座高山；祖国代表着一个人群，一个和自己血肉相连、处处相依的团体。爱祖国，就是爱自己的兄弟姐妹和亲戚朋友，爱我们共同的祖先和共同创造的历史；祖国代表一种文化，国家与民族相连，每个民族都有自己的文化。爱祖国不仅要了解民族的语言习惯、服饰、饮食、风俗习惯，更重要的是要认同民族的传统价值观念、思维方式和行为准则。

茅以升是我国著名的土木工程学家、桥梁专家、工程教育家，中国科学院院士，美国工程院院士。

1916年，茅以升从交通部唐山工业专门学校毕业后，被清华学堂官费保送赴美留学。1917年获美国康奈尔大学桥梁专业硕士学位，并荣获康奈尔大学优秀研究生“斐蒂士”金质研究奖章。1921年获美国卡内基·梅隆大学大学工学院工学博士学位。其博士论文《桥梁桁架的次应力》的科学创见，被称为“茅氏定律”。

人们纷纷向他投来尊敬、赞美的目光，一份份诱人的聘书也向他飞来。有人劝他留在美国，说科学没有国界。但茅以升却斩钉截铁地回答："不！纵然科学没有祖国，科学家却是有祖国的！我是中国人，我的祖国更需要我！"他毅然踏上了回国的征途。

1934—1937 年，茅以升任钱塘江桥工程处处长，主持修建我国第一座公路铁路兼用的现代化大桥——"钱塘江大桥"。他采用"射水法""沉箱法""浮远法"等，解决了建桥中的一个个技术难题。经过 5 年的努力，茅以升终于将现代化的钱塘江大桥建成，成为中国铁路桥梁史上的一座里程碑。1955—1957 年，他又参与设计了武汉长江大桥。为祖国的桥梁建设做出了重要贡献。

感恩祖国体现了对祖国的深厚感情。感恩祖国是一份情感，是一份血浓于水的热情与爱恋。爱祖国，就是对这块土地的眷恋，对同胞的不舍之情，对精神母亲的依恋。爱祖国是一种人生价值准则。它强调祖国的利益高于一切，倡导一种报效祖国、为国家为社会献身的精神。爱祖国不是抽象的，而是具体的。祖国的大好河山，自己的骨肉同胞，民族的灿烂文化，是同具体的国家相联系的。我们每个人的发展都是同国家的发展和进步紧密联系在一起的，爱祖国就要心系国家的前途和命运，就要把国家和人民的利益摆在首位，为祖国的独立和富强，为人民的解放和幸福贡献力量。

伟大的人生目标往往产生于对祖国深沉的爱。一个人对祖国爱得越深，历史责任感就越强烈，人生目标就越明确，人生信念就越坚定。古往今来，彪炳中华民族史册的，无一不是忠诚的爱国者。他们之所以能成就一番事业，使自己的人生有价值、有意义，根本原因在于对自己的祖国和人民有一颗滚烫的赤子之心。

钱学森是我国功勋卓越的科学家，也是心系祖国母亲的赤子。1934 年，钱学森考取清华大学公费留学生，1935 年 9 月进入美国麻省理工学院航空系学习，1936 年 9 月转入美国加州理工学院航空系，成为世界著名航天工程学家冯·卡门的学生，并很快成为冯·卡门最得意的弟子。先后获航空工程硕士学位和航空、数学博士学位。1938—1955年，钱学森在美国从事空气动力学、固体力学和火箭、导弹等领域研究，并与导师共同完成高速空气动力学问题研究课题和建立“卡门·钱学森公式”，在28岁时就成为世界知名的空气动力学家。

中华人民共和国成立后，他毅然抛弃国外优越的生活与工作条件，历尽千难万险，回归祖国的怀抱，投身到祖国的建设中。为中国导弹、原子弹的研制立下了汗马功劳，被评为“两弹一星”的功臣，受到国家的表彰。在荣誉面前，他是这样说的：“说是表彰我对中国火箭导弹技术、航天技术和系统工程论方面所做的一切工作。我想这里面‘中国’两个字是最重要的。”

感恩祖国就是不忘祖国、热爱祖国。爱国体现了每一个中华儿女对祖国的责任，这种责任是社会发展的客观要求，也是每个人自身发展的客观需要。一个人能够成为什么样的人，应该成为什么样的人，在很大程度上要依赖于社会，依赖于生于斯、长于斯的祖国。祖国给个人的成长发展创造条件，对个人的奋斗成果做出评价，为个人实现人生价值的征程指明方向。

爱国要求人们始终坚持如下认识：一是每个人都对自己的祖国负有责任和义务。真正的爱国者为了祖国，可以抛弃自己的一切，包括荣誉、事业、优越的工作条件和生活待遇等。二是祖国的前途命运决定个人的前途命运，祖国的强弱，决定了个人的地位和尊严。我们每个人都生活在社会之中，都是祖国大家庭中的一名成员。每个人的进步和发展都是同祖国的进步和发展紧密联系在一起的，每个人的利益都是同祖国的利益紧密联系在一起的。所以，我们每个人都必须树立祖国高于一切的观念，把爱国作为自己神圣的义务。

感恩社会，奉献社会

感恩从来不需要冠冕堂皇的装饰，不论贫富，都有自己感恩社会的方式。医生救死扶伤，警察维护法纪，老师培育英才，学生努力学习……把对社会的感激升华为对国家的贡献，为构建和谐社会贡献绵薄之力，人人为我，我为人人，这就是感恩社会。

感恩社会，切忌好高骛远，不切实际，夸夸其谈，不做实事。要从自己做起，从生活的点滴做起。时时刻刻去关心身边的人，关心自己的家人。即使一次真诚问候，一次打扫卫生，一次雪中送炭，一次指点迷津，也都是实实在在的感恩。

罗经顺是一个热心参与社会各项公益活动，乐于奉献的人。2009 年，经镇有关部门批准，在社区协助下，罗经顺把一块本是杂草丛生、垃圾成堆的空地建成了一座休闲娱乐的活动场所。建设这块绿地所需的 10 万多元资金是罗经顺和他的同伴们经过几番努力，克服种种困难筹集而得。如今的社区居民身居其中，享受文体活动的快乐，不亦乐乎！

2011 年，罗经顺又和几位居民代表协助社区再次挨家挨户集资 7 万多元，把幼儿园边上的一块三角地建成了健身活动场所。过去，这块荒地又脏又臭，倒满生活和建筑垃圾，给周边居民群众的生活带来诸多不便，并且严重影响居民的身体健康。罗经顺又一次站了出来，自发成立了服务小组，团结居民，义无反顾，把这块荒地变成一处休闲健身的好去处。在这两次集资中，罗经顺慷慨解囊共出资 2000 多元。为了保持活动场所的卫生，罗经顺每天早早起来修剪花草，打扫清洁卫生，让温馨的气息、祥和的气氛弥漫在这块绿地上。

这就是罗经顺，一个值得我们敬仰的好人。

无论我们做什么工作，处于什么职位，只要在感恩的精神里，我们便能体味到成功的喜悦和生命的真谛。一棵大树因为接受了甘甜的雨露而结出甜美的果实，一朵鲜花因为接受了温暖的阳光而开出了绚丽的色彩。这就是感恩，这就是奉献。

感恩意味着奉献。我国一位科学家在荣获国家最高科学技术奖时说："为了心中的梦想，数年我没有在节假日休息过。对我来说，科研本身带来的愉快是最大的报酬，奉献祖国是最大的幸福。"奉献就在人间，感恩就在身边。让我们在感恩中生活，在生活中奉献吧！

奉献是一种爱的体现，它充满了人性的光辉，闪烁着爱的光芒。它不论大小，不分你我。奉献是一种精神。奉献不是用嘴说的，它需要付诸行动。奉献是一种境界。把奉献当作人生追求的一种境界时，我们就会在工作上少一些计较，多一些奉献；少一些抱怨，多一些责任；少一些懒惰，多一些上进。

奉献是平凡的。在有些人的心目中，奉献是英雄和模范们的事，不是普通人所能做到的。奉献就是牺牲，高不可攀，可敬不可为，可羡不可行，这是对奉献的一种误解。奉献既是一种高尚的情操，也是一种平凡的精神；既包含着崇高的境界，也蕴含着不同的层次。奉献既表现在国家和人民需要的关键时刻挺身而出，慷慨赴义，也融会和渗透在日常的工作和生活中。

家住天津市杭州道文安里社区的钱玉珍，是一名社区志愿者。从事了一辈子教育工作的钱玉珍，对孩子有一种与生俱来的爱。她虽然退休在家，心却一直与孩子们在一起，为方便与孩子们的交流，她腾出自己的一套住房，创办"家庭学堂"。

在日常学习中，钱玉珍向孩子们讲述历史，并以身作则为孩子们树榜样。钱玉珍所在的文安里小区，经常出现一些居民随手乱扔垃圾的现象。钱玉珍想，这些不良行为既破坏了环境，又对孩子产生不良影响。于是，她带着小孙女主动收捡小区绿地中的垃圾。祖孙两人的行动感召着更多的人，寒暑假和节日放假，小区内的20多名中小学生在钱玉珍的带领下成立了“绿色环保小卫士”分队。小分队的孩子最大的12岁，最小的才3岁。他们在小区捡垃圾，定期为小区的花草树木浇水，小区的环境卫生变得更加干净整洁。

2004年，文安里社区成立了“未成年人德育校外课堂”，钱玉珍被聘为校外课堂辅导员。她经常带领社区未成年人为孤老户打扫卫生、表演节目，帮助老人采购食品；她还利用兴趣绘画小组学生的特长，举办了环保绘画作品展览。

钱玉珍的“家庭学堂”知名度越来越高，吸引了越来越多的青少年，很多其他小区的孩子们也慕名而来，原来只有15名固定学生的“小课堂”发展成为百余人的“大课堂”，他们定期在这里学科技、讲法律、说公德。很多学生家长放心地把孩子放在这里，他们都亲切地称钱玉珍老师为“钱奶奶”。几年下来，“家庭学堂”的孩子换了一批又一批，当年的孩子现在有的已经念了初中，可在“家庭学堂”受到的教育却使他们一生受用，他们现在还经常回来看看曾经带给他们欢乐、受过教育的成长园地和他们的钱奶奶。

感恩社会、乐于奉献是一种朴实的中国传统美德。感恩的心让我们永远处于一种知足常乐、奋发向上的精神状态当中。奉献使人充实，使人快乐，使人高尚。

爱因斯坦曾充满愧疚地说：“我无时无刻不感到自己亏欠社会，亏欠大自然的太多太多了，所以我想方设法去弥补我欠下的，可我所能弥补的实在是少之又少。”连如此伟大的科学家尚且如此，更何况我们每一个普通人呢？在工作中奉献无所不在，无时不有。每个人不论职位高低，不论在什么岗位，都能够尽自己的所能做出奉献。奉献不是痛苦，不是丧失，不是剥夺，而是爱心的流露，善意的升华，美德的弘扬。

责任是人生的罗盘

其实，工作包含了诸多智慧、热情、信仰、想象和创造力。有责任心的人会卓有成效、积极主动地完成，他们总是在工作中付出双倍甚至更多的智慧、热情、信仰和创造力，并且能够在心灵深处将工作看作是深化、拓展自身阅历的一种途径。

人生在世，要想取得辉煌成就，就必须学会承担责任，这样在平凡的工作中，才能积极主动地实现自己的人生价值。美国前总统林肯说："每个人应该有这样的信心：人所能负的责任，我必能负；人所不能负的责任，我亦能负。如此，你才能磨炼自己，求得更高的知识而进入更高的境界。"

盛夏的一天，一群人正在铁路的路基上工作。太阳炙烤着大地，他们被晒得口干舌燥。这时，一列缓缓开来的火车打断了他们的工作。火车停了下来，最后一节车厢（这是头等车厢，里边空调、冷饮一应俱全）的窗户被人打开了，一个低沉的、友好的声音响了起来："大卫，是你吗？"大卫·安德森——这群人的负责人回答说："是我，吉姆，见到你真高兴。"于是，大卫·安德森和吉姆·墨菲——铁路公司的总裁，进行了愉快的交谈。在长达1个多小时的愉快交谈之后，两人热情地握手道别。

大卫·安德森的下属立刻包围了他，他们对于他是墨菲铁路公司总裁的朋友这一点感到十分震惊。大卫解释说，20多岁以前他和吉姆·墨菲是在同一天开始为这条铁路工作的。其中一个人半认真半开玩笑地问大卫，为什么你现在仍在骄阳下工作，而吉姆·墨菲却成了总裁。大卫非常惆怅地说："23年前我为1小时1.75美元的薪水而工作，而吉姆·墨菲却是为这条铁路而工作。"

被人们誉为“钢铁大王”的安德鲁·卡内基在33岁时就使自己建立的钢铁公司跃升为美国最大的钢铁公司。那一年，他在自己的备忘录中写道：“人生必须对自己负责，只知道赚钱是最不负责的目标。没有一种偶像崇拜比崇拜财富更坏的了。”

工作的目的并不仅仅是金钱。如果只为了金钱而工作，分散了对工作的专注，偏离了工作原来的指标，也就忘记了自己的责任。这种做事态度，使人直接地奔向金钱，而无心顾及责任，更无暇完成理想。

小赵是某公司成立时第一个入职的员工，不仅学历高、技术水平高，而且人也特别的机灵，所以从一开始老板就十分器重他。由于公司刚成立不久，规模还很小，公司里的日常工作没有很明确、很精细的分工，很多事情都是公司的职员兼顾。老板经常派小赵去采购一些办公用品。每当这个时候，小赵心里就喜滋滋的，因为他发现了在工作中隐藏着为自己增加收入的好机会，在感受着老板信任、重视的同时，还经常能从中拿点小回扣。

有一次，公司的宣传彩报设计好后，老板很满意，吩咐小赵马上找印刷厂印出来。在和印刷厂的业务员讲好价后，小赵提出了一个要求，那就是在开发票的时候多写200元钱装入自己的口袋。公司业务不断发展，老板扩大了公司规模，租用了一幢六层楼房作为公司办公场地。老板领大家看楼时，边说着自己的计划边请大家当参谋。小赵在一旁喜不自禁，心里打着自己的如意小算盘：如此大批量购置办公设备，那“好处”……

半个月后，小赵终于等到了老板召见的时刻，心里默默地算计了一下，正是新办公楼购置设备的日子。兴高采烈的小跑着进了老板的办公室。老板请他坐下后，微微笑着说：“小赵啊，我记得你是第一个入职公司的员工，这两年公司发展到今天，你功不可没啊！”

老板这样说，小赵在一旁谦虚地回应着。老板继续说：“公司马上就要鸟枪换炮了，其实你是个很能干的人，老实说我还有点舍不得。”小赵感觉不对路，果然，老板递给他一个装有结清他工资的信封。

最后，老板说：“公司经过两年多的时间是发展起来了，所以必须制定一些完善的管理制度，而对那些对公司有贡献的员工也应该升职加薪了。对于你的去留问题，我十分的矛盾，如果你留在公司，肯定要给你一个高层管理的位置，但是我又很担心你是否可靠……所以只能忍痛割爱了。”小赵做梦也没有想到，平日里忙得不可开交的老板竟然对他占公司小便宜的事情了如指掌。

小赵为公司做出了贡献，但是就在公司最辉煌的时候被炒了，离开公司那天，他后悔莫及。

工作意味着责任，一个缺乏责任感的人，不但会失去社会对自己的基本认可，而且会失去别人对自己的信任和尊重，甚至也失去了自身的安身立命的根本——信誉和尊严。一个肩负责任的人才不容易受外界的影响，才能坚持自己的目标和定位，因为肩负责任才不会迷失自己，才不会为了短期的利益而放弃长远的目标。这就是责任对于人生定位的意义。责任就像是一颗“定心丸”，因为它的存在，人们才能走得更加坚定和稳重。

责任改变平庸

平原君打算从门客中挑出20个有智有勇的人，随同他前往楚国。挑出19人后，还有一个再也找不到合适的了。

这时，只见毛遂主动站了出来说：“我愿随平原君前往楚国，哪怕是凑个数！”

平原君一看，是平常不曾注意的毛遂，便不大以为然，只是婉转地说：“你到我门下已经三年了，却从未听到有人在我面前称赞过你，可见你并无什么过人之处。一个有才能的人活在世上，就好像锥子装在口袋里，锥尖子会穿破口袋钻出来，人们很快就能发现它。而你一直未能出头露面显示你的本事，我怎么能够带上没有本事的人同我去楚国完成如此重大的使命呢？”

毛遂并不生气，他心平气和地说：“您说得并不全对。我之所以没有像锥子从口袋里钻出锥尖，是因为我从来就没有像锥子一样放进您的口袋里呀。如果早就将我这把锥子放进口袋，我敢说，我不仅是锥尖子钻出口袋，我会使整个锥子像麦穗子一样全部露出来。”

平原君觉得毛遂说得很有道理且气度不凡，便答应毛遂作为自己的随从，连夜赶往楚国。当时“诸侯皆畏秦”，毛遂却敢于自荐出使楚国，负起促成合纵、拯救赵国的责任。最后，正是这第二十号候补队员毛遂，说服了楚王，救了赵国。

试想，如果毛遂当时不主动站出来，平原君根本不会注意到其貌不扬的他。但结果是，毛遂临危请战，不辱使命，合纵成功。无怪平原君后来视毛遂为奇才，对他刮目相看，视为上宾。

毛遂自荐的故事告诉我们一个道理：在危难关头要敢于承担责任，要勇挑重担，这样才能改变你平庸的生活状态，使你变得杰出和优秀。

一位伟人说过：“人生所有的履历都必须排在勇于负责的精神之后。”勇于负责是工作、生活对人的第一要求。勇于负责的人才能赢得别人的信任和尊重，勇于负责的人才能获得好机会的眷顾。

在商业化的今天，老板越来越欣赏那些敢于承担责任的员工。因为只有这样的人才能给人以信赖感，才值得去交往。也只有这样的人，才具备开拓精神，才能为公司带来效益。所以，在做事的过程中，我们应该要求自己具备这种勇于负责的精神。

一个普通的员工，一旦具备了勇于负责的精神之后，他的能力就能够得到充分的发挥，他的潜力便能够不断地得到挖掘，从而为公司创造出更大的效益。同时，也让他本人的事业不断向前发展。

郭兰是一家大公司办公室的打字员。有一天中午，同事们都出去吃饭了。唯有她一个人还留在办公室里收拾东西。这时，一个董事走进来，想找一些信件。

尽管这不是郭兰分内的工作，但是，她依然回答："尽管这些信件我一无所知，但是，我会尽快帮您找到它们，并将它们放在您办公室里。"当她将那位董事所需的东西放在他的办公桌上时，董事显得格外高兴。

四个星期后，在一次公司的管理会议上，有一个更高职位的空缺。总裁征求这位董事的意见，董事想起了那位勇于负责的女孩——郭兰。于是，他推荐了她，郭兰的职位一下子升了两级。

无论做什么工作，我们都要勇于负责，你的成绩会被大家看到，你的行为会受到老板的赏识和鼓励。那些在工作中表现平庸的人，只要扔掉了"我才不多管闲事呢""让别人去做吧"之类的口头禅，凭着勇于负责的精神去从事工作，就不会再默默无闻，消极度日了。

改变人生的境遇指日可待，实现梦想的机会唾手可得，就看你敢不敢承担责任。

责任成就未来

"对不起，打扰了先生，您是位军人吗？"看起来，这个人很焦急，约翰不知道发生了什么。

"噢，当然，能够为您做些什么吗？"

"是这样的，我是公园的管理员。公园马上就要关门了，可是还有一个孩子站在公园里哭泣，我问他为什么不回家，他说，他是士兵，他在站岗，没有命令他不能离开这里。和他玩的那些小孩儿都走了，大概都回家了。天这么黑，雪这么大。”这个人说：“我说，你也回家吧。他说不，他必须得到命令，站岗是他的责任。我怎么劝他回去，他也不听，只好请先生帮忙了。”

约翰和这个人一起来到公园，在那个不显眼的地方，有一个小男孩儿在那里哭，但却一动不动的。约翰走过去，敬了一个军礼，然后说：“下士先生，我是中士约翰·格林，你为什么站在这里？”

“报告中士先生，我在站岗。”小孩儿停止了哭泣，回答说。

“天这么黑，雪这么大，为什么不回家？”约翰问。

“报告中士先生，这是我的责任，我不能离开这里，因为我还没有得到命令。”小孩儿回答。

“那好，我是中士，我命令你回家，立刻。”约翰的心里又为之震了一下。

“是，中士先生。”小孩儿高兴地说，然后还向约翰敬了一个不太标准的军礼，撒腿就跑了。

约翰和这位陌生人对视了很久。最后，约翰说：“他值得我们学习。”

是啊！小男孩在游戏过程中所表现出来的负责精神在当今社会中十分可贵。他的倔强和坚持看起来似乎幼稚，但身上体现的对于责任的那种坚守是可敬的，很多时候在我们成年人身上很难甚至无法做到这种“坚守”。

责任是一种重要的人生态度，同时也是一种可贵的职业精神。无论在什么地方，无论做什么事情，那些能够重视责任和使命、坚守自己职责的人，才有机会被赋予更多的使命，才有资格获得更多的荣誉。当我们把责任之心携带在人生的道路上，我们的未来会一片光明。

一天，一个小男孩在自家门前的空地上踢足球，一不小心，踢出去的足球不偏不倚地打碎了邻居家新装的玻璃窗。愤怒的邻居向惊慌失措的男孩索赔 12.5 美元。在当时，12.5 美元是一笔不小的数目，足足可以买 125 只生蛋的母鸡！这是一个每天只有几美分零花钱的小男孩想都不敢想的天文数字。

闯了大祸的男孩没有其他办法，只好向父亲讲了此事，希望父亲会替他担起这份他无论如何也负担不起的责任。没想到，一直宠爱他的父亲却要他对自己的过失负责。男孩为难地说："我哪有那么多钱赔人家？"

父亲拿出了12.5美元，严肃地对儿子说："这笔钱我可以借给你，但是一年后你必须还给我。因为，承担自己的过错是一个人的责任，是责任你就不能选择逃避。"

男孩把钱付给邻居后，开始了艰苦的打工生活。他放弃了平日里热衷的各种游戏，把课余时间都利用起来做所有自己力所能及的工作，经过半年的不懈努力，男孩终于挣够了12.5美元，并把它还给了父亲。平生第一次，他通过自己的顽强努力承担起了自己的责任。

经济大萧条时期，他的父亲破产了。他大学刚毕业，就主动负担起整个家庭的生活，并资助哥哥重回学校学习。后来他成为一名电视节目主持人。在他处于事业顶峰时，出于强烈的责任感，他公开批评自己所在电视公司的最大的赞助商——通用电气公司，因此不得不离开电视界，从此投身政界。

在他获得了自己梦想的职位后，又一场经济危机使他的前行之路阻碍重重。这次他担负起了引领当时世界上第一强国走出困境的责任。他成功了，8年后，他把一个开始复苏的美国交到了继任者手中。

他的名字是罗纳德·里根。

责任是人生最根本的义务和使命，是我们实现个人价值和人生理想的前提，效仿名人践行责任的精神，把使命感和责任心融入日常的工作和生活中，你的事业和人生必将因此而变得更加辉煌和壮阔。

承担起自己的责任

生活中的每个人肩上都担负着责任与压力，自己所能做的不是丢下这些责任与压力，而是让自己更坚强、更勇敢地去面对生活，承担这些责任，这样才能让人生过得有意义。

20 世纪初的一位美国的意大利移民曾为人类精神历史写下灿烂光辉的一笔。他叫弗兰克，经过艰苦的积蓄开办了一家小银行。但一次银行抢劫导致了他不平凡的经历。他破了产，储户失去了存款。当他拖着妻子和四个儿女从头开始的时候，他决定偿还那笔天文数字般的存款。所有的人都劝他："你为什么要这样做呢？这件事你是没有责任的。"但他回答："是的，在法律上也许我没有，但在道义上，我有责任，我应该还钱。"

弗兰克偿还的代价是 39 年的艰苦生活，寄出最后一笔"债务"时，他轻叹："现在我终于无债一身轻了。"他用一生的辛酸和汗水完成了他的责任，而给世界留下了一笔真正的精神财富。

责任让人活得有意义、有价值，让人变得更出色、更优秀。无论这个社会是多么的现实与残酷，只要我们对自己有信心，够坚强、够勇敢，无论多大、多难的责任我们都能去面对、去解决。

相信大家对那个带着自己的妹妹求学 12 年的洪战辉仍记忆犹新。

"我不能一走了之，我是家里的长子，我应该把家撑起来，这是我的责任。"

当家庭突遭变故：父亲得了精神病，母亲离家而去，年幼的弟弟和父亲病后捡到的一名女婴都需要照顾，这些困难摆在洪战辉面前时，只有12岁的他说出了上面那句话。

事实证明，洪战辉也是这么做的：每天上学时，他把妹妹交给伯母照看；放学后，就忙着给家人做饭、洗衣；夜深了，他还得哄爱哭闹的妹妹入睡。这样的生活一直持续到1998年洪战辉考上河南省重点高中。

这时候，另外两个必须解决的难题又摆在了他的面前：学费从哪来？小妹妹谁来带？

要是别人，这个时候几乎可以理直气壮地将“包袱”扔掉，而他没有这样做，他想到了解决的办法：带着妹妹上学，靠打工挣学费。

屋漏偏逢连夜雨。就在洪战辉读高二时，父亲的精神病又犯了。为了照顾父亲和家中农活，洪战辉不得不挥泪告别了美丽的校园。后在老师的帮助下他完成了学习。现如今，洪战辉已经毕业找到了一份不错的工作，而且也找到了一个志同道合的女朋友。

从洪战辉的故事中，我们可以看到，责任不是一件坏事。早早地承担起家庭的责任，让洪战辉比同龄人更坚强、更能干，还让他拥有了一份特殊的人格魅力。承担责任让我们的人格更完善，让我们的生活更和谐，让我们的精神更高尚。承担责任是做人的基本道德，无论压力有多大，困难有多大，我们都应做好。

第二章

用感恩点亮你人生的明灯

一个人要想拥有幸福的生活，就要怀有一颗感恩的心。正如康德所说：“在晴朗之夜，仰望天空，就会获得一种快乐，这种快乐只有高尚的心灵才能体会出来。”其实，感恩不一定要感谢大恩大德，感恩可以是一种生活态度，一种善于发现美并欣赏美的道德情操，懂得感恩，便是参透了一门智慧的成长哲学。

心存感恩是对生命的一种珍惜

感恩，就是一种珍惜。

我们常常听大人们说：懂得感恩的人，会懂得珍惜，就容易得到幸福。那么，感恩和幸福到底是什么呢？

有一个善良的人，死后升入天堂，做了天使，为此他非常感激。他当了天使后，仍时常到凡间帮助他人，希望能多做点善事。

一日，天使遇见一个农夫，农夫的样子看起来非常苦恼。农夫向天使诉说："我家的水牛刚死了，没它帮忙犁田，我怎能下田耕作啊？"

于是天使赐给他一头健壮的水牛，农夫很高兴，天使在他身上感受到了幸福的味道。

又一日，天使遇见一个流浪者，流浪者非常沮丧地向天使诉说："我的钱被骗光了，没钱回乡了。"

于是天使赐给他银两做路费，流浪者很高兴，天使在他身上感受到了幸福的味道。

又一日，天使遇见一个作家，作家年轻、英俊、有才华且富有，妻子貌美而温柔，但他却过得不快活。

天使问他："你不快乐吗？我能帮助你吗？"

作家对天使说："我什么都有，只欠一样东西，你能够给我吗？"

天使回答说："可以。你要什么我都可以给你。"

作家满怀期待地望着天使："我要的是幸福。"

这下子把天使难住了，天使想了想，说："我明白了。"

天使把作家所拥有的一切都拿走了，拿走了作家的才华，毁去了他的容貌，夺去了他的财产和他妻子的性命。天使做完这些事后，便离去了。

一个月后，天使再回到作家的身边。

作家已经饿得半死，衣衫褴褛地躺在地上挣扎。

于是，天使把他的一切还给了他。然后，又离去了。

半个月后，天使再去看望那位作家。

这次，作家搂着妻子，不住地向天使道谢。

因为他懂得感恩他所拥有的东西，他得到幸福了。

感恩就是对于别人所给的帮助表示感激。感恩是一种处世哲学，是生活中的大智慧。

每个人都要对于昨天的日子感到快乐，对于明天感到有信心，并时刻拥有一颗感恩的心，只有做到这些，我们的生活才会幸福、美满。

感恩的同时，你只有付出爱心，你才能收获希望。在别人困难的时候，毫不犹豫地伸出援助的双手；在别人迷茫无助时，敞开怀抱拥抱他们……无私奉献你的爱，你收获的将是别人的感动和铭记，还有自己一颗满足而幸福的心。

感恩是流自内心的清泉

感恩犹如心灵的泉水，它源源不断地滋润着我们的心田，让生命充满生机、遍洒阳光，让每个人享受生活的美好和幸福。

实际上，并不是我们不懂得感恩、不懂得爱，而是平时我们对别人的赠予和关怀习以为常了。我们往往在已经失去或将要失去的那一瞬间突然意识到：原来在我们的心底，竟澎湃着那么清澈的感恩之泉。当我们看到别人受苦受难时，当有人施恩于自己时，那颗感恩的心便会在爱心的浇灌下自然萌发。

感恩的心一旦萌发，就会产生想要将自己身上的温暖和光亮传递给更多人的冲动，比如下面这个故事。

多年前，有一个贫困人家的男孩，为了减轻家里的生活负担，也为新学期积攒点学费，他利用暑期寻找了一份零工，每天挨家挨户地推销报纸杂志。他的推销进行得很不顺利，一天傍晚，他疲惫万分，饥饿难耐，绝望地想放弃一切。

在他放弃之前，他鼓起勇气敲开了最后一扇门，希望能向主人讨一杯水喝。门开了，一位美丽的年轻女孩从里面走了出来。男孩向她开口说要杯水喝。年轻女孩微笑着回屋给他倒了一杯浓浓的热牛奶。

男孩感激地接过热牛奶和着眼泪把它喝了下去，从此男孩心中充满了动力，对人生重新鼓起了勇气。许多年后，男孩成了一位著名的外科大夫。

有一天，他所在的医院接收了一位病情严重的妇女。病人急需手术，但需大笔费用。就在这关键时刻，这位外科大夫突然发现这位妇女正是多年前在他饥寒交迫时给过他那杯热牛奶的年轻女孩！正是他一直在寻找的恩人。于是，他决定悄悄地为她做点什么。

在外科医生的主刀下，这位妇女的手术非常成功。那位一直在为昂贵的手术费发愁的妇女硬着头皮办理出院手续时，却惊讶地在手术费用单上看到这样一行字：手术费＝一杯牛奶。

或许，这位妇女早已不记得当年那个男孩和那杯热牛奶的事了。

然而，对这位外科医生来说，这又有什么关系呢？

像这位男孩一样，感恩的心是发自内心的。

仔细回想一下，生活中有多少事是值得你去感谢的，你想到了吗？你会去做吗？

原来，我们需要发自内心去感谢的事物太多，如路边的一棵树、手中的一把伞、妈妈做的每一顿饭、爸爸载着你上学的那辆自行车……

感恩，没有理由，没有借口。

懂得对每一件平常的事感恩，落实每一个感恩的念头。常怀感恩之心，我们便会聆听到更多幸福的声音。

懂得感恩的人更懂得付出

感恩，是一种美好的生活态度，如果一个人缺乏一颗感恩之心，那么他的生活必然淡而无味，体会不到因感恩而获得的快乐。

生活中，每个人都应该学会感恩。学会感恩，就是要懂得尊重他人，对他人的帮助时时怀有感激之心；学会感恩，就是要让你知道每个人都在享受着彼此通过付出给自己带来的快乐生活。只有懂得感恩的人，才会懂得付出，才会获得感恩。拥有一颗感恩的心，才能体会到自己的职责和责任，从而更愿意付出。

一个美丽的圣诞之夜，哥特的哥哥送给他一辆新车作为圣诞礼物。圣诞节后的一天，哥特从他的办公室出来时，看到街上一个小男孩在他闪亮的新车旁走来走去，并不时地触摸它，满脸羡慕的神情。

哥特饶有兴趣地看着这个小男孩。从他的衣着来看，他的家庭显然不属于自己这个阶层。就在这时，小男孩抬起头，问道："先生，这是您的车吗？"

"是啊，"哥特说，"这是我哥哥送给我的圣诞礼物。"

小男孩睁大了眼睛："你是说，这是你哥哥送你的，而你不用花一分钱？"

哥特点了点头。小男孩说："哇！我希望……"

哥特原以为小男孩希望的是也能有一个这样的哥哥，但小男孩说出的却是："我希望自己也能当这样的哥哥。"

哥特深受感动地看着这个男孩，然后问他："要不要坐我的新车去兜风呢？"

小男孩惊喜万分地答应了。

逛了一会儿之后，小男孩对哥特说："先生，能不能麻烦您把车开到我家门前啊？"

哥特微微一笑，他理解小男孩的想法：坐一辆大而漂亮的车子回家，在小朋友面前是很神气的事。但他错了。

"麻烦您停在两个台阶那里，等我一下好吗？"小男孩说。

哥特同意了。小男孩跳下车，三步并作两步地跑上台阶，进入屋内。不一会儿他出来了，并带着一个显然是他弟弟的小孩。这个小孩因患小儿麻痹症而跛着一只脚。他把弟弟安置在下边的台阶上，紧靠着他坐下，然后指着哥特的车子说："看见了吗？就像我在楼上跟你讲的一样，很漂亮对不对？这是他哥哥送给他的圣诞礼物，他不用花一分钱！将来有一天我也要送你一部和这一样的车子，这样你就可以看到我一直跟你讲的橱窗里那些好看的圣诞礼物了。"

哥特的眼睛湿润了，他走下车，将小弟弟抱到车子前排座位上。他的哥哥眼睛里闪着喜悦的光芒，也爬了上来。于是三个人开始了一次令人难忘的假日之旅。

之后，哥特明白了一个道理：带着感恩的心给予别人一些东西比接受更令人快乐。

生活中，很多人都只是一味索取，不知道付出，他们是不会快乐的。当他们想得到更多的时候，他们丧失了更宝贵的东西，比如，爱心、奉献精神等，原因只有一个，那就是他们缺乏一颗感恩的心。而懂得付出的人，就像那个小男孩那样，不仅感动了别人，更让自己收获了快乐。付出，会让你获得更美好的人生体验。

在你的生命过程中，有很多人、很多事都值得你去付出，不管是现在、过去还是未来，只要你心怀感恩，付出爱心，你收获的一定是更加美好的生活。

感恩是一种生活态度，懂得感恩方知幸福的滋味

一个快乐的人，常常拥有一颗感恩的心。因为他总能看到生活细微处的美丽，例如，流动在空气中的音乐；一只蜻蜓在庆祝朋友的生日宴会；在某一刻突然想起远方的朋友，禁不住微笑起来……这就是幸福的滋味。

一个小城发生了饥荒，小城中所有贫困的家庭都面临着危机，温饱成了他们需要解决的最大问题。

小城里最富有的人要数面包师罗伯特了，在人们眼中，他是个好心人。这次，为了帮助人们度过饥荒，他首先把城里最穷的20个孩子叫来，对他们说："你们每个人都可以从篮子里拿一块面包。以后你们每天都在这个时候来，我会一直为你们提供面包的，直到你们平安地度过饥荒。"

每天，那些饥饿的孩子争先恐后地去抢篮子里的面包，有的为了能得到一块大点的面包甚至大打出手。他们心里只想着要得到面包，当他们得到的时候，立刻狼吞虎咽地把面包吃完，甚至都没想到要感谢这个好心的面包师。

好心的面包师常常会注意到一个叫露丝的小女孩。她穿着破旧不堪的衣服，每次都在别人抢完以后，才到篮子里去拿最后一小块面包。她总会记得亲吻面包师的手，感谢他为自己提供食物，然后拿着它回家。

面包师想："她一定是回家和自己的家人一起分享那一小块面包，多么懂事的孩子呀！"

这天，那些孩子和以前一样抢夺较大的面包，可怜的露丝最后只得到了一块只有昨天一半大小的面包，但她仍然很高兴。她亲吻过面包师的手后，拿着面包回家了。到家后，当她妈妈把面包掰开的时候，一枚闪耀着光芒的金币从里面掉了出来。

妈妈惊呆了，对露丝说："这肯定是面包师不小心掉进来的，赶快把它送回去吧。"

小女孩拿着金币很快来到了面包师家，对他说："先生，我想您一定是不小心把金币掉进了面包里，幸运的是它并没有丢，而是在我的面包里，现在我把它给您送回来了。"

好心的面包师微笑着说："不，好孩子，我是故意把这枚金币放进最小的面包里的。我并没有故意想要把它送给你，我希望最文雅的孩子能得到这枚金币。是你选择了它，现在这枚金币属于你了，算是对你的奖赏。希望你永远都能像现在这样知足、文雅地生活，用感恩的心去面对每一件事。回去告诉你的妈妈，这枚金币是一个善良文雅的女孩应该得到的奖赏。"

幸福就是这么简单，只要你时刻怀有一颗感恩的心，认真对待生活，哪怕是在最艰难、最痛苦的时候也要坚持住，就会获得意想不到的结果。

德国伟大的哲学家康德告诉我们："在晴朗之夜，仰望天空，就会获得一种快乐，这种快乐只有高尚的心灵才能体会出来。"我们也可以把这种快乐理解为心怀感恩的结果。

"感恩"就是一种美好的生活态度，一个不懂得感恩的人便不会懂得幸福的滋味。常怀一颗感恩的心，至少可以让我们变得更美丽、更幸福，让生命更辉煌。

用感恩的心为身边的人点亮一盏灯

生活处处需要感恩，一个认为无恩可报的人是可悲的。

在我们的生命旅途中，除了亲人、师长、朋友、同学，我们还需要感谢周围的每一个人。

我们要感谢陌生的路人，虽然，他不是你的亲人，不是你的师长，不是你的同学，但是你会在不经意间和他在某一段生命的路途上相伴而行。你们可以聊聊天，可以解解闷，可以在遇到坎坷不平时互相搀扶着艰难前进，可以在需要跋山、需要涉水时，携手拼搏、并肩前行。虽然他不会陪你走完人生的全部路程，但是，他陪你走过的这一段路，不论是平淡无奇，还是扣人心弦，都会在你生命中留下或浅或深的印痕。

我们需要感恩的人很多，需要感恩的事情很多。

一

有这样一个路人，因为疲惫，躺在路边睡着了。

突然，一条毒蛇从草丛里钻了出来，爬向了沉睡的路人。毒蛇发现了前面的目标，凶狠地吐出信子。就在这时，一个过路人经过这里，他打死了那条毒蛇后，没有惊醒行路人的好梦，就悄悄走开了。

行路人一生都生活在别人的恩泽之中，但他永远也不会知道那熟睡时发生的一切。

二

小君一家住在一楼。这个夏天的某个晚上，小君回家后，偶然发现阳台的灯亮着，他以为是妈妈用后忘记关了，就进去要把灯关掉，但被妈妈拦住了。他很奇怪，他的妈妈指着窗外让他看。

顺着妈妈手指的方向，他看到窗外的路边，有一辆装满垃圾的三轮车，车上坐着捡垃圾的夫妇，他们正沐浴在阳台投射出的温润的灯光中，边说笑边开心地吃着东西。看着灯光中的那对夫妇，小君与妈妈相视一笑，悄悄退出了阳台。

窗外那对夫妇可能永远也不会知道，在这陌生的城市中，有一盏灯是特意为他们点亮的。

用感恩的心，为你身边的陌生人点亮一盏灯，因为我们每个人都在不知不觉中沐浴着他人给予的温馨灯火。

在重庆万州城区钟鼓楼街道八角井社区敬老院里，94岁的李学林和老伴沈玉珍手拉手颤悠悠地走着。

50多年来，这对古道热肠的夫妇靠捡垃圾、当搬运工、摆地摊，先后共收养弃婴49个。但当这些弃婴长大成人，离开这里以后，至今没有一个回来看过恩人，没有一个为老两口提供生活费用。

这些弃婴的所作所为令人悲哀，不管是亲生父母还是收养人，如此辛苦地哺育孩子成人，孩子也该心存感激。49个弃婴的表现实在让人心寒。两位老人收养这些孩子不图名利，哪怕只想在有生之年再见孩子们一面，和他们坐在一起吃顿饭，看看他们过得好不好，然而这小小的要求却成为奢望。

一个不懂得感恩的人，就像一棵生长弯曲的小树，非但自己不能长高，也会给其他比邻的树带来烦恼。

中国自古就有感恩的传统。《诗经》有“投桃报李”之说，民间更有“滴水之恩，涌泉相报”的故事流传，可有些人对于涌泉之恩，却连付出滴水的回报也舍不得。49个被收养者竟没有一个人主动探视李学林和沈玉珍两位老人，这正是当今社会感恩文化缺失的结果。一个人如果连起码的感恩之心都忘却了，又怎会懂得爱别人和爱国家呢？

爱的传递是这世界上历时最久的一场接力，人类在爱的循环中世代繁衍，似乎生来就该懂得感恩。但很多时候，人们在享受着别人的爱时，却认为是天经地义的，而感恩就常常在这样的理所当然中被轻看、被忽略、被遗忘。

学会感恩，就是让人意识到别人对你的付出，包括父母无私的奉献，都是需要回应、需要赞赏的。在你的一生中，有许许多多人为你的成长奉献着、付出过，你应该永远记住那些人和事、那些爱和恩，并为此承担一份责任，准备着为回报而努力。即使施恩者不需要你回报，你也应把感激埋进心里，并试图“去回报那曾和我一样需要帮助的人”。

懂得感恩的人一生都在负重前行，他们的背包里装着满满的爱和责任，这并不使他们感到沉重；相反，这带给他们无穷的力量和动力，在起风时，他们仍能坚定自己的方向，朝着爱前进。

常感他人之恩，常责己身之过

常有人感叹，为什么生活中总有那么多不可避免的矛盾和烦恼呢？

其实，牙齿和舌头之间，有时都会不小心打上一架，更何况是人与人之间的相处呢？

有时，你不小心说错一句话，朋友就会好几天都不理你；有时，你也明白妈妈不是有意数落你，可你仍忍不住对着她大喊大叫。

当矛盾和误解不期而至的时候，一颗感恩的心常能帮你从烦乱的情绪中解脱出来。当猜疑和抱怨远离的时候，爱和信任就会再次照亮我们的生活。

有两位最好的朋友在沙漠旅行中迷失了方向，即将面临死亡。

这时，天神出现了：“我的孩子，前面一棵树上有两个果子，吃下大的那个，就能抗拒死亡，走出沙漠；而小的那个，只能令你苟延残喘，最终还会极痛苦地死去。”

没过多久，两个朋友果然发现了一棵树，也发现了树上挂着两个果子。可是，他们谁也不去碰那个会给一个人带来生命之光的果子。夜深了，两个好朋友深情地凝望着对方，他们都相信，这是他们的最后一晚了。

第二天，当太阳从沙漠的一端再次升起的时候，其中一个朋友醒了过来。他发现，朋友走了，而树上只剩下一个干巴巴的小果子。他失望极了，不是因为自己面临的死亡，而是因为朋友的背叛。

他非常悲愤地吃下了这个果子，继续向前方走去。走了十几分钟，他看见了倒在地上的朋友，朋友已经停止了呼吸，他的手里紧紧握着一个更小的果子。

有时，出于对自我的保护，我们常会不自觉地将生命中的其他人放到自己的对立面，猜疑与不信任也由此产生，但最后的真相又会让我们禁不住大吃一惊。

常感他人之恩，常责己身之过，是一则极为朴素的人生哲理。它教我们去品味人性中美好的一面，避免因为邪恶的意念造成不必要的误解和悔恨。

故事中那位沙漠中的旅行者，发现朋友离开之后，第一个念头就是怀疑朋友吃掉了较大的果子，背叛了自己。当最后了解了真相之后，他一定会为自己的想法感到羞愧和悔恨。

所以，当一件事情暂时弄不清它的真实情况的时候，不妨先从自己身上找原因，多从好的方面想别人，也就是要有感恩之心。凡事先检讨自己，这对个人的成长大有裨益。

感恩缺陷，让短处变为长处

每个人身上都存在着这样或那样的缺陷。

但有的人一提起缺陷，就会很不好意思，甚至唉声叹气；有的人却认为缺陷就是与他过不去，经常摆出一副反击的架势……

实际上，对待缺陷最聪明的办法是，要对它充满感激之情，学会改变缺陷、利用缺陷。

优点给我们骄傲的理由，缺陷则可以给我们优秀的理由。感恩缺陷，我们就能从缺陷中挖掘出无尽的潜能，让缺陷变成优势。

喜爱篮球的人，应该对蒂尼·伯格斯不陌生。他就是美国NBA篮球运动中最矮的球星，仅有1.65米的身高。伯格斯这么矮，怎么能在巨人如林的篮球场上竞技，并且跻身大名鼎鼎的NBA球星之列呢？这都是因为他善于从缺陷中发掘自己的优势。

由于身材矮小，从小伙伴们就瞧不起伯格斯，还常常讥笑他，但这并不影响伯格斯对篮球的喜爱。终于有一天，他很伤心地问妈妈："妈妈，我还能长高吗？"

妈妈鼓励他，说："孩子，你能长高，长得很高很高，会成为人人都知道的大球星。"从此，长高的梦像天上的云一样在他心里飘动着，每时每刻都闪烁着希望的火花。

"业余球星"的生活即将结束了，伯格斯面临着更严峻的考验——1.65米的身高能打好职业赛吗？

伯格斯不相信命运，他横下心来，决定要凭自己1.65米的身高在高手如云的NBA赛场上闯出自己的一片天地。"别人说我矮，反倒成了我的动力，我偏要证明矮个子也能做大事情。"在威克·福莱斯特大学和华盛顿子弹队的赛场上，人们看到伯格斯简直就是个“地滚虎”，从下方来的球90%都被他收走……终于，凭借精彩出众的表现，伯格斯加入了实力强大的夏洛特黄蜂队，在他的一份技术分析表上写着：投篮命中率50%，罚球命中率90%。

美国一份杂志专门为他撰文，说他个人技术好，发挥了矮个子重心低的特长，成为一名使对手害怕的断球能手。

“伯格斯的矮是他的球队最大的成功”，不知是谁喊出了这样的口号。许多人都赞同这一说法，许多广告商也推出了“矮球星”的照片，照片上面是伯格斯淳朴的微笑。

每个人都有自己的优点和缺陷，当你发现自己身上的某项缺陷之后，你越是回避、厌恶，缺陷就越会被放大，就像是夏日里的蝉鸣，你越是烦闷，它的声响似乎越是热烈。如果你因为自己的眼睛小又是单眼皮的缘故，就总是低着头不敢看人，时间长了，你的眼睛就会变得愈加空洞无神且会显得更小。

所以，要换一种眼光看待自己的缺陷，发挥它特有的优势。

故事一

一代京剧大师梅兰芳，早年学戏曲的时候，老师曾因他的眼睛缺乏神采而不愿教他。但梅兰芳并没有因为自己的这个缺陷退缩，而是更加勤奋练习，将一双眼睛练就得如含着秋水一般，回眸间顾盼生辉。

后来，梅兰芳凭着自己不懈的努力，成就了辉煌的一生。

故事二

有一个双目失明的人，小时候深为自己的缺陷感到沮丧不已，他认定这是老天在惩罚他，自己这一辈子算完了。

一次，他遇到了一位老师，这位老师开导他说：“世界上的每个人都是被上帝咬过一口的苹果，都是有缺陷的人。有的人缺陷比较大，是因为上帝特别喜爱他的芬芳。”

听了这话，他很受鼓舞，从此把失明看作是上帝的特殊钟爱，开始振作起来，向命运挑战。若干年后，他成了一个著名的盲人推拿师，为许多人解除了病痛，他的事迹广为传颂。

所以，拥有缺点并不可怕，缺点也没你想象的那么严重。你只需换个角度看待它们就可以了，就像伯格斯一样，感恩于自己的缺憾，或许一切就会变得和以前大不相同了。带着感恩的心，带着欣赏的目光，走近自己身上的缺点，付出努力后，缺点就有可能变成优点。

将不公正的批评看作伪装过的恭维

你总会遇到被人批评的时候，尤其是那些不公正的批评。想想你会怎样对待它们呢？

生活中，那些不公正的批评和恶意的攻击，从某种意义上讲，是一种更有效的恭维和赞美；换个角度来看，那正是对你的优秀的一种肯定和赞美。这时，你不妨抱着一颗感激的心去面对。

从前，有一个非常有理想和毅力的年轻人，他是一个鞋匠的儿子，从小便立志要成为一个超越父辈、学有所成的卓越之人。虽然他的家里很穷，但他并不气馁，一边打工一边读书。他先后做过伐木工人，当过家庭教师、营业员、销售员等，同时以惊人的斗志和毅力读完了著名的A大学，并成为出类拔萃的学者和作家。

刚刚30岁，他便被任命为一所著名大学的校长。然而，许多人在报纸上开始大肆攻击和批评他，说像他这种出身的人不配做这样一所著名大学的校长。许多人都在挖空心思地寻找一切证据，来证明他没有资格接受这一荣耀；甚至一些教育界的老前辈，动辄攻击他教育思想不成熟，教育观念陈旧，缺乏经验，他做校长只能将这所大学引向歧途等。可以说，还没走马上任，他便已被攻击得体无完肤了。

就在年轻人就任校长的那一天，有一个朋友急匆匆地告诉他的父亲说："今天早上我看见报纸上的社论攻击您的儿子，真把我吓坏了。"

"嗯，不错，我也看到了。"老鞋匠非常平静地回答说，"报上的话虽然说得很凶。可是，请记住，从来没有人会踢一只死狗。"

这就是老鞋匠的伟大之处，因为老鞋匠知道，每一件事都有它发生的原因，自己的儿子因为表现得过于突出，遭到别人的批评再正常不过了。老鞋匠不但不会生气，反而十分理解。

所以，若是某一天你也被别人恶意批评了，请记住，他们之所以这样做，是因为这事能使那些人有一种自以为自己很重要的感觉。这通常也就意味着你已经超越了他们，而且值得别人注意。

曾经有一个美国人，他被人骂作"伪君子""大骗子""只比谋杀犯好一点点"。报纸上有一幅漫画，画着他站在断头台上，那把大刀正想把他的头砍下来。在他骑马从街上走过的时候，一大群人围着他又叫又骂。

他是谁呢？

没错，他就是美国国父乔治·华盛顿。

如果你因为别人不公正的批评而忧虑时，不妨告诉自己，不公正的批评通常都是伪装过的恭维。因为，从来没有人会踢一只死狗，也没有人会嫉妒一个弱者。

对于那些不公正的评价，把它看作另一种形式的恭维吧，那正是因为你拥有别人所没有的优势。

学会感恩，让心胸像大海般开阔

你被别人误会过吗？

你和别人发生矛盾的时候是怎样做的呢？

生活中，矛盾、误会是常有的事，关键是如何面对和解决它。你选择宽容他人，主动原谅他人的过失，一笑了之。甚至还想着能化敌为友，用真诚的心征服他人……

这些都说明你是一个心胸开阔的人。

一个心胸开阔的人，不会为芝麻点的小事斤斤计较，不会为蝇头小利耿耿于怀，不会为个人得失心神不宁。一个心胸开阔的人内心充满了感恩意识。

在我们周围，真正有魅力的往往是那些具有感恩意识的人。相比一般人，他们更懂得生活，懂得包容和谅解，具有宽广的胸怀，走到哪里都是一道风景。

> 美国历史上有名的总统富兰克林·罗斯福就是一个这样的人：
>
> 据说一天夜里，罗斯福家里进了小偷，很多东西失窃了。第二天，一位朋友听说了此事，非常担心，连忙写信表示安慰。
>
> 罗斯福在回信中写道："亲爱的朋友，谢谢你来信安慰我。我现在很好，这不得不感谢上帝，因为：第一，贼偷去的是我的东西，而没有伤害我的生命；第二，贼只偷去我部分东西，而不是全部；第三，最值得庆幸的是，做贼的是他，而不是我。"

从这个小故事中我们可以看出，罗斯福心胸宽广、懂得感恩。他不仅不为家中遭盗感到生气和愤怒，而且还要感恩上帝的仁慈，居然还为失窃找出了三条感恩的理由。

想想自己，当遭遇不幸的时候，你会有什么样的表现呢？

如果一直处于顺境呢？

学会感恩，会让你目光更远，心胸更宽广。

作为清朝历史上在位时间最长、最具丰功伟绩的帝王之一，康熙同样具有感恩意识。

某一年的正月，康熙设宴款待文武百官，当时，他举起酒杯对文武百官动情地说："这第一杯酒朕要敬所有为国尽心的臣子，感谢你们辅佐我走过这几十年的风风雨雨，使百姓过上了安居乐业的生活。"

喝罢，他又端起第二杯酒说："这第二杯酒我要敬我的祖母，感谢她陪我走过这么多的坎坷，克服了重重困难。没有她就没有朕的今天，没有她就没有大清的今天。"

随后，康熙把第二杯酒一饮而尽。

片刻，只见康熙一脸平静，似乎在回忆着什么。这时，康熙端起了第三杯酒，对着文武百官说："这第三杯杯酒啊，我要敬给我的对手们，鳌拜、噶尔丹、吴三桂他们都是英雄豪杰，是他们逼着朕建立了丰功伟业，没有他们，大清不会有今天的国泰民安，是他们教朕如何做一个真正的天子。"

诸位大臣们听后，都激动地对皇上叩头，表示对皇帝的称赞。

这就是康熙，身为封建帝王，心胸如此宽阔，实在难得。他身上所具有的感恩意识，让后人对他多了几分敬意。

如果你想要让你的心胸像大海一样宽广，想要给宽广的心洒下一缕缕温暖的阳光，就需要参透感恩这门哲学，让感恩渗透到你的一言一行中去。

学会感恩并不难，感恩可以随时随地携带，感恩常常出于自然。以感恩的心做好身边的每一件小事，以感恩的心去对待身边每一个人，便能让你心灵的天空永葆一份雨后初晴般的澄澈湛蓝。

感恩，让我们坦然面对人生的风雨

美国著名潜能开发大师席勒有一句招牌话：“任何一个苦难与问题的背后，都有一个更大的祝福！”他常常用这句话来激励学员积极思考，由于他时常将这句话挂在嘴边，连他唯一的女儿，才念小学时就可以朗朗地附和他念这句话。

有一次，席勒应邀到外国演讲，就在课程进行当中，他收到一封来自美国的紧急电报：他的女儿发生了一场意外，已经被送往医院进行紧急手术，有可能要截掉小腿！他心慌意乱地结束课程，火速赶回美国，到了医院，看到的是躺在病床上、一双小腿已经被截掉的女儿。

这是他第一次发现自己的口才完全不行了，笨拙得不知如何来安慰这个热爱运动、充满活力的女儿。

女儿好像察觉了父亲的心事，告诉他：“爸爸！你不是时常说，任何一个苦难与问题的背后，都有一个更大的祝福吗？不要难过啦！”他无奈又激动地说：“可是！你的脚……”

女儿又说：“爸爸放心，脚不行，我还有手可以用呀！”两年后，小女孩升入了中学，并且再度入选垒球队，成为该联盟赛有史以来最厉害的全垒球王！

“任何一个苦难与问题的背后，都有一个更大的祝福！”席勒的女儿说出这句话时，是以一种感恩的心态来面对自己的灾难的。所以，在坎坷面前，你的态度很重要。

有一个女儿常常对父亲抱怨自己遇到的事情总是那么艰难。她不知道该如何应对生活，好像一个问题刚解决，新的问题就又出现了。

一天，父亲把她带到厨房，把水倒进三口锅里，然后用大火煮开，不久锅里的水烧开了。

他在第一口锅里放进了胡萝卜，第二口锅里放入鸡蛋，最后一口锅里则放入研磨成粉状的咖啡豆。他小心地将它们放进开水里煮，一句话也没说。

女儿见状，一直嘟嘟哝哝，很不耐烦地等着，不明白父亲到底要做什么。

大约20分钟后，父亲把炉火关闭，将胡萝卜和鸡蛋捞出分别放在一个碗内，将咖啡舀到一个杯子里。

做完这些后，他这才转过身问女儿："亲爱的，你看见什么了吗？"

"胡萝卜、鸡蛋和咖啡。"她回答。

他让她靠近些，要她用手摸摸胡萝卜，她发现它变软了。接着，他又让女儿拿着鸡蛋并打破它，然后将壳剥掉，她看到了煮熟的鸡蛋。

最后，父亲让她喝口咖啡，品尝到香浓的咖啡时，女儿终于笑了。

她怯声地问："父亲，这意味着什么呢？"

父亲回答说："这三样东西都是在煮沸的开水中，但它们的反应却各不相同：胡萝卜入锅之前是强壮结实的，但进入开水后，它就变得柔软了；而鸡蛋本来是易碎的，只有薄薄的外壳保护着，但是一经开水煮熟，它的内部却变硬了；至于粉状咖啡豆则很特别，进入沸水之后，彻底改变了水的特质。"感恩就如这咖啡豆一般，在苦难的煎熬下，孕育出香浓的芬芳。

有人说，上帝像精明的生意人，给你一分天才，就搭配几倍于天才的苦难。这话真不假。上帝很吝啬，绝不肯把所有的好处都给一个人，给了你美貌，就不肯给你智慧；给了你金钱，就不肯给你健康……当你遇到这些不如意时，不必怨天尤人，更不能自暴自弃，而应该用一种感恩的心告诉自己：我们都是被上帝咬过的苹果，只不过上帝特别喜欢我，所以咬的这一口更大罢了。这样你就能坦然地面对人生的坎坷，快乐地迎接未来的生活。

懂得感恩，就是一种责任

有爱就有感恩，学会感恩，才会担当责任。

也许我们永远也不会忘记，在2008年抗击冰冻雪灾中，有一句感人肺腑的话："有爱就有感动，感动是一种责任！"对每个青少年来说，感恩是一种爱，是一种对爱的追求、对善的坚守；感恩也是一种对生命的尊重、对责任的执着。

当我们懂得感恩的同时，必定要将责任的行囊背在肩上，否则感恩就只是一句挂在嘴边的空话，平淡无奇，苍白无力。

只有责任映衬下的感恩才会绚烂无比。

> 2008年5月12日，汶川大地震发生的瞬间，北川中学的学生李阳因为正在县礼堂进行街舞表演而躲过一劫。而就在此时，北川中学已被夷为平地。
>
> 剧烈的震颤之后，周围稍稍平静下来，李阳发现自己竟然还活着，他为自己庆幸的同时，更多地担心起老师和同学的安危来。
>
> 不容多想，李阳开始以百米冲刺的速度向着学校飞奔。
>
> 面对惨况，李阳只想着能救出更多的老师和同学。他亲手从废墟中挖出了同在一所学校读书的表妹的遗体。余震不断，废墟随时可能再次发生垮塌，可李阳顾不得那么多了，活着就有责任给更多人带来生的希望。看着救援人员和医护人员紧张地忙碌，李阳也冲

上了瓦砾堆。突然，他听见石板下传来了呼救的声音——那里还有人！

当他走近细瞧时，才发现被压在石板底下的竟然是自己的好兄弟廖波。

由于被石板压住了腿部，廖波暂时无法被救出，闻讯赶来的医护人员为他打了点滴。因为还有太多的伤者需要救助，医护人员无法停下脚步照料廖波，李阳立即承担起手举吊瓶的重担。李阳一直守在廖波旁边，不断地鼓励他，直到他成功获救。

李阳手举吊瓶的姿势被定格在香港5月14日《明报》的头版：一位阳光少年手举输液袋屹立于废墟上，他神色凝重，眼中写满了担忧，但是举着输液袋的手却是异常的坚毅，仿佛托举着那一片蓝天。

关于理想，李阳说自己的目标是考入上海交通大学。

“这是我和表妹都想考的学校，而表妹已经离开了……”说到这里，李阳的脸上蒙上了悲伤的阴影，他又补充说：“这是为了两个人的目标！”

懂得感恩，才会勇于担当。对于年轻的李阳来说，他做到了。

有人说，生活时刻需要感恩。就像在汶川地震后的救灾现场，人们惊讶地看到一群唐山人的身影。他们没有忘记祖国人民对1978年唐山大地震的无私援助，他们知道自己身上肩负的沉甸甸的责任。如今，他们带着感恩的心来到四川灾区，勇敢地担负起抗震救灾的责任。

从现在开始，让我们每个人都用感恩的心去对待生活，勇敢地挑起肩上的责任吧！

感恩与责任是成长的原动力

感恩温暖成长，责任催促成长。古希腊神话中说，人的一生都在赶路，肩上担负着家庭、儿女、朋友、事业等，虽然很辛苦，但不能丢弃其中的任何一件，因为它们代表着人生的责任。

想想在我们的成长过程中，曾得到了多少人的关爱、教育与帮助，对此，我们应该懂得感恩，回报身边的每一个人。

例如，在学校里努力学习，获取各种知识，这是责任；在家里为爸爸妈妈削一个苹果，承担一些家务，这是责任；在公共场所无意中损坏了公物，勇敢地承担过失并积极地补救，这是责任。长大后，建设祖国，做个对社会有用的人更是责任。

这些是促使我们成长、成才的原动力。

故事一

特蕾莎修女的童年正值第一次世界大战的混乱时期。但坚强的父母用慈爱给三个孩子筑起了一道坚实的屏障，使他们即使在动荡的战争年代，也能生活在阳光般的温暖与安宁的环境里。其实，我们也是生活在这样的环境里。如果我们感觉不到，那一定是心里的那个“我”长得太大了，以致遮蔽了我们感受爱的能力，忘记了感恩。

有一次，特蕾莎修女从一条豺狗的嘴里拖出了一个新生的孩子——他被丢在一个垃圾堆里。但这个不幸的小生命在特蕾莎修女的怀里并没有存活多久就死去了。

但特蕾莎修女说：“即使他一小时后就死了，我也要收留他，我们有这个责任。这些婴儿不能没人照顾，无人疼爱——即使是小婴儿也能感受到爱。”

故事二

一个来自贫困山区的女孩有幸考上了重点大学，但不幸的是父亲在她进校不久，遇车祸身亡，家中无力供她上学。在她准备退学回家时，社会给了她关怀，老师和同学也慷慨捐款捐物。

大家的赠物，她舍不得使用，藏在箱子里。每天打开箱子看看这些赠物，就想到自己周围有那么多的关怀、爱心，心中就不由得产生一种感激之情和责任意识，驱使着她去战胜困难，顽强拼搏。

这个在物质上贫困的女孩，在精神上却是很富有的。她心怀感恩，终于读完了大学，还以优异的成绩留学美国。她说：“大家给我的一切，是我的精神财富，永远留在我的心里。我要努力学好本领，有责任回报祖国，回报父老乡亲。”

人若有了感恩之情和责任意识，就像这位女孩一样，生命便会时时得到滋润，并时时闪烁纯净的光芒。

感恩可以将他人的关爱化成我们成长的动力。我们每个人都应该明白，生命的整体是相互依存的。无论是父母的养育、师长的教诲，还是配偶的关爱、他人的关爱、大自然的慷慨赐予……

人自从有了生命，便沉浸在恩惠的海洋里。一个人真正明白了这个道理，就会感恩大自然的福佑，感恩父母的养育，感恩社会的安定，感恩食之香甜，感恩衣之温暖，感恩花草鱼虫，感恩苦难、逆境，感恩自己的敌人……

说到不如做到，现在就让我们快快行动起来吧！心存感激，肩负责任，做个最好的自己，对自己负责、对他人负责、对社会负责！

心中藏有多少感恩，肩上方有多少责任

在我们的身边，常有一些孩子对父母的管教表现出抱怨和冷漠，动不动就和父母顶嘴、离家出走，甚至寻死觅活。

一些家长诉苦说："现在的孩子不知怎么了，年龄越大，书读得越多，怎么越不懂事了呢?"

有的老师也抱怨说："个别学生，根本就不知道感恩，他学习成绩虽好，总认为是自己聪明的结果。如果学习成绩差，就怪老师没水平，学校差劲。"

不可否认的是，有些青少年因为感恩与责任意识的淡薄，容易做出一些家长、老师不理解的举动。

很久以前，有一个寺院的方丈给寺院立了一条规矩：每年年底的时候，寺院里的和尚都要对方丈说两个字。

很快到了第一年年底，这天，方丈问一个新来的和尚最想说的是什么，新来的和尚脱口而出道："床硬。"

到了第二年年底，方丈又问这个和尚最想说什么，他很生气地说："饭差。"

第三年年底的时候，还没等方丈提问，这个和尚开口说道："告辞。"

满嘴叹息的方丈望着和尚离去的背景摇头道："心中有魔，难成正果，可惜啊。"

这个和尚心中的"魔"是什么呢？原来，"魔"就是他从不去想自己得到了什么，从而去感激，而是一味地抱怨自己的需求没有得到满足。只知索取，不知回报，更谈不上感恩与回报他人了。

这个故事说明，一个人的成长，不是孤立的，时刻离不开父母的培养、师长的教诲、别人的帮助。在成长的路上，不仅要学会感恩，更要承担起责任。不能像故事中的和尚那样，只知道抱怨他人，不知道从自己身上找原因，最后问题会依然存在。

感恩，不仅是美德，而且是一个人为人的基本条件。大家不要忘了感谢你周围的人，感谢你的朋友、同学和老师，感谢你的家人。

你在感恩的同时，责任便相伴而生了。

生活时刻需要感恩。感恩失败，让我们获取教训；感恩挫折，让我们学会坚强；感恩父母，让我们体会天伦之乐；感恩老师，让我们茁壮成长；感恩朋友，让我们分享友谊与快乐。

感恩的同时，意味着责任，一个没有责任感的学生不是好学生，一个没有责任感的老师不是好老师，一个没有责任感的父母不是好父母。因为我们感恩，所以负责；因为负责，所以我们感恩！只有在感恩与责任的引领下，我们才会更快地成长为家长和老师眼中的好孩子，才会更容易到达幸福和成功的彼岸。

第三章

感恩失去的东西，让我们更加坦然、洒脱

我们常常为自己失去的东西而闷闷不乐甚至后悔不已，从而把自己本应该丰富多彩的青春弄得黯然失色。其实，我们的一生就是得与失的过程，但要明白，失去并不表示结束，拥有也并不代表如意，明白了“有得必有失，有失必有得”的人生哲理，才能过得洒脱自如。

失去带来别样拥有

有一位住在深山里的农民，为了改变艰难的生活状况，四处寻找致富的好方法。

一天，一个从外地来的商贩给他带来了一样好东西，尽管在阳光下看去那只是一粒粒不起眼的种子。但商贩讲，这不是一般的种子，而是一种叫作“金橘”的水果的种子，只要种在土壤里，两年以后，就能长成一棵棵橘子树，结出数不清的果实，拿到集市上，可以卖好多钱！

欣喜之余，农民急忙将金橘种子小心收好，但脑海里随即涌现出一个问题：既然金橘这么值钱、这么好，会不会被别人偷走呢？于是，他特意选择了一块荒僻的山野来种植这种颇为珍贵的果树。

经过两年的辛苦耕作，浇水施肥，小小的种子终于长成了一棵棵茁壮的果树，并且结出了累累硕果。

这位农民看在眼里，喜在心中。因为种子不多的缘故，果树的数量还比较少，但结出的果实也可以让他过上好一点儿的生活了。

他特意选了一个吉祥的日子，准备在这一天摘下成熟的金橘挑到集市上卖个好价钱。

当这一天到来时，他非常高兴，一大早便上路了。

当他气喘吁吁爬上山顶时，心里猛然一惊，那一片黄灿灿的果实，竟然被小鸟们吃个精光，只剩下满地的果核。

想到这几年的辛苦劳作和热切期望，他不禁伤心欲绝，大哭起来。他的致富梦就这样破灭了。在随后的岁月里，他的生活仍然艰苦，只能一天一天地熬日子。

不知不觉之间，又是几年的光阴如流水一般逝去。

一天，他偶然之间又来到了这片山野。当他爬上山顶后，突然愣住了，因为在他面前出现了一大片茂盛的金橘林，树上结满了累累的果实。

这会是谁种的呢？在疑惑不解中，他思索了好一会儿才找到了一个出乎意料的答案。

原来这一大片金橘林都是他自己种的。

几年前，那些小鸟在吃金橘时，将果核丢在了地上，果核里的种子慢慢地发芽生长，终于长成了一片更加茂盛的金橘林。

现在，这位农民再也不用为生活发愁了，这一大片林子中的金橘足以让他过上温饱的生活。

农民接着就想：如果当年不是小鸟吃掉了小片金橘林中的金橘，今天肯定没有这样一大片果林了。

可见，失去并不意味着一无所有，而是给我们带来了别样的拥有。学习习惯于“失去”，往往能从“失去”中“获得”。得其精髓者，人生则少有挫折，多有收获；人会从幼稚走向成熟，从贪婪走向博大。

居里夫人的一次“幸运失去”就是最好的说明。1883年，天真烂漫的玛丽亚（居里夫人）中学毕业后，因家境贫寒无钱去巴黎上大学，只好到一个乡绅家里去当家庭教师。她与乡绅的大儿子卡西密尔相爱，在他俩计划结婚时，却遭到卡西密尔父母的反对。这两位老人了解玛丽亚，知道她是一位好姑娘，但是，贫穷的女教师怎么能与自己家庭的钱财和身份相配？父亲坚决反对，母亲也百般阻挠。最终，卡西密尔屈从了父母的意志。

失恋的痛苦折磨着玛丽亚，她曾有过“向尘世告别”的念头。玛丽亚毕竟不是平凡的女人，她除了个人的爱恋，还爱科学和自己的亲人。于是，她放下情缘，刻苦自学，并帮助当地贫苦农民的孩子学习。几年后，她又与卡西密尔进行了最后一次谈话，卡西密尔还是那样优柔寡断，她终于砍断了这根爱恋的绳索，去巴黎求学。这一次“幸运的失恋”，就是一次失去。如果没有这次失去，她的历史将会是另一种写法，世界上就会少了一位伟大的女科学家。

不管昨天拥有晴朗，还是阴霾，学会坦然接受失去，你将从自己的今天，获得更新的一轮太阳，获得任你驰骋的更大的一片蓝天。接受我们必须失去的、已经失去的，我们才可能更多的拥有。因为失去权力，才能得到普通人的自由；失去巨额财产，才能享受淡泊清贫的欢愉。因此，从这个意义上说，学会放弃，甚至比拥有更重要。

走出患得患失的阴影

生活中，患得患失的人很多，他们总是在得失之间不停地徘徊，一生处于苦恼之中。他们对取舍犹豫不决，对于失去的东西总是念念不忘，想方设法想留住一切，可是总会落得个“丢了西瓜拣芝麻”的下场。西方哲学家、美学家尼采曾指出：“不患得患失是活得久、过得好的艺术。”在患得患失中度过一生的人，他的生活无时无处不充满忧虑和悲观，生命也因此衰老得更快；而不计较个人得失的人，他的生活时时刻刻充满欢乐，因而他的生命也获得长久。精神的力量传递给肉体、感染着肉体，美好的情绪，既能使人快乐，也能使生命延伸。

自然界中万物的变化，有盛便有衰；人世间的事情也同样如此，总是有得便有失。你掌握规律，把握机会，该出手时一定要出手，否则“机不可失，时不再来”，悔之晚矣。

印度有一位知名的哲学家，天生一股特殊的文人气质，还非常帅气，不知迷倒了多少女人。

有一天，一位漂亮的女子来敲他的门，对他说：“让我做你的妻子吧！错过我，你将再也找不到比我更爱你的女人了！”

哲学家虽然也很中意她，但仍回答说：“让我考虑考虑！”

事后，哲学家用他一贯研究学问的态度，将结婚和不结婚的好、坏所在，分别列了出来，并加以比较，他发现好坏均等，真不知该如何抉择？于是，他陷入长期的苦恼之中，无论他又找出了什么新的理由，都只是徒增选择的困难。

最后，他得出一个结论：人若在面临抉择而无法取舍的时候，应该选择自己尚未经历过的那一个。不结婚的处境我是清楚的，但结婚会是个怎样的情况，我还不知道：对！我该答应那个女子的请求。

于是，哲学家来到女子的家中，对女子的父亲说：你的女儿呢？请你告诉她，我考虑清楚了，我决定娶她为妻。

女子的父亲冷漠地回答说："你来晚了十年，我女儿现在已经是三个孩子的妈了。"

哲学家听后，整个人几乎崩溃，他万万没有想到，向来自以为傲的哲学头脑，最后换来的竟然是一场悔恨。之后两年，哲学家抑郁而死。

反反复复衡量做一件事的利弊，机会就从你的手中悄然溜去，最后只能落个"此情可待成追忆，只是当时已惘然"的美丽遗憾。患得患失种下的只能是人生悲剧的种子。

患得患失是人生最大的心理隐患，是无形的精神枷锁，是附在人身上的阴影。它使我们远离了自己的理想，淡化了人生的追求，甚至败坏了我们的道德和人性，让我们缺乏热情、积极、乐观的生活态度。所以，要铸就人生的辉煌，就必须砸碎精神枷锁，丢掉思想包袱，唾弃卑劣的行径，走出患得患失的阴影。

获得以放弃为前提

然而，放弃并非易事，它需要很大的勇气。放弃意味着失去，放弃意味着付出，放弃体现着放弃者的精神境界。记得有位诗人曾说过："要想采一束清新的鲜花，就得放弃城市的舒适；要想做一名登山健儿，就得放弃白嫩的肤色；要想穿越沙漠，就得放弃咖啡和可乐；要想拥有永远的掌声，就得放弃眼前的虚荣。”天道吝啬，造物主不会让一个人把所有的好事都占全。鱼与熊掌不可兼得，有所得必有所失。从这个意义上说，任何获得都是以放弃为代价的。

春秋时候，楚国有个擅长射箭的人叫养叔。他能在百步之外射中杨枝上的叶子，并且百发百中。楚王羡慕养叔的射箭本领，就请养叔来教他射箭。养叔把射箭的技巧倾囊相授。

楚王兴致勃勃地练习了好一阵子，渐渐能得心应手，就邀请养叔跟他一起到野外去打猎。打猎开始了，楚王叫人把躲在芦苇丛里的野鸭子赶出来。野鸭子被惊扰得振翅飞出。楚王弯弓搭箭，正要射猎时，忽然从他的左边跳出一只山羊。

楚王心想，一箭射死山羊，可比射中一只野鸭子划算多了！于是楚王又把箭头对准了山羊，准备射它。

可是正在此时，右边突然又跳出一只梅花鹿。楚王又想，若是射中罕见的梅花鹿，价值比山羊又不知高出了多少，于是楚王又把箭头对准了梅花鹿。忽然大家一阵子惊呼，原来从树梢飞出了一只珍贵的苍鹰，振翅往空中窜去。楚王又觉得不如还是射苍鹰好。

可是当他正要瞄准苍鹰时，苍鹰已迅速地飞走了。楚王只好回头来射梅花鹿，可是梅花鹿也逃走了。只好再回头去找山羊，可是山羊也早溜了，连那一群鸭子都飞得无影无踪了。

楚王拿着弓箭比画了半天，结果什么也没有射着。

该放弃时一定要放弃，不放下手中的东西，又怎么会拿起另外的东西呢？故事中楚王不懂得适时做出取舍，结果什么也没有得到。人的一生很短暂，有限的精力不可能方方面面都顾及，而世界上又有那么多炫目的精彩，这时候，放弃就成了一种大智慧。只要能得到你想要得到的，放弃一些不必要的“精彩”，你并不会损失什么，而在放弃的背后也正意味着得到更多。

比尔·盖茨在哈佛上大学时，毅然放弃学业，投身商海，使得他稳居世界首富位置12年；陶渊明不慕名利，放弃官位、权力，隐逸田园，获取了“采菊东篱下，悠然见南山”的乐趣；布鲁诺不屈服于强大的宗教势力，放弃生命，获取了真理。

小溪放弃平坦，是为了回归大海的豪迈；黄叶放弃树干，是为了期待春天的葱茏。蜡烛放弃完美的躯体，才能拥有一世光明；人生也只有在关键时刻当机立断地放弃那些次要的、枝节的、不切实际的东西，才能拥有无憾的人生。

接受失去

在一辆高速行驶的火车上，一位靠窗坐的老人在不厌其烦地欣赏他新买的一双皮鞋，突然，火车在拐弯的时候猛烈震动了一下，老人的手一抖，一只皮鞋飞出了车厢。周围的人都替老人惋惜，老人的神情也很遗憾。但就在同时，老人却做了一个令人吃惊的举动——他把剩下的那只皮鞋也扔出了窗外。车厢里的人都以为老人伤心过度了，都纷纷过来安慰他。没想到老人大度地笑笑说：“剩下的这只鞋无论多么昂贵，对我而言都没有用了，如果有谁能捡到一双鞋子，说不定他还能穿呢！”

老人的做法无疑是明智和超脱的，既然已经失去一只鞋子，无法达到圆满，不如接受失去，舍弃另一半，这考验的是一个人的胸怀和度量，这是一种人生境界。能做到这些的人，会时常与幸福为伴，如果你做不到，痛苦就会与你为邻。

第一眼看到小孟，感觉她是一个无忧无虑，非常快乐的女孩，好像在她身边从没有发生过伤心事一样。但后来我了解了她的一些事情。

小孟和男朋友原本是很幸福的一对恋人，两人在一起时，男朋友对她处处照顾，倍加呵护，身边的姐妹对她很是羡慕，大家都认为他们将是朋友圈中第一对结婚的佳偶。但就在毕业的前夕，他们两人一起去吃饭回来的路上，被一辆疾驰而来的汽车撞上，男孩当场死亡，而小孟则被送医院急救。

由于伤势严重，小孟抢救过来后，一直处于昏迷状态。家人都担心她不再醒来，但更担心她醒来以后知道自己心爱的人已经死去的消息。一个月以后，小孟活过来了。令人吃惊的是，她好像不太记得男朋友惨死的那一刹那，更不见她哭泣悲伤。医生推断说，小孟可能因为大脑受到了重创，使一部分记忆暂时丧失了。大家感谢上天，让她忘记了她生命中最悲伤的一段。

后来，小孟很顺利地毕业、工作，而且比以前更爱笑了。因为我知道了她那段伤心的故事，再次见到她，就有了一种怜惜的情绪。因为工作的关系，我们一起去喝咖啡。我定定地看着她的笑容，跟着她生动的表情谈笑风生。

“你知道了是不是？”她突然说。

“知道了什么？”

“我的那一场车祸。”

我犹豫着，不想回答，不想谈起这个话题。

“他们认为我不记得了，其实我什么都记得。当我眼睛睁开，看见我最爱的母亲哭得那么伤心，我就对自己说我不再哭了，因为我知道我的痛苦会造成他们更大的痛苦，这是我不愿意见到的。”

我看见她的眼泪在眼眶中打着转，还有那不愿意眼泪落下的笑脸，我知道了一个女孩的坚强，以及她勇敢接受现实的勇气。

生活有时会逼迫我们不得不失去机遇，甚至不得不失去爱情。所以，我们应该学会接受失去，这样会使我们显得冷静主动，让我们变得更智慧和更有力量。也许失去当时是痛苦的，甚至是无奈的。但是，若干年后，当我们回首那段往事时，我们会为当时正确的选择感到自豪，感到无愧于人生。

无所舍，亦无所得

要取得成功的喜悦，就要付出辛勤汗水。而要有所得，就要学会放弃。实无所舍，亦无所得，是谓“舍得”。舍与得，于人生，于艺术，都是一种取舍的哲学。舍得之间，和谐之美，舍得是一种大智慧。

春秋战国时候，魏国的信陵君为人忠厚、讲仁义、善于成人之美。信陵君的门客有3000多人，其中有一位门客叫侯生，本是屠户出身，其才庸庸，其貌平平，因此经常受到其他门客及家人的嘲弄与鄙视。而信陵君以士之礼待之，一视同仁，毫无嫌弃和厌恶之感。相反，还能尊重他的意见，满足他的要求。

公元前248年，秦国围攻赵国都城邯郸，赵王数次遣使向魏求救。魏王怕引火烧身而不敢发兵，但是在各国一片合纵抗秦的呼声之下，又不能对邻居见死不救，他只好派大将晋鄙率领十万人象征性地救援，虽大造声势，实则驻军于邺下，停滞不前。

信陵君多次请求魏王催促晋鄙进兵，魏王不听。信陵君一怒之下，带领自己的3000多门客准备与秦军决一死战。

临别时，信陵君找侯生，侯生却一反常态，对信陵君赴汤蹈火无动于衷。信陵君见状，很是生气，便带领其他门客出发了，可是走了十来里地后，他越想越不对劲，于是就想回头找侯生问个明白。原来侯生使的是欲扬先抑之计，他故作冷淡，使信陵君诧异，然后再提出自己的意见。侯生指出，信陵君这样行动无异于以卵击石，与其铤而走险，不如偷来兵符，操纵军队。

最后，信陵君在好友朱亥的帮助下，终于盗得了兵符并取得了晋鄙的兵权，并最终大败秦军。

我们可以看到信陵君的成功并非偶然。他的仁义为人、成人之美、舍得给予的美德，使他在遇到困难时，很多人愿意帮助他，甚至为他拼死效力。然而在现代社会里，一些人却非常自私，他们只顾自己的利益，却不管别人的死活，只知道一味索取，不懂得给予。

中国商人的始祖范蠡曾辅佐越王勾践打败吴国，之后，他辞官经商，很快便富甲一方，后人尊称其为陶朱公。不料，他的次子却因杀人被囚在楚国，陶朱公便想破财免灾，打算拿钱换回儿子的性命，于是准备让小儿子去办这件事。

大儿子听说后，立即找到父亲，说："如此大事，父亲竟然让小弟弟去而让我待在家中，是不是觉得我无能，如果这样，我活着还有什么意思?"说着竟要死给父亲看。陶朱公无奈，只得派长子去，并嘱咐道："一到楚国，立即把信和钱交给庄生，他是为父多年的朋友。不管他如何处理，你都要听他的安排。"

长子找到庄生家，发现其院内杂草丛生，连个奴仆都没有，心想父亲绝对看错了人。但他还是把信和钱交给了庄生。庄生读完信，收下钱，对长子说："你现在赶快离开我这里，等你弟弟一出来，你们马上回国，不要究其原委。"但长子并没听从庄生的话，不但没走还去贿赂其他权贵。他哪里知道庄生的话在楚王那里有多大的分量，庄生贫穷只是因为其廉直。

庄生求见楚王，说近来某星宿来犯，恐有不祥，只有广施恩德才能消除灾祸。于是楚王决定大赦。长子也听说此事，心想既然弟弟肯定能出来，我何必给庄生那么多钱。于是他又找到庄生把钱要了回来。

庄生大为恼火，觉得被一个小子给耍了，又去见楚王说："听说陶朱公的儿子杀了我国子民被囚，现在有人说大赦是因为陶朱公贿赂了大臣，这有损于您的威名啊!"楚王一听当即说道："那就先杀了他，再行大赦。"结果，长子只好捧着弟弟的尸骨回家。

长子回家后，陶朱公悲极而笑曰："我早就料定如此啊！他虽想救出弟弟，但只因他幼时经历过艰辛，因而格外吝惜钱财。而小儿子从小就不知何谓贫穷，总是挥金如土，以前我之所以要派小儿子去办这事，就是因为他舍得花钱。”

一个人不可能拥有他想要的所有的东西，有时候需要适当地割舍，放弃一些利益，这样才能得到应该得到的东西。人生就是一个不断患得患失的过程，不肯舍，便无法得到将来的幸福。犹如我们一路前行，眼前的风景旖旎绝伦，美不胜收，当舍不得赶路前行的时候，我们便失去了更多前方更美的风景。

有一种错误叫坚持

自古以来，先辈们就教育我们做任何事都必须有坚毅的品格和坚强的意志，应该具有锲而不舍的精神，即使撞到南墙也不要回头。有些人一味地遵循这一古训，不知变通，苦苦坚持自己幻想的美梦，坚持空想的追求，坚持一份永远得不到的爱情，数年以后，他们不得不枉自嗟叹于人生的无为与空虚。

有两个贫穷的樵夫靠上山捡柴糊口，有一天，他们在山里发现两大包棉花，两人喜出望外，棉花轻且贵，当下两人各背了一包棉花赶路回家。

走着走着，其中一名樵夫眼尖，看到山路上扔着一大捆布，他就和同伴商量，扔下棉花，改背布回家。他的同伴却有不同看法，认为自己背着棉花已走了一大段，到了这里丢下棉花，岂不枉费了先前的辛苦，坚持不愿换布。先前发现布的樵夫只好尽其所能背起布走。又走了一段路，背布的樵夫望见不远处的地上散落着数坛黄金，心想这下真的发财了，赶忙用挑柴的扁担挑黄金。他的同伴仍是不愿丢下棉花，并怀疑黄金不是真的。发现黄金的樵夫只好自己挑了两坛黄金，和背棉花的伙伴赶紧回家。

谁知道刚走到山下，天竟下起雨来，两人在空旷处被淋了个透。更为不幸的是，背棉花的樵夫背上的大包棉花，吸饱了雨水，重得背不动，实在不得已，只能丢下一路辛苦舍不得放弃的棉花，空着手和挑金子的同伴回家去。

不切实际地一味执着，是一种愚昧与无知，而放弃则是一种智慧。在物欲横流的今天，既需要你做出选择，更需要你做出放弃。我们在谈到成功之道时，更多地强调要有一种勇往直前的精神，一种积极进取的精神。但有时候，如果一味地硬冲硬打未必是一种最好方法，以退为进方是一种人生的策略。

深海之中有一种鱼叫马嘉鱼，长得很漂亮，银肤燕尾大眼睛，春夏之交溯流产卵，顺着海潮漂游到浅海。渔民捕捉它的方法挺简单：用一个孔目粗疏的竹帘，下端系上铁，放入水中，由两只小艇拖着，拦截鱼群。这种鱼的“个性”很强，不爱转弯，即使闯入罗网之中也不会停止。所以一只只“前赴后继”地陷入竹帘孔中，帘孔随之紧缩。竹帘缩得愈紧，它们愈激怒，更加拼命往前冲，结果都被牢牢卡死，最终被渔民所捕获。

像马嘉鱼这样知难而进者固然可取，然而审时度势、善于放弃者更难能可贵。条条大路通罗马，成功的路不止一条，既然此路不通，就不要非堵死在这儿，换条路试试，也许成功就在不远处。

如果实践证明，自己所选的目标有误，自己所走的道路有错，与其蹉跎岁月，徒劳无功，还不如干脆放弃。这时的放弃，叫作迷途知返，而后就会有柳暗花明。

有一种坚强叫放弃

2003 年 4 月 26 日，美国登山爱好者拉斯顿到离犹他州东南 150 英里处的蓝约翰峡谷登山探险。在攀过一道 3 英尺宽的狭缝时，一块巨大的石头挡住了去路。拉斯顿试图将这块巨石推开，巨石摇晃了一下，猛地向下一滑，将拉斯顿的右手和前臂压在了旁边的石壁上。

拉斯顿顿时感到钻心的剧痛，他试图用左手推开巨石把右手臂抽出来，然而石头仿佛生了根一般纹丝不动。在做了无数次努力之后，精疲力竭的拉斯顿终于明白，单凭自己一个人的力量绝不可能推动巨石，只能保存精力等待救援了。

然而，在接下来的几天里，别说是人，就连鸟也没飞过一只，他就这样吊在悬崖上。没有食物，拉斯顿每天只能喝水。当壶中的最后一滴水也被他喝光时，饥肠辘辘、浑身无力的拉斯顿终于明白，他所在的地方太过偏僻，即使有人为他的失踪而报警，救援人员也不可能找到这个地方。再等下去只能是死路一条，想活命的话只能靠自己了。

拉斯顿心里清楚，把自己从巨石下解放出来的唯一办法就是断臂。而除了简单的急救包扎，他并不知道如何进行外科自救。于是他清理了一下手头的工具——一把 8 厘米长的折叠刀和一个急救包，没有麻醉剂，没有止疼片，没有止血药，超常的疼痛和所冒的风险可想而知，不过拉斯顿已经别无选择了。由于刀子过钝，在难以形容的疼痛和失血的半昏迷状态下，拉斯顿先折断了前臂的桡骨，几分钟后又折断了尺骨……整个过程大约持续了一个小时。

由于大量失血，拉斯顿近乎昏厥，然而他仍坚持着从身旁的急救箱中取出杀菌膏、绷带等物，给自己被切断的右臂做紧急止血处理。拉斯顿甚至还想把断臂从巨石下取出来。流血止住后，拉斯顿决定徒步走出峡谷。他被困之处是一个陡峭的岩壁，距峡谷底部有 25 米的高度，上来容易下去难，尤其是在刚切断一只手臂之后。不过这没有难住他，他用登山锚将一根绳子固定在岩壁上，用左手抓住绳子，顺着岩壁滑下去。

在下山的路上，拉斯顿看到了他的山地自行车，但他根本不可能骑着它下山了。在跌跌撞撞走了大约 7 英里后，两名旅游者发现了血人一般的拉斯顿，明白发生了什么事后，他们赶紧报警。不久后，一架救援直升机赶到，将拉斯顿送到最近的医院。

当直升机到达莫阿布市的艾伦纪念医院时，拉斯顿居然谢绝别人的帮助，自己走进急救室。这个坚强的人随后被送到圣玛丽医院。参加救援行动的米奇·维特里驾驶直升机再次飞回蓝约翰峡谷，希望找回拉斯顿被截去的半条手臂，也许医生还可以为拉斯顿重新进行接肢手术。然而，当维特里找到那块石头时，他发现石头实在是太重了，根本无法撼动。

事实上，在拉斯顿失踪 4 天之后，他所在的登山车公司的老板便向警方报了警，警方的直升机也在附近进行了搜寻，但警方从空中根本不可能发现他被困的地方。他能活下来，完全是因为他有强烈的求生欲望。

有时候，选择使人痛苦。尤其是当被选择的两个对象对你同等重要的时候，你的痛苦便达到了心胆俱裂、不可名状的程度。但是能怎么办呢？只能像拉斯顿一样果敢地放弃一个，即使遗憾、痛苦、无奈，也无能为力。

不是所有的放弃都表示怯懦。

不是所有的放弃都表示退缩。

有一种放弃体现果断。

有一种放弃体现坚强。

安然一份放弃，固守一份超脱！不管红尘世俗的生活如何变迁，不管个人的选择方式如何，更不管握在手里的东西轻重如何，我们虽放弃也勇敢，虽伤感也欣慰。

放下就是快乐

只要我们把心事放下，理智地去应对每一件事，做到对什么事都能看得开、想得明、放得下，把烦恼抛开，少去想那些不切实际的东西，少去为那些不现实的东西烦忧，快乐就会迎面走来：一句话，就是调整好心态，放下那些不切实际的攀比，做好自己该做的事情，你就会快乐起来。

有一个富翁背着许多金银财宝，到远处去寻找快乐。可是走过了千山万水，也未能寻找到快乐，身心疲惫的他沮丧地坐在山道旁休息。一个农夫背着一大捆柴草从山上走下来，富翁说："我是个令人羡慕的富翁，请问，为何没有快乐呢？"

农夫放下沉甸甸的柴草，舒心地揩着汗水："快乐也很简单，放下就是快乐。"富翁顿时开悟：自己背负那么重的珠宝，老怕别人抢，总怕别人暗害，整日忧心忡忡，怎么会快乐得起来呢？于是富翁将珠宝、钱财接济穷人，专做善事，慈悲为怀。这些举动滋润了他的心灵，也使他尝到了快乐的味道。

有时你以为得到了某些东西时，可能失去了更多；有时你以为失去了不少，却有可能获得许多。尽自己最大的努力去做，你已经尽力了，就任其花开花落，云卷云舒了。

很多人总是以为拥有的东西越多，自己就会越快乐。这种人之常情就迫使你沿着追寻获得的路走下去。可是，有一天，你忽然惊觉，你的忧郁、无聊、困惑、无奈、一切不快乐，都和你有太多的奢望有关，你之所以不快乐，是你渴望拥有的东西太多了，或者，太执着了，不知不觉，你就陷入了欲望的泥潭中而无法自拔。

假如，你深爱着一个人，而她却不爱你，那你就要试着放弃，并祈祷她过得幸福快乐。有时候，你明明知道那不是你的，却想去强求，或可能出于盲目自信，或过于相信精诚所至、金石为开，结果不断地努力，却遭遇不断的挫折，弄得自己苦不堪言。世界上有很多事，不是我们努力就能实现的，有的靠缘分，有的靠机遇，不是自己的不强求，无法得到的就放弃。

懂得放下才有快乐，背着包袱走路总是很辛苦。有一个女孩在女友的宿舍玩，一念之差偷了屋里的一副耳环，后来被耳环的主人识破，女孩羞愧难当，自此离开家乡，再也没回去过。人生有些错误是无法挽回的，有时，需要你付出代价，这个代价就是放弃。外在的放弃让你接受教训，心里的放弃让你得到精神上的解脱。生活中的垃圾既然可以不皱一下眉头就轻易丢掉，情感上的垃圾也无须抱残守缺。

人生苦短，要想获得越多，就得放弃越多。那些什么都不放弃的人，是不可能获得他们想要的东西的，其结果必然是对自身生命的最大的放弃，让自己的一生永远处于碌碌无为之中。

如今，人们被争名夺利所累，每天都你争我夺，终日心事重重，阴霾不开，怎么会有快乐呢，天天小鸡肝肠，心胸如豆，无法开豁，快乐又怎么会不期而至呢？

因此，"放下就是快乐"是一味开心果，是一味解烦丹。只要你心无挂碍，什么都看得开、放得下，何愁没有快乐的春莺为你啼鸣，何愁没有快乐的泉溪为你歌唱，何愁没有快乐的鲜花为你绽放？

打开双手，世界就在你手中

苦苦地挽留夕阳，是傻人；久久地感伤春光，是愚人。什么也不放弃的人，往往会失去更珍贵的东西。舍不得家庭的温馨，就会羁绊启程的脚步；迷恋手中的鲜花，很可能就耽误了美好的青春。

生活中鱼和熊掌都能兼得毕竟是少数，每一次的放弃是为了下一次得到更好的回报。紧握双手，肯定是什么也没有，打开双手，至少还有希望。

> 非洲土人抓狒狒有一个绝招：故意让躲在远处的狒狒看见，将其爱吃的食物放进一个洞口小里面大的洞中，等人走远，狒狒就欢蹦乱跳地来了，它将爪子伸进洞里，紧紧抓着食物，但由于洞口很小，它的爪子握住食物后就无法从洞中抽出来了。这时人们只管不慌不忙地来收获猎物，根本不用担心它会跑掉，因为狒狒舍不得那些可口的食物，它越是惊慌和急躁，就将食物攥得越紧，爪子就越无法从洞中抽出。

其实，狒狒们只要放下握着的食物，就可以轻而易举地逃走，可它们偏偏无法做到。现实中的许多人有时候也会出现如此愚蠢之举，比如：失恋者对抛弃自己的恋人痴心不改，以至弄得失魂落魄、凄凄惨惨；失业者对裁掉自己的企业耿耿于怀，以至于萎靡不振、怨天尤人；赌徒对赌桌上的命运心存侥幸，以至于血本无归、倾家荡产；瘾君子对毒品过分依赖，以至于如行尸走肉、浑噩一生；贪赃枉法者欲望膨胀，以至于利令智昏、锒铛入狱……

人，正因为不懂得舍弃，不能放手去清扫自己，才会有许多纠结无解的痛苦，甚至陷于深深的而又无法自拔的困境中。当懂得了舍弃和放手，自己就会豁然开朗，生命就会马上向你展现出另外一个截然不同的景致。

他追求她已有七年之久，但她一直都没有接受他的爱，还对他很冷漠，但这并没有改变他那颗执着的心。

他在别人面前总是那样的好胜，在她面前却是那样低声下气，委曲求全。他的朋友总是对他说："你与她是不可能的，因为她根本就不喜欢你，你再这样下去也没有用，只会自找苦吃。"他有时候也想，要么就放弃吧！但随即又想，七年的光阴不能就这么白白空等。因而，日子又在一天天的等待中度过。

他觉得活着很累，就想到农村去走走，散散心。在农村，他在农田里看到一位农夫在锄掉一片秧苗，觉得很是好奇：农夫为什么要锄掉那么好的一片秧苗？就上前去问那位农夫。农夫说："秧苗再好也没有用呀，我也知道它们还在生长，但现在它已经错过季节了，锄掉好把新的菜苗种上去呀！如果舍不得这些的话，过了季节种什么都来不及了。"

有时候看到眼前一些东西而不懂舍得去的话，那失去的将是更多！所以说，舍去眼前的，才能得到更多的机会。他这时终于开始反思：为什么连一个农夫都明白的道理，自己却一直想不通呢！

于是，他回到他工作的城市，一切都重新开始。他放弃了她，回头看到自己走过的路，才发现原来自己已经失去了很多很多。投入了全新的生活，工作有了起色，也遇到了爱他的姑娘，并结婚生子，过上了幸福的生活。

故事中的主人公如果不肯放手，死死抓着这份感情不放的话，即使最终与那位姑娘结婚，也不会幸福，因为她不爱他。

人生中的许多东西是来之不易的，所以我们不愿意放手。但有时候，你必须打开双手，否则你拥有的反而会成为你生命的桎梏。懂得了其中的真意，静观万物，体会与世界一样博大的境界，我们自然会获得世界上的所有。

舍小利为大谋

取舍往往决定成败。作为一名成功者，其高明之处在于通过果敢的舍去一些眼前利益，来抓住往往被别人忽视的机遇，从而为自己提供了获取更大利益的机会。失败者的致命弱点是难以割舍小利，固守着眼前的好处，最终舍弃了更加长远的目标。

一个青年非常羡慕一位富翁取得的成就，于是他跑到富翁那里询问他成功的诀窍。

富翁弄清楚了青年的来意后，什么也没有说，转身到厨房拿来一个大西瓜。青年迷惑不解地看着，只见富翁把西瓜切成了大小不等的3块。

“如果每块西瓜代表一定程度的利益，你会如何选择呢?”富翁一边说，一边把西瓜放在青年面前。

“当然是最大的那块!”青年毫不犹豫地回答，眼睛盯着最大的那块。

富翁笑了笑：“那好，请用吧!”

富翁把最大的那块西瓜递给青年，自己却吃起了最小的那块。青年还在享用最大的那一块的时候，富翁已经吃完了最小的那一块。接着，富翁得意地拿起剩下的一块，还故意在青年面前晃了晃，大口吃了起来。其实，那块最小的和最后一块加起来要比最大的那一块大得多。青年马上明白了富翁的意思：富翁吃的瓜虽没自己的大，却比自己吃得多。如果每块西瓜代表一定程度的利益，那么富翁赢得的利益自然比自己多。

吃完西瓜，富翁讲述了自己的成功经历。最后，他对青年语重心长地说："要想成功就要学会放弃，只有放弃眼前利益，才能获得长远的大利益，这就是我的成功之道。"

在商业意识浓厚的今天，每个人都希望自己的利益最大化。在竞争面前能舍弃一部分利益的人实在太少，这并不仅仅因为人性的弱点，还因为大多数人缺乏高瞻远瞩的战略眼光。只有懂得舍小利的商人，才能成为真正的赢家。

"赔本赚吆喝"是精明的生意人的经商俗语，说的就是先"舍"后"得"有"舍"才有"得"的道理。这其实是一种表面上亏损的促销方法，但它在打开产品销路的方面却能够产生良好的效果。

一家叫奥兹莫比尔的汽车厂，位于美国康涅狄格州的土地上，它的生意曾长期萧条，工厂有倒闭的迹象。该厂总裁决定从推销着手，摆脱面临的危机。

总裁卡特对该厂的情况进行了反复认真的思考，针对存在的问题，对竞争对手以及其他商品的推销术认真地进行了比较分析，最后博取众人之长，大胆地推出了"买一送一"的推销方法。奥兹莫比尔汽车厂因为积压了一批轿车，不能及时出手，资金也没法收回，仓租利息却处于上扬趋势，所以该厂在广告中特别声明："谁买一辆托罗纳多牌轿车，谁就可以同时得到一辆南方牌轿车。"

"买一送一"的推销方法，由来已久，使用广泛。但一般做法无非是免费赠送一些价格低廉的商品。如买电视机，送一个小玩具；买录像机，送一盒录像带。这种给顾客一点小恩小惠的推销方法，确实能够起到一定的促销作用。但时间长了，使用者多了，所送的赠品的价值又都比较小，消费者也就不再感兴趣了。

奥兹莫比尔汽车厂将各种推销方法的长处兼容并蓄，尽可能克服因方法陈旧使消费者麻木迟钝的缺点，大胆地推出了“买一辆轿车便送一辆轿车”的推销方法，果然一鸣惊人，使很多对广告习以为常的人为之刮目。许多人闻讯后不辞远途也要来看个究竟，该厂的销售部一下子门庭若市，过去无人问津的积压轿车被人们竞相抢购，该厂也兑现了承诺，凡购买一辆托罗纳多牌轿车，就免费附赠一辆崭新的南方牌轿车。兹莫比尔汽车厂的这种销售方法，等于每辆轿车少赚了5000美元，难道他们不会亏本吗？

不会，不但不会亏本，而且奥兹莫比尔汽车厂还因此得到了多种好处。因为这些轿车如果积压一年卖不掉，每辆轿车至少要损失5000美元的仓租利息和保养费。

而如此一来，不仅托罗纳多牌轿车被兜售一空，资金迅速回笼，而且还提高了南方牌轿车的知名度，扩大了市场占有率。奥兹莫比尔汽车厂从此起死回生，生意蒸蒸日上。

吃亏是福

生活中总有一些精明之人，处处算计，怕自己吃亏。但算计来算计去，还是让别人得了便宜，亏了自己。

有这样一则笑话：

超市里低价促销陶罐，大如拳，广口，给鸟喂食嫌大，装酱油、醋还没盖，买它有什么用呢？正在别人踌躇之际，一人双眼放光，用手比画：“才一毛五一个，多便宜。”于是把罐子全买下了。拿回家后，邻居问他买那么多陶罐干吗？有什么用？他一搔头皮，说：“这倒没想，不过低价促销，肯定超值、划算。”邻居笑道，再便宜，没用也是白买，到最后卖破烂会更便宜。

这位精明的人把陶罐全部买下，以为自己占了很大的便宜，其实是便宜了卖家。

人一辈子总有占不尽的便宜，吃不尽的亏。但是，不属于自己的便宜还是不占为妙，为了他人，吃些亏也无妨。“吃亏是福”这是先辈们留下来的一句古训，是要告诫我们：做人不能事事占着便宜，吃点亏不要紧。如果我们能够以博大的胸怀，忍受一些“吃亏”，或许意外的好运就在眼前。

宋朝时，李士衡在馆阁任职，一次出使高丽，一名武将担任他的副使。高丽官员对朝廷的来访非常感激，盛情款待，他们走时还赠送了许多礼品财物。李士衡并不是爱财之人，他只是把赠送给自己的礼品财物交给副使管理。上船后，副使发现船底有隙缝渗水现象，便不动声色把李士衡得到的丝绸细绢垫放在船底，然后把属于自己的礼物放在上面，避免自己的东西受潮。

船到大海之中，风浪汹涌，船又太重，很危险，船员要求把装载的东西全部扔掉，否则船翻人亡。副使也很慌张，就急急地把船上的东西抛入大海。大约东西丢了一半时，风浪平息，航船稳定了。过后检点一下，丢掉的都是副使的财物，而李士衡的物品由于放在船底，除了受点潮湿，其余完好无损。由此可见，吃亏有时不一定是坏事。

吃亏是福，这绝不是“阿Q式”的精神自慰，而是高尚品德的具体表现。“路径窄处，留一步与人行；滋味浓的，减三分让人食。”若有这样的胸怀，就能成就一番大业。

当年大禹治水，三过家门而不入，牺牲个人的家庭利益，而为民谋福，终得大众之心，受到拥戴。大文学家鲁迅，几十年伏案写作，志在唤醒国民和打击黑暗势力，在55岁积劳成疾而离世，但他的作品流传至今；居里夫人为人类的科学进步做出了伟大贡献，她发现的“镭”成为当时世界上最珍贵的东西。许多人劝居里夫妇申请专利，一旦申请，居里夫妇将立即成为百万富翁，这样他们一家人的生活也会得到改善。但是她却说：“我发现了‘镭’，但不是创造了它，它不属于我个人，它是全人类的财产。”随之她向全世界公布了“镭”的提取分离技术。

无论是大禹、鲁迅还是居里夫人，他们都是甘于吃亏、乐于吃亏、勇于吃亏的人，正是由于这种可贵的精神，才使得人们永远怀念和崇拜他们。而那些处处算计、斤斤计较、不肯吃亏的人必是平庸之辈。

处于社会中的我们，在交往和处事中如果吃点亏，为亲人、朋友、同事、公司，甚至为一个素不相识的人做一些力所能及的事，有可能牺牲掉我们的休息时间，也有可能让我们在经济上有点小小损失，但换回的却是亲情、友谊、尊重、赞扬……那是任何东西都换不来的。这难道不是人生最大的福分吗？

“吃亏是福”，让我们把它当作人生格言，指导我们的行为，人生一定会收获很多。

放弃不是退步

我们经常说做事情要从一而终，坚忍不拔，但当你遇上不可以改变的事情，继续坚持，只会自己更加狼狈不堪，甚至可能头破血流无功而返。所以适当退让、学会放弃更是一种智慧。其实，合理的退让是一种洒脱，是一门学问；适当的放弃是一种豁达，是一种人生的领悟。

放弃了才能做新的，才有机会获得成功。这样的放弃其实是为了得到，是在扬弃中开始新一轮的进取，绝不是低层次的三心二意。拿得起，也要放得下；反过去，放得下，才能拿得起。荒漠中的行者知道什么情况下必须扔掉过重的行囊，以减轻负担、保存体力。为努力走出困境，该扔的就得扔，生存都不能保证的坚持是没有意义的。

有一位在美国留学的计算机博士，刻苦攻读了好几年，总算毕业了。以他的学历和专业在美国可以找到一份收入不错的工作，于是他满怀信心去面试。可是，一连几天下来，面试的公司都没有通知他去上班，生计没有着落，这个滋味可是不好过。万般无奈之下，这位博士决定换一种方法试试。

他收起所有的学位证明，以一个最低身份去求职。这个法子还真灵，一家公司老板录用他做程序输入员。这活可真是太简单了，对他来说简直是“高射炮打蚊子”。不过，他还是一丝不苟，勤勤恳恳地干着。

没过多久，老板发现这个新来的程序输入员非同一般，他竟然能看出程序中的错误。这时，这位小伙子掏出了学士证书。老板二话没说，立刻给他换了个与大学毕业生相对口的专业。

又过了一段时间，老板发现他时常还能为公司提出许多独到而有价值的见解，这可不是一般大学生的水平呀！这时，这位小伙子又亮出了硕士学位证书，老板看了之后又提升了他。

他在新的岗位上干得很出色，老板觉得他还是与别人不一样，非同小可。于是，老板把他找到办公室，对他进行质询，这时他才拿出他的博士学位证书。

老板这时对他的水平有了全面的认识，便毫不犹豫地重用了他。凭借着以退为进的好法子，留学生最终获得了成功。

一般来说，你如果想在社会上走出一条路来，那么就要放下身段：放下你的学历、放下你的家庭背景、放下你的身份，让自己回归到“普通人”。只有放下身段，路才会越走越宽。

退一步海阔天空，没有当日的退却便没有今日的成功。深谙进退之道的美国沃尔玛集团亦创造了同样的商界神话：当商人们热衷于在各大城市开设超市时，沃尔玛集团却放弃了人人趋之若鹜的城市市场，独树一帜地开辟了农村市场，通过在农村市场的迅速扩张，完成了资本积累。而当沃尔玛超市出现在繁华都市时，乡村铸就的良好口碑已将“沃尔玛”三字打造成了金字招牌，从而为其赢得了更为广阔的市场空间。

牛顿早年是永动机的追随者。在进行了大量的实验失败之后，他明智地退出了对永动机的研究，在力学研究中投入更大的精力。最终，许多永动机的研究者默默而终，而牛顿却因当时明智的选择，在其他方面做出了突出成就。

世事洞明皆学问，人情练达即文章。进有时便是退，退有时便是进。常言道："进一程风高浪急，退一步海阔天空。"懂得和善于运用进退中的哲学，会使你终身受益。总之，不管激流勇进还是急流勇退，都只是一种形式，只是让我们以一种适合自己的方式处世，用宁静淡泊的心看世间万事万物。

第四章

感恩而不抱怨，才能快乐和成功

感恩是一种颂扬生活的方式，是一个人不可磨灭的良知，是一切美好情感的基础。在日常生活、工作和学习中所得到的点点滴滴的关心与帮助，都值得我们用心去感恩。一个人如果不懂得感恩，对人对事对工作感觉麻木，那么他永远不会感到满足和快乐，他的人生道路也会越走越窄。

感恩是一种简单而又崇高的精神

感恩是一种极为简单而又崇高的精神。拥有一颗感恩的心，我们便能拥有一个健康的心态；拥有一颗感恩的心，我们的人生境界就会得到升华。20世纪90年代，台湾著名歌手欧阳菲菲的一首《感恩的心》红遍了华语世界。真挚的歌词、优美的旋律，让每一个听过这首歌的人都深深地记住了那充满质感的歌曲——《感恩的心》。直到现在，这首《感恩的心》仍然是各种慈善、赈灾晚会的主题曲。生在这个世间，我们需要感恩。

中华民族一直以来都是崇尚感恩、推崇感恩、视感恩为美德的民族，“滴水之恩，当涌泉相报”“知恩不报非君子”，《诗经》中有“投我以木桃，报之以琼瑶”的诗句；元代郭居敬辑录的自上古至唐宋的二十四个孝亲故事即“古代二十四孝”故事，更是报答亲恩的经典；“结草衔环”“感恩戴德”这样的成语，无不充满着感恩的情愫。感恩，在《现代汉语词典》中的解释为：对别人所给的恩惠表示感激。在中国，不懂感恩的人是不值得信任、不值得尊重、不受欢迎的人。

其实不独中国，甚至全人类都是一样，都把感恩视为重要的处世智慧和生活哲学。在《牛津词典》中感恩的定义是：“乐于把得到好处的感激呈现出来且回馈他人。”由此可见，在欧美文化中，感恩也是重要的人文内容。

在今天的美国人心目中，感恩节比圣诞节还要重要。在感恩节期间，散居在他乡的家人，都会赶回家过节。此外，美国人一年中最重视的一餐，就是感恩节这一天的晚宴，这已经成为全国性的习俗。感恩节是每年11月的最后一个星期四，据说它来自1620年著名的“五月花”号。当年这艘船满载不堪忍受英国国内宗教迫害的清教徒到达了北美洲。寒冬腊月，他们遭遇了难以想象的困难，处在饥寒交迫之中。冬天过去了，活下来的移民已经为数不多了。这时，善良的印第安人给移民们送来了生活必需品，还特地派人教他们怎样狩猎、捕鱼和种植玉米、南瓜。在印第安人的帮助下，移民者们终于获得了丰收。在欢庆丰收的日子，按照传统习俗，移民者们确定了感谢上帝的日子，并决定为感谢印第安人的真诚帮助，邀请他们一同庆祝节日。在第一个感恩节的当天，印第安人和移民者们欢聚一堂，他们在黎明时鸣放礼炮，列队走进一间被当作教堂的屋子，虔诚地向上帝表达谢意，然后点起篝火举行盛大宴会。第一个感恩节举办得非常成功，其中许多庆祝方式流传了下来，一直保留到今天。每年到了感恩节这一天，美国举国上下非常热闹，人们按照习俗前往教堂做感恩祷告，城乡市镇到处都有化装游行、戏剧表演或体育比赛等。辛苦奔波了一年的亲人们也会从天南海北归来，一家人团团圆圆，品尝美味的感恩节火鸡。在感恩节的夜晚，家家户户都大摆筵席，食物非常丰盛。在节日的餐桌上，上至总统，下至平民，火鸡和南瓜饼都是必备的食物。这两种“珍品”体现了美国人民回忆先民艰难开拓的经历，追思第一个感恩节的情怀。

“感恩”是因为我们生活在这个世界上，所有的一切包括一草一木，都对我们有恩情。感恩作为社会文化的一部分，无论是人伦教化，还是矫正人们的心态，净化人们的心灵，它都是一剂良方。感恩是处世的哲学，是生活的智慧，是美好的情感，也是道义上的净化剂、事业上的原动力和内驱力，更是人之所以高贵、之所以优秀的关键。

感恩是一种态度，一种情怀，一种追求，一种崇高的精神。感恩可以升华平凡的心灵，也可以造就高尚的生命。成功学家安东尼说：“成功的第一步就是先存有一颗感恩之心，时时对自己的现状心存感激，同时也要对别人为自己所做的一切怀有敬意和感恩之情。”只有对生活充满感恩，才能打造我们幸福美好的生活。带着感恩之心工作，你会收获更大的成功。

感恩是一种崇高的精神。一个心存感恩的人是全天下最富有的人，而一个不知道心存感恩的人，即使家财万贯，也只能是个“贫穷”的人。感恩不仅仅是为了报恩，因为有些恩泽是我们无法回报的，有些恩情更不是等量回报就能一笔还清的，唯有用纯真的心灵去感激、去铭记，才能真正对得起给予你恩惠的人们。所以，感恩是一种比报恩更崇高的精神境界。

成功登顶的人都有一颗感恩的心

在一次企业家交流论坛上，一位听众请教某位成功的企业家："你觉得你成功吗？你成功的秘诀是什么？"这位企业家微笑着说："我今天能够在这里听你的问题，我觉得我很成功。我成功没有秘诀，我只有一颗感恩的心，感谢你今天的提问让我的演讲更成功。"

是的，如此心存感恩，懂得感恩才会明白，自己的每一点成功都源于感恩，越懂得感恩越容易成功。我们看到那些成功的人，无一不具有一颗感恩的心。

蒙牛的成功，被董事长牛根生总结为"因为感恩"。牛根生本身就是一个深谙感恩而成功的人。蒙牛集团有这样一组数据：销售收入从1999年的0.37亿元飙升至2003年的40.7亿元，后者是前者的110倍，年平均发展速度高达323%，在中国乳制品企业中的排名由第1116位上升为第2位，创造了自诞生的1000多天里平均一天超越一个乳品企业的营销奇迹。

是感恩文化缔造了"蒙牛速度"。感恩文化孕育和激发了蒙牛员工的责任心，责任心驱动了执行力，执行力制造了业绩，业绩创造了价值，价值催生了利润，利润保证了发展，发展又为企业凝聚了更多的资源和机会，更好的发展和更强大的实力使蒙牛能够为客户、员工、社会提供更好的回报……一切源于感恩，又回归于感恩，这就形成了蒙牛的"感恩—责任—财富"的价值循环。

蒙牛根据自己的企业文化，精心设计了每年的两个独特节日：7月19日的"学习节"——将学习成果与半年工作成果总结相结合的一次团队分享共赢的节日；11月份最后一个周五的"感恩节”——蒙牛将这一天作为一个特别重要的节日，对蒙牛的合作者、支持者和消费者进行真诚答谢和感恩活动。

牛根生认为，经营人心是蒙牛的终极目标，而感恩之心则是蒙牛文化的灵魂。蒙牛举办感恩节的目的是：关注员工的健康，提高他们生活的质量，营造心灵之间的感动，实现蒙牛人的伟大使命。牛根生曾说过，什么是中国人最深层的文化呢？那就是一颗真诚的感恩之心。“以蒙牛事业为己任，不以蒙牛利益为己有”源自对员工的感恩；“提供绿色乳品，传播健康理念”源自对消费者的感恩；“市场在变，诚信永远不变”源自对客户的感恩；“财散人聚，财聚人散”源自对股东的感恩；“关注环保，回报社会”源于对社会的感恩；“98％的品牌是文化，98％的矛盾是误会”源自蒙牛企业整个价值链条之间的相互感恩。

2003 年，为抗击“非典”，蒙牛捐款捐奶总计 1200 万元；捐助赤峰地震灾区，蒙牛将价值 30 万元的 1 万箱蒙牛纯牛奶直接送到灾民手中；温情教师节，蒙牛牛奶大派送，向全国 17 个省（市）的 120 多万名教职工赠送了牛奶。

2004 年 11 月，在蒙牛感恩节上，牛根生曾经说过这么一段感人肺腑的话：“亲爱的新员工，当你漫步在绿草如茵的厂区时，你是否想过老员工创业之初的艰辛和内心所承受的压力？面对他们，我们是否应该真诚地道一声谢谢？尊敬的老员工，你为蒙牛的发展立下了汗马功劳，然而你注意过新员工的目光中对你含有多少厚望、感恩和尊敬吗？面对他们，我们是否应该真诚地道一声谢谢？所有的蒙牛新老员工，当我们专心专注地学习、工作、成长的时候，是否应该向我们的父母、儿女、妻子与丈夫真诚地道一声谢谢？当蒙牛产品深受消费者欢迎，在市场上供不应求的时候，我们是否应该向蒙牛的供应商、经销商及帮助与支持蒙牛事业的所有朋友鞠躬致谢？”

蒙牛怀着一颗深厚的感恩之心，凭借感恩的企业文化拥有了一流的生产工艺技术，这是蒙牛成功的本质和蒙牛可持续发展的源泉，也是牛根生成功的秘诀。

成功的人都有一颗感恩的心。越是成功的人，越懂得感恩。不论是中国古代的伟人大哲，还是当代世界的名人巨贾，感恩正是他们共同拥有的品质。

在一次学术报告后，一名记者问伟大的物理学家霍金先生："霍金先生，卢伽雷氏病已经将你永久固定在轮椅上，你难道不认为命运太残酷了吗？"

霍金先生的脸上充满微笑，他用仅能活动的三根手指，艰难地叩击键盘后，显示屏上显示："不，我感谢命运！"

所有人都有些吃惊，记者再问："你不抱怨命运，反而是感谢？为什么？"

霍金先生再次艰难地敲击后，显示屏上出现了五句话："我的手指还能活动，我的大脑还能思考，我有终生追求的理想，我有爱我和我爱着的亲人与朋友，我还有一颗感恩的心！"

整个会场爆发出雷鸣般的掌声。

三根手指和一个能思考的大脑是霍金身上少有的能动的部位，这个人生的斗士，这个智慧的英雄，人生至此，他的心中却除了感恩还是感恩！

感恩是成功的第一步，感恩之心是一粒美妙的种子。当我们用感恩的心来看这个世界时，就会觉得我们是多么富有！树上小鸟的轻唱，路旁花朵的芳香，甚至一片阳光，一阵清风，一块绿茵都会让我们心旷神怡，体验到自然与生命的美丽。

据说，在法国一个偏僻的小镇上，有一个特别灵验的水泉，可以医治百病。有一天，一个拄着拐杖，少了一条腿的退伍军人，一跛一跛地走过镇上的马路。旁边的镇民带着同情的口吻说："可怜的家伙，难道他要向上帝祈求再给他一条腿吗？"这句话被退伍军人听到了，他转过身对他们说："我不是要向上帝祈求有一条新的腿，而是感谢上帝为我留下了一条好腿，我还能用这条腿干我能干的事情！"

拥有感恩的心才能获得生活的回报。像那位退伍军人一样，接纳所失去的，感激所拥有的，你就会更加热爱自己和他人的生命，更加珍惜现在所拥有的一切。感恩犹如心灵的泉水，它滋润心田，使其免于干涸；它近在咫尺，唾手可得，让我们的生命充满生机，洋溢着朝气。

程序员史蒂文斯在一家软件公司干了8年，正当他干得得心应手时，公司倒闭了。这时，又恰逢他的第三个儿子刚刚降生，他必须马上找到新的工作。

有一家软件公司招聘程序员，待遇很不错，史蒂文斯信心十足地去应聘了。凭着过硬的专业知识，他轻松地过了笔试。两天后就要参加面试，他对此充满了信心。可是面试时，考官提的问题是关于软件未来发展方向的，他从来没考虑过这方面的问题，于是被淘汰了。

不过这家公司对软件产业的理解让他耳目一新。他给公司写了一封感谢信：“贵公司花费人力物力，为我提供笔试、面试的机会，我虽然落败了，但长了很多见识。感谢你们的劳动，谢谢！”这封信经过层层传阅，后来被送到了总裁手中。

三个月后，史蒂文斯意外地收到了该公司的录用通知书。原来，这家公司看到了他感恩的品德，在有职位空缺的时候首先就想到了他。

感恩是一种良好的心态，心存感恩的人更容易获得机会，机会又将召唤成功。有感恩之心的人让人生爱，有爱会得到别人的尊重，获得别人尊重的人，会得到他人的信任，获得信任是事业成功的第一步。所以，懂得感恩，更容易成功。

当你心怀感激，忠心地为公司工作时，公司也一定会为你设计更辉煌的前景，提供更好的发展机会。作为企业的一员，感恩是一个员工优秀品质的重要体现，只有心怀感恩，才能快乐工作；才能珍惜岗位，爱岗敬业，勤勤恳恳做事，踏踏实实做人；才能免除浮躁，去掉私心，不会过多地计较个人的得失，把自己全身心地融入集体的大家庭之中。当然，你的努力与付出也会得到回报，你的诚信将得到大家的认可，你对自己的工作会更有成就感，你会感觉你的生命更加灿烂，生活更加充实，你的事业也更容易成功。

一个容易把别人的恩情忘在脑后的人是很难走向成功的，因为，那些帮助过他的人会因为得不到他的回应而离他远去。当他下次再需要帮忙时，他们可能就不会再伸出援手了，成功也会离他越来越远。相反，能够怀着一颗感恩之心，向所有有恩之人表达感谢的话，当我们再碰到困难时，他们怎么会袖手旁观呢？他们的帮助无疑会让我们更容易到达成功的彼岸。

成功者都有一颗懂得感恩的心。每一个人都想成就一番事业，然而，没有哪一种事业的成功是那么轻而易举、唾手可得的。它需要的不仅是才华、能力、意志和决心，同时它还需要别人在关键时刻拉自己一把。只有懂得感恩的人，才能得到他人持续的支持和帮助，才能一直走在成功的路上。

舍得付出，是感恩的最高境界

懂得感恩的人舍得付出，乐于付出，因为他们心怀感激，心灵纯洁，他们不仅不会吝啬为别人付出，还会感谢因为这份付出而给自己带来的一切。这才是真正懂得感恩的人，“施恩不图报”“施者要向受者感恩”正是感恩的最高境界。

懂得感恩的牛根生成功后热心于慈善事业，不仅自己做，自己的企业做，自己的家人也一起做。在1999年至2005年担任蒙牛总裁期间，牛根生就把自己过半的年薪发给员工、产业链上的伙伴以及社会上的困难人群。2004年年底，他创立了“老牛基金会”，2005年1月，他与家人宣布将自己及家人持有的蒙牛股份全部捐出用于公益慈善事业。这一开创性的慈善举动，使牛根生成为“全球捐股第一人”，并于2010年被中国慈善排行榜授予“中国慈善事业终身成就奖”。

牛根生说：“予人施慈是为了予己修善。我们应该对谁感恩？

受捐者。施者应该向受者感恩，如果没有缺陷没有灾难，如何能表现出施者的作为？”这是牛根生长期秉持的慈善观，从中映射的，正是他那颗感恩的心。

“赠人玫瑰，手有余香”是英国的一句谚语，意思是做一件很平凡微小的事情，哪怕如同赠人一支玫瑰般微不足道，但它带来的温馨也会在赠花人和受花人的心底慢慢升腾、弥漫、覆盖。“赠人玫瑰，手有余香”让大家明白了帮助他人，别人快乐，自己也快乐，这就是感恩的境界。乐于助人，帮助别人，就会得到更大的快乐。正如歌词所描写的：只要人人都献出一点爱，世界将变成美好的人间。

一座城市来了一个马戏团。六个小男孩穿戴得干干净净，手牵手排队在父母身后等候买票。他们兴高采烈地谈论着即将上演的节目，好像是自己马上要骑着大象在舞台上表演似的。终于轮到他们了，售票员问要多少张票，父亲低声道：“请给我六个小孩和两个大人的票。”母亲心颤了一下，她扭过头把脸垂得很低。售票员又重复了一遍价格。父亲的眼里透着痛楚，他实在不忍心告诉他身旁兴致勃勃的孩子们，他们的钱不够。一位排队买票的男子目睹了这一切，他悄悄地把手伸进自己的口袋，将一张50元的钞票拉出来让它掉在地上。然后拍拍那个父亲的肩膀，指着地上的钱说：“先生，你的钱掉了。”父亲回过头，明白了原委，眼睛湿润了，马上弯下腰捡起地上的钞票，然后紧紧地握住了男子的手。

你帮助别人的目的，也许并不是要求得到回报，但是送人一束玫瑰，反而能留下一缕芬芳。人生最美丽的补偿之一，就是真诚地帮助别人的同时也帮助了自己。我们在给予别人的同时，自己也会有收获。实际上，这并非一句空话。每个人都不是独立地存在于这个世界上的，人们都会遇到困难，遇到自己解决不了的问题。这个时候，我们就需要向别人求助，如果我们能得到别人的帮助，那么我们就会心存感激，希望他日自己也可以为别人做些事情。同样的，当我们帮助别人时，别人也会心存感激，希望他日能伸出援助之手帮助我们。这正好印证了“赠人玫瑰，手有余香”的哲理。每个人都不可能孤立地存在着，有时候，我们也需要别人的帮助，而在这个时候站出来帮我们的，往往就是那些我们曾经帮助过的人。

很多时候，人们会抱怨人际关系复杂，知心朋友难寻。造成这种局面的原因有很多，但其中最重要的原因很可能是我们平日考虑自己过多，帮助别人太少。一个平时不注重维护人际关系的人，很难有好人缘，“临时抱佛脚”只会给别人以“利用”之感。试问这样的人，又怎么能得到别人的信任和欢迎呢？别人又怎会慷慨相待呢？只有平时给他人以帮助，别人才会拿出真心对我们。所以，我们需要舍弃一些不必要的自我意识，帮助别人做一些力所能及的事情。我们在帮助别人的同时，也就是在帮助我们自己，这才是隐藏在“感恩”两个字背后真正的哲理。

热心帮助别人，你才可能在需要的时候，得到别人的帮助。生活中不是每个人都会热心帮助有困难的人的，有的人往往认为不是他的事，他也不需要别人帮助，所以他也不会主动帮助任何人。这种观念是不对的。我们不仅要有帮助别人的热心，还要感恩别人的帮助，这样才会有美好的人生。

你是否有过这样的经历：当你加班为同事打印了一份文件，同事的一声“谢谢”能让你忘掉一天的疲劳；当你清晨为领导擦拭了办公桌，领导一个感激的眼神就会让你一天心情愉悦；当别人在工作中遇到困难，你热心帮助他解决后，应该会有种满足的心理。其实，每个人的心里都存在一种给别人快乐的美好心愿。因为送人问候时，我们心留温暖；送人关心时，我们留下开心；送人帮助时，我们留下友情。

所有的感恩都源自内心的爱

做一个有原则的人，善良和爱都是我们应该恪守的做人准则。“忘恩负义”是最被人痛恨，也最让人瞧不起的。事实证明，忘恩的人很难得到他人的帮助，同时也不会取得成功。人在社会之中，必须健全自己的人格、增强自己的道德修养，唯有如此，才能报答家庭、贡献社会。

一家日本大学毕业生最向往的公司每年都会招聘员工，筛选的最后一关是由社长亲自面试，题目仅有一个：“请问你有没有洗过妈妈的手脚？有何感想？”有个年轻小伙子的答案是“没有”，社长建议他回去帮妈妈洗一洗手脚，三天后再来面试。

小伙子回家就端了一盆热水给妈妈洗手脚，他与母亲的距离从没有这样近过，他的内心感到无比温暖，同时也才发现母亲的手脚相当粗糙，结满了老茧。他顿时百感交集，并向母亲忏悔，他觉得自己从未真正关心过母亲，母亲每天不辞劳苦，为家人不求回报地默默付出，让家人无后顾之忧。经过这次亲身体验，他对母亲对家人的爱、无私奉献有了深刻的体会。三天后他向社长一五一十地报告情况……故事的结局不言自明——这个小伙子被录用了。

感恩是爱的根源，也是成功的必要条件。如果我们对生命中所拥有的一切都能心存感激，便能体会到人间的温暖、人生的快乐以及价值。学会用一颗感恩的心去面对生活，我们便能收获幸运的回报。生命的整体是相互依存的，世界上每一样东西都依赖其他一样东西。父母的养育，师长的教诲，配偶的关爱，大自然的慷慨赐予……你从出生那天起，便沉浸在恩惠的海洋里。只有你真正明白了这个道理，才会感恩一切，善待一切。而正是因为你善待了这一切，才会由此得到善待，获得自己以为的丰厚的回报。

感恩是世上最好的美德。古语说：“仁者爱人。”一个心中有爱的人，必是一个心怀感恩的人，而只有懂得感恩、学会感恩，才能够将心中的爱传递给别人。一传十、十传百，爱便会在这样的氛围中不断传递下去。一个内心充满爱意的人，才能获得真正意义上的成功，而一个不懂感恩、心中无爱的人即便成功了，那样的成功也是一种畸形的“成功”。

有爱心的人才会感恩。世界上的每一个人都渴望爱，只有你学会用爱和别人相处，对方才会感知到你的好意和诚心，他们才会向你献出一颗爱心。有人问爱的力量究竟有多大？其实爱就是一个能够创造奇迹的魔术棒。在爱面前，再冷的心也会融化。爱可以让你攀登得更高、走得更远。

美国有一个单亲母亲，白天在富人家里做女佣，晚上回家照顾4岁的儿子。主人知道了女佣的情况后，给她和孩子腾出个房间，说，把孩子接来吧，今后你们吃住都在我家里，一切免费，不扣你一分薪水。女佣婉拒了，她有自己的担心，主人家的大房子里，光洗手间就十几个，最小的洗手间，也比她家的房子大，她不知道贫穷与富有的巨大落差，对一个4岁的孩子将会产生什么影响。

有一天，主人要在家里请客，人手不够。主人与女佣商量说，今天您能不能晚点回家，我这里缺人手，现找来不及，只好麻烦您了。女佣说，行啊，就是有点担心我的儿子，他晚上见不到我会害怕的。主人说，这好办，您现在就去把他接过来，晚饭在我这里吃，和客人一起吃就行了。

女佣把儿子接过来时，客人正陆续抵达，她没领儿子从正门进来，走的侧门，然后把他藏在一间主人不大光顾的洗手间里。她从主人厨房里拿来一个盘子，从自己口袋里掏出香肠和面包，这是她在回家路上特意给儿子买的。

孩子从来没见过这么气派的洗手间，不认识大理石洗漱台上摆放的那些色彩斑斓、晶莹剔透的瓶瓶罐罐，屋里好闻的气味让他幸福到简直要晕倒了。女佣告诉儿子说，妈妈带你来参加宴会，你是小孩，不能和大人一起吃，这是宴会主人特意为你准备的单间。孩子想把餐盘放到洗漱台上，但他个头太矮，有点够不着，只好放到了马桶盖上，他坐在漂亮瓷砖铺就的地面上，一边唱歌，一边吃着这些平时很难吃到的美味佳肴。

很快，在富丽堂皇的宴会大厅里，主人没发现孩子的身影，就去问女佣。女佣支支吾吾地说，我一直在忙着，没时间照看他，可能是在外面的草坪上自己玩吧。主人似乎明白了什么，他离开宴会大厅，把整幢房子的所有房间都找遍了，最后在一个位于角落的洗手间里，找到了孩子。

主人问，你怎么能在这里吃东西呀，你知道这是什么地方吗？孩子答，我妈妈说，这是宴会主人特意为我准备的单间，今天的香肠太好吃了，我好久好久没吃过了，对了，你是谁呀，这么好吃的香肠我可不能一个人吃，你愿意陪我在这里吃这些美味吗？主人强忍泪水点了点头，用最灿烂的笑容面对着孩子，他已经不需要再问什么了。此刻，他想起了当初随父母来纽约的经历，那时他们很贫寒，也经历过十分艰辛的日子。

回到宴会大厅，主人对客人们说，抱歉了朋友们，我现在必须得去陪一位特殊的客人，请大家慢慢享用吧，我不能和你们共进晚餐了。说完，他装了满满两大盘子孩子爱吃的佳肴，端到洗手间里，他模仿孩子的样子，也把餐盘放到马桶盖上，坐在地上，然后对孩子说，这么好的单间和美食，你一个人独享就可惜了，来来来，让我们一起吃晚餐。

主人和孩子一边吃着东西一边唱着歌，也聊了很多话题，他要让这个四岁的孩子坚信，他的母亲是世界上最勤劳、最伟大的母亲，不但应该为她感到骄傲，长大以后还要为她做些事情。客人们发现主人端走两大盘子食物后，再也没回来，觉得蹊跷，也去寻找，当他们看到情同父子的两个人坐在地上，围着马桶盖吃东西的场面，被深深震撼了。这些被称为上层人士或社会精英的人们，端着酒杯和美味纷纷赶过来，很快把洗手间挤满了，大家给孩子唱了好多好听的歌曲，表达了许多美好的祝愿，这些都让这个孩子确信，他的母亲是最令人尊敬的母亲，而他，则是世界上最幸福的人。

很多年后，这个孩子长大成人，他不但拥有了自己的事业，也买下了拥有几间洗手间的大房子，进入到上流社会。每年，他都以匿名方式捐赠很多钱给穷人，但从不举行捐赠仪式或接受采访。他对始终不理解的朋友们说，我永远忘不了在很多年前的某一天，有一位富人和他的客人们，用他们的诚恳与爱心，维护了一个四岁孩子的自尊。

感恩其实是一种做人的态度，一种做人的品德，一种善于发现美并欣赏美的道德情操。感恩越多，我们得到的越多，心中也就多一份喜悦，幸福也更爱拥抱我们。做人要有一颗感恩戴德之心，永存感恩之情。唯有学会感恩、感谢生活，才能获得更大的情感回报，才会更加热爱生命、关爱他人、收获成功与快乐。

一个极其寒冷的夜晚，路边一家简陋的旅店迎来了一对上了年纪的客人。然而不巧的是，这间小旅店早就客满了。“这已是我们寻找的第16家旅社了，这鬼天气，到处客满，我们怎么办呢？”这对老夫妻望着店外阴冷的夜色发愁地说。店里的小伙计不忍心让这对老人出去受冻，便建议说：“如果你们不嫌弃的话，今晚就睡在我的床铺上吧，我自己在店堂里打个地铺。”老夫妻非常感激，第二天要照店价付客房费，小伙计坚决拒绝了。临走时，老夫妻开玩笑地说：“你经营旅店的才能足可以当一家五星级酒店的总经理了！”“那敢情好！起码收入多些可以养活我的老母亲。”小伙计随口应道，哈哈一笑。

两年后的一天，小伙计收到一封寄自纽约的信，信中夹有一张往返纽约的双程机票，并邀请他去拜访当年那对睡过他床铺的老夫妻。小伙计来到繁华的大都市纽约，老夫妻把小伙计引到第五大街和三十四街交会处，指着那儿的一幢摩天大楼说：“这是一座专门为你兴建的五星级宾馆，现在我们正式邀请你来当总经理。”

年轻的小伙计因为一次善意的助人行为，意外地美梦成真。这就是著名的奥斯多利亚大饭店经理乔治·波非特和他的恩人威廉先生一家的真实故事。

现实生活中，很多人做了好事都不求回报，但善良和爱心终究是会结出蜜果的。学会感恩，不仅仅意味着要拥有宽广的胸襟和高贵的品德，实际上，它更应是一种深刻的能愉悦自我的智慧。感恩是积极向上的思考和谦卑的态度，当一个人懂得感恩时，便会将感恩化作一种充满爱意的行动。感恩不是简单的报恩，它更是一种责任，一种追求阳光人生的精神境界。一个人会因感恩而感到快乐，一颗感恩的心，就是一粒和谐的种子。我们只要怀有一颗感恩的心，就能发现生活的美好、世界的美丽，就能永远快乐地生活在温暖的阳光里。

饮水思源，铭记点滴之恩

饮水思源，是我们立身处世的根本。树有根，水有源，“问渠那得清如许，为有源头活水来”“羁鸟恋旧林，池鱼思故渊”那是对源泉的思恋。鸟儿懂反哺，难怪被人咏成诗句；落叶懂得归根，难怪被诗人咏叹“落红不是无情物，化作春泥更护花”。万物都懂得饮水思源的道理，都懂得有恩必报的哲学，身为万物之灵的人类更要明白。

做人要懂得在享受成果的同时，不要忘了创造成果的人，要懂得饮水思源，知道感恩。要懂得“感恩知福，不可忘本”的道理，要有一颗感恩的心。

在当今这个竞争激烈的年代，拥有一颗感恩的心是成为成功者的条件之一。没有水源，就没有生命；没有父母，就没有我们；没有老师的谆谆教诲，就没有我们的智慧；没有企业，就没有自己的工作岗位；没有客户，就没有市场；没有企业的发展，就没有逐年提高的个人收入。因此，我们应永远保持感激的心态，感谢他们的辛苦劳作，饮水思源，更应该把这种精神发扬下去。

韩信是我国西汉的开国功臣、军事家。在韩信年轻的时候，有一位漂母帮助了他，从而有了一个著名的报恩故事。韩信少年时家境贫寒，父母双亡。他虽然用功读书、拼命习武，却仍然无以为生。迫不得已，他只好到别人家吃“白食”，为此常遭别人冷眼。他曾在朋友南昌亭长家混饭吃，时间长了，亭长老婆对他很厌恶。一天大早，夫妻二人坐在床上把饭吃完了。韩信又来赶饭，可是扑了个空，他知道是自己蹭饭遭嫌，人家以此来羞辱自己。韩信什么也不说，气鼓鼓地跑出去了。他咽不下这口气，就来到淮水边垂钓，用鱼换饭吃，经常饥一顿饱一顿。淮水边上有许多老妇人在冲洗丝絮，其中有个为人家漂洗纱絮的老妇人，人称“漂母”，见韩信可怜，就给他饭吃，一连多日都是这样。韩信对这位老妇人表示，将来一定要重重报答她。老妇人很生气，斥责韩信：“大丈夫不能自食其力，我只是可怜你才给你吃食，难道是希图报答吗？”她继续把自己的饭菜分给他吃。天天如此，从未间断，韩信深受感动。后来，韩信被刘邦拜为大将，大败章邯军，一举拿下了关中地区，使刘邦得以还定三秦。韩信有所成就之后，始终没忘漂母的一饭之恩，派人四处寻找，最后以千金相赠。后来他又找到南昌亭长，赏了他一百个小钱。

其实，如果论当年给韩信物质上的付出，南昌亭长无疑比漂母多得多，饭菜也丰盛得多。但漂母是怀着一片真诚、慈悲之心，没有丝毫的嫌弃和不耐烦，虽然付出的是粗茶淡饭，但那恩情早已深如大海，重如高山了。韩信表示要报答，漂母严词予以拒绝。因其真心、真善，不但得到千金回报，还流芳青史。

学会感恩，懂得感恩，在人的一生中是何等重要！“滴水之恩，当以涌泉相报。”古人早就教育我们要懂得感恩，即便是点滴的恩情，也应该铭记于心，只有这样才能成为一个令人尊重、德才兼备的君子。同样，在职场中，只有拥有一颗感恩的心，才能变得优秀，才能实现自己心中的理想。

懂得感恩的人生才会一帆风顺

如果我们能够怀着一颗感恩之心面对生活，即使处在最困厄的环境中，我们也能渡过一个个难关，一步步走向成功，创造并享受美好生活。只有懂得感恩的人，才能对社会、对集体、对他人充满感激，并将这种感激转化为刻苦努力、帮助他人、无私奉献的实际行动，从而广结善缘，让自己的人生一帆风顺。

一家外资公司的公关部需要招聘一位职员，前来应聘的人经过甄选，最后只剩下了5个。公司告诉这5个人，聘用谁得由经理层会议讨论才能决定，结果会在三天内发到他们的邮箱里。三天后，其中一位应聘者的电子邮箱里收到一封信，信是公司人事部发来的，内容是："经过公司研究决定，很抱歉，你落选了。我们虽然很欣赏你的学识、气质，但名额有限，这实在是割爱之举。公司以后若有招聘名额，必会优先通知你。你所提交的材料在被复印后，将邮寄返还予你。另外，为感谢你对本公司的信任，还随信寄去本公司产品的优惠券一份。祝你好运！"

看完电子邮件，她知道自己落选了，有点难过。但又为该公司的解释感到满意，于是她回信表示了感谢。但就在两天后，她却接到了那家外资公司的电话，通知她已被正式录用为该公司职员。

她很不解，直到上班后才明白，邮件其实是公司的最后一道考题。她能胜出，只不过是用回信表示了自己的感谢。

懂得感恩、怀有一颗感恩之心的人，总会让别人对他有更特殊的情愫，觉得这样的人更亲切、可信，故而愿意给这样的人更多的机会。这也就是为什么懂得感恩的人比别人的路走得更为顺畅的原因。

有一位企业家说，经历了这么多年的风风雨雨，他才发觉，如果一个员工有能力，就会是一个可用之才；如果一个员工懂得感恩，就会是一个优秀的员工；如果一个员工既有能力又有感恩的心，那么可以把工作放手交给他去做，因为这样的员工不会找借口来搪塞自己的职责，也不会做任何表面工作来欺骗老板。他们会珍惜一切，善待别人，并认为努力工作是对公司、对事业最好的回报，也是对自己和他人最好的交代。

英国作家萨克雷曾说过："生活好比一面镜子，你对它笑，它对你笑；你对它哭，它就对你哭。"职场生活亦是如此，当员工以感恩的心态认真工作时，就可以得到相应的回报。当我们感谢公司为我们提供施展才华的舞台、感恩上司帮助我们培养对公司的忠诚、感谢职场使我们能通过工作培养个人能力、积累各种经验时，我们就会以更积极的心态去对待工作。当我们以一种感恩的心情去工作时，会工作得更愉快，更有效率，人生之路也就理所当然会比别人更顺。

唐纳德是美国一家广告公司的一名设计师，有一次，他被公司总部安排前往德国工作。与美国轻松、自由的工作氛围相比，德国的工作环境显得紧张、严肃并有紧迫感，这让唐纳德很不适应。

唐纳德向上司抱怨："这边简直糟透了，我就像一条放在死海里的鱼，连呼吸都很困难！"上司是一位在德国工作多年的美国人，他完全能理解唐纳德的感受。

"我教你一个简单的方法，每天至少说50遍'我很感激'或者'谢谢你'，记住，要面带微笑，要发自内心。"上司说。

唐纳德抱着试试看的态度，一开始觉得很别扭，要知道"刻意地发自内心"可不是件容易的事情。可是几天下来，唐纳德觉得周围的同事似乎友善了许多，而且自己在说"谢谢你"的时候也越来越自然，因为感激已经像种子一样在他心里悄悄发芽生根。

渐渐地，唐纳德发现周围的环境并不像自己想象中的那样糟糕。到后来，唐纳德发现在德国工作是一件既能磨炼人又让人感到愉快的事情，感恩的心态改变了这一切。在这种心态下，唐纳德积极主动地工作，短短两年便做出了突出的成绩，很快成为公司在德国的负责人。5年后，他成为总公司的副总裁。

"谢谢你！""我很感激！"当你真诚地说出这些话之后，感恩的种子已经在自己和别人的心里种下了，这是比任何物质奖励都宝贵的礼物。感恩为幸福之首。不懂感恩，再优秀也很难获得幸福和成功。一个知道感恩的人，才更容易得到信任、支持和帮助，更容易成功。想想看，如果在生活中，我们大家都能常怀一颗感恩之心，在得到别人帮助时衷心地说一声"谢谢"，在与父母、师长、同事等的相处中，都时时刻刻想着对方的好处，想着宽容相待，我们的人际关系、社会氛围必然会走向和谐美满。

感恩是一种处世哲学，是一种生活智慧。作为企业的一分子，无论你是位高权重的领导者，还是默默无闻的小职员，如果你对工作、对企业、对老板始终抱着感恩的心，就很容易成为一个受欢迎的人，自然也就更容易走向成功。

不懂感恩，才会有烦恼

感恩是一种珍视所有、懂得回报的表现，是一种谦卑却又极其热忱的情感。人类因为感恩而伟大，世界因为感恩而美丽。用感恩的心工作是一种精神更是一种智慧。可以说，懂得感恩是一名员工品质优秀的重要体现，是事业成功的开始。你是否曾经想过，用一种特殊的方式，告诉你的老板，你是多么热爱自己的工作，多么感谢从工作中获得的机会。你的感恩能让你迸发出极大的工作热情，激发你的积极心态，而不是抱怨。

抱怨是表达哀伤、痛苦或不满，它是一种有害的情绪。生活中，常常能听到很多人抱怨上天不公平，抱怨命不好，抱怨工作累、工资低等。抱怨会消磨人的斗志，磨损人的动力。

倾向于抱怨的人，总是会否认人的主观能动性，不会通过自我改造来适应世界和不断改造环境。他们容易认为环境因素是不可以改变的。倾向于抱怨的人总是会否认外界存在的有利因素，因为抱怨自动把有利的方面屏蔽了，抱怨会让自我陷入自怨自艾中，掉入泥潭而最终伤人害己。可以说，抱怨带给自己的除了烦恼还是烦恼。

汤姆在一家广告公司工作了一年，由于不满意自己的工作，他愤愤地对朋友说："我在公司里的工资是最低的，老板也不把我放在眼里，如果再这样下去，总有一天我要跟他拍桌子，然后辞职不干。"

"你对公司的业务都清楚吗？对于公司运营的窍门完全弄懂了吗？"他的朋友问道。

"没有！"

“大丈夫能屈能伸。我建议你先冷静下来，认认真真地对待工作。好好地把他们的一切经营技巧、商业文书和公司组织完全搞通，甚至包括如何书写合同等具体事务都弄懂了之后，再一走了之，这样做岂不是既出了气，又有许多收获吗？”

汤姆听从了朋友的建议，一改往日的散漫习惯，开始兢兢业业地工作起来，甚至下班之后还留在办公室研究商业文书的写法。

一年之后，那位朋友又遇到他。

“你现在大概都学会了，可以准备拍桌子不干了吧。”

“可是我发现，近来老板对我刮目相看，最近更是委以重任，又升职又加薪。说实话，现在我已经成为公司的红人了！”

“这是我早就料到的！”他的朋友笑着说，“当初你的老板不重视你，是因为你工作不认真，又不肯努力学习，没问自己能做什么却总想着自己能够得到什么。后来，你痛下决心，能力提高了，也给公司带来了效益，当然就令老板刮目相看了。”

我们中的许多人不也像起初的汤姆吗？因为薪酬不高而满腹牢骚，却忘了先问自己能够做什么、给老板带来了什么。一名懂得感恩的员工则恰恰相反，他知道他已经从工作中获益良多，需要尽最大的努力来回报老板的知遇之恩和企业的培养之恩。一个懂得付出的人，自然也会收获更大的成功，这本来就是一个良性循环。

怀着感恩的心对待你的老板，感谢他们让你有这个工作，让你生活安稳。不要整天抱怨薪水低、工作内容繁杂、上班时间长，你应该用感恩的心态对待这一切，停止抱怨，用最好的状态、最高的效率完成你的工作，那么你也将收获多多。

小马是一家汽车修理厂的修理工，从进厂的第一天起，他就开始喋喋不休地抱怨，什么“修理这活太脏了，瞧瞧我身上弄的”，什么“真累呀，我简直讨厌死这份工作了”……小马每天都是在抱怨和不满的情绪中度过。他认为自己在受煎熬，在像奴隶一样卖苦力。因此，小马每时每刻都窃视着师傅的目光与行动，稍有空隙，他便偷懒耍滑，应付手中的工作。转眼几年过去了，当时与小马一同进厂的三个工友，各自凭着精湛的手艺，或另谋高就，或被公司送进大学进修，唯独小马，仍旧在抱怨中做他讨厌的修理工。

在工作中，抱怨最终会让自己走投无路。许多员工抱怨老板抠门，抱怨工作时间过长，抱怨公司管理制度过严……有时这种抱怨的确能够得到一些善良人的宽慰之词，它可以使自己内心的压力暂时得到一定的缓解。诚然，口头的抱怨就其本身而言，不会直接给公司和个人带来经济损失。但是，持续的抱怨会使人的思想摇摆不定，进而在工作上敷衍了事；抱怨使人思想肤浅、心胸狭隘，一个在自己的头脑里装满了抱怨的人是无法容纳未来的，这只会使他们与公司的理念格格不入，更使自己的发展道路越走越窄，最后一事无成。

不抱怨才能有一个好心情，才能快乐。如果你想抱怨，那么，生活中的一切都会成为你抱怨的对象。如果你不抱怨，生活中的一切就都会变得美好。你可能有过这样的经历，在你心情很好的时候碰到一个朋友，他见面就说今天的天气有多么的糟糕，他的生活多么暗淡无光，这个时候，你的大脑会不由自主地随着他的所言进行思考。结果，你脑中的画面也可能是一幅幅不愉快的景象，你的心情也会因此变得莫名压抑。之后你也会尽量避开与这个家伙交流。事实上，没有人愿意和一个喜欢抱怨的人做朋友。因为他从来就没有顺心的事，什么时候与他在一起，都会听到他在不停地抱怨。高兴的事被他抛在了脑后，不顺心的事他总挂在嘴边。见到人就抱怨自己所谓的不如意，结果他把自己搞得很烦躁，同时也把别人搞得很不安。可见，一味地抱怨不但于事无补，反而还会使事情变得更糟。

抱怨只能让你远离成功，而感恩却可以让你重拾希望。释迦牟尼曾经说过：以恨对恨，恨永远存在；以爱对恨，恨自然消失。如果一个人能拥有感恩的心，那么他就会看清世间的美好，学会感悟生活的美丽，同时也能拥有坦荡的心境，走出一条不平凡的人生之路。

一味地抱怨只会毁灭成功

生活中充满了不如意，所以我们习惯了抱怨：抱怨命运不公，抱怨生不逢时，抱怨造化弄人，抱怨人微言轻，抱怨薪水微薄……泛滥的抱怨是一种慢性腐蚀剂，腐蚀自己，也消磨了成功的斗志，它就是可以“溃堤”的蚂蚁，可以使一个部门、一个团队、一个企业溃不成军，轰然倒地。在抱怨中，我们对拥有的幸福熟视无睹、不懂珍惜，并且单纯地放大缺憾；在抱怨中，我们会变得患得患失、斤斤计较。因此，抱怨只会毁灭成功。

希腊神话中，有一个名叫海格力斯的英雄人物。一天，他走在崎岖的山路中，不小心踩到一个袋子，这个袋子正好放在路中间。海格力斯生气极了，一脚将它踢开。

没想到袋子不但没有移动，反而因为他的碰触而膨胀起来。

海格力斯更生气了，于是拿起一根木棒，使劲地朝它猛打。但是这个袋子不仅没有被打破，还越胀越大，最后竟把路口堵住了。海格力斯无路可走了。

就在此时，有个人走过来，连忙阻止海格力斯说：“朋友，快住手，你别再打它了，快离开它并忘了它吧！这是个生气袋，只要你不惹它，它永远都会是个小袋子。但是，如果你一生气碰到它，它就会开始膨胀起来，挡住你的去路，与你为敌，并且对峙到底！”

抱怨又何尝不像这个袋子呢，当你带着情绪对它，它或许真的就无限制地膨胀起来，封住路口，阻挡你走向成功。其实，每个人都会有遇到挫折的时候，需要发发牢骚排解生活的压力，这个本身是没有错的。可是问题的关键在于，一旦你嘴上养成“抱怨”的习惯，心里形成“抱怨”的思维，那后果就非常可怕了。

假使你遇事就抱怨别人，这就犹如你放弃轻松愉快的生活，将自己推向苦海。抱怨是一枚威力强大的定时炸弹，谁把它带在身上，放在心中，到头来只能自食其果。抱怨能蒙蔽一个人的双眼，让他只看到生活中的黑暗与丑陋。如果彼此相互抱怨，那形同同归于尽，大家的心境永远不得安宁。可见，抱怨是如此的可怕。

有一个远近闻名的寺院，住持为所有的和尚定下了一个很特别的规矩，每年年底寺院里的和尚都要为过去的一年做一个两字的总结。第一年年底，一个新来的小和尚很沮丧地用“床硬”两个字概括本年最大的体会，住持听了只是点点头。第二年年底，住持又把这位小和尚叫到面前，希望听到他积极的回答，而这位小和尚却依然抱怨道：“食劣!”第三年年底，小和尚还没等住持问起就主动找到住持，留下“告辞”两字后离去了。

这位小和尚看待事物总抱着一种抱怨心理，从不去想自己在如此的环境中收获了什么，而只注重当前现状为自己带来的不便。正是这种抱怨使他失去了修成正果的机会。

抱怨就像是长在人身上的一个毒瘤，必须拔掉。当你抱怨别人的时候，很可能是你自己出了问题。抱怨就是为了获取同情心和注意力，以及避免去做我们不愿做的事。我们抱怨或说闲话，可能只是想让自己显得更优秀。但太多的时候，都是因为抱怨了才会更不开心。说出来，想要博取同情，但内心的担忧更多。对人也好，对事也好，对社会也好，抱怨永远都不能改变现实。

季红是某公司的前台，工作比较琐碎。同事们几乎每天都会听到这样的话：“哎呀，这又是谁啊，用了抹布也不洗干净!”“拖把不知道放在哪儿吗!”“每天累死累活的，老板居然对我还是不满意!”“要不是我，那么多事谁来做呀?”……

起初大家还会附和一两句，渐渐地所有人都开始对她的抱怨与诉苦感到头疼，有时都想提醒她一句：“别说了。”但话到嘴边，又都碍于情面，只好作罢。季红对此也不是毫无察觉，只是她会回家继续向她的丈夫诉苦：“没有人理解我。公司里的人都太坏了，没有人体会到我的辛苦付出!”

当一个人喋喋不休地抱怨时，就容易引起周围人的注意。一旦出现有同感的话题，就会瓦解他人的积极想法，让他们也情不自禁地加入抱怨中来。可以说，抱怨像幽灵一样到处游荡、扰人不安。我们之所以抱怨，问题并不是出在工作上，而是出在我们自己身上。当抱怨成为一种可怕的习惯时，它的影响是巨大的，几乎可以毁掉一个人的前程。

没有人喜欢和一个满嘴抱怨的人相处，同时，太多的牢骚抱怨只能证明你缺乏能力，无法解决问题，所以才会将一切不顺利归于种种客观因素。你的上司见你整日抱怨不停，恐怕会认为你做事太被动，不足以托付重任。曾经抱怨过的朋友都知道，只要头脑中一有抱怨的意识，我们就会立即停下或者放慢手中的工作，为自己鸣不平，甚至不顾一切非得找到对方讨个公道。如果得不到他们想要的结果，不是大骂世道不公，就是哀叹老天无眼。久而久之，不仅影响工作和生活，还会影响心情和心态。

只有心存感恩的人才不会抱怨。我们要对拥有的一切心怀感激，学会感激生命中的一切。心怀感恩，生活里才会少一些怨恨和烦恼；心怀感恩，心灵上才会多一份宁静与安详；心怀感恩，工作中才会多一些宽容和理解。感恩，让我们明白自己拥有的一切如此美好。只有懂得感恩，我们才能够获得最大的成功。

与其抱怨世界不如改变自己

西方有句著名的谚语：“与其诅咒黑暗，不如点亮蜡烛。”在我们身边，有太多的人整天抱怨。迟到了，抱怨时钟走得太快；工作累了，抱怨老板太狠；生活困难了，抱怨没有一个好老爸、没嫁个好老公。一些人总在抱怨，似乎老天爷就是对他不公，似乎他就是这个世界上最倒霉的人。可是，抱怨并不能解决任何问题，抱怨只能让自己越来越不快乐。

古代有个王子，总是觉得不快乐，每天愁眉苦脸。他看到一个老乞丐每天笑呵呵的，就问他：“你为什么总是这么开心呢？”

老乞丐说："因为我知道自己多么幸运啊！你想，天地之间以人为尊，而我能生而为人，这是多大的幸运！人分男人和女人，男人又比女人强壮，我恰好是男人，多幸运！许多男人身患残疾，或者被家事、子女等所累，活得狼狈不堪，而我自由自在，游戏红尘，这又是多大的幸运！既然老天这么厚待我，我不快乐一些怎么对得起它呢！"

可惜的是，我们中的许多人都没有这个老乞丐的觉悟。我们总是抱怨，于是活得很累很累。我们强迫自己去追逐能力之外的东西，却忘了欣赏身边的美丽。我们步履匆匆、心浮气躁，所以总觉得快乐遥远、幸福奢侈，殊不知正是焦躁的心情让一切本应安宁和平静的生活变得支离破碎。因此，我们要学会感恩，远离抱怨。

抱怨，等于往自己的鞋子里倒水，使行路更难。困难是一回事，抱怨是另外一回事。抱怨除了会失去跟前的短利以外，还会使问题恶化。其实，一切抱怨皆来自不客观、不全面的观察角度。换个角度，你就会发现，事情并不是你想象的那样。

有一个员工被公司派到一个小县城出差，傍晚时却遇到气温骤降，雷雨大作，被困在县城的火车站。他只穿着一件薄薄的外套，瑟缩在候车大厅的长椅上，他的心情糟糕极了。

看来，明天那个重要的会议赶不上了，与客户的约见也要另行安排，最让他生气的是，一切都不得不推迟，包括回家的时间。想着不能按时回家带妻子和儿子去旅行，他不由得抱怨起来，抱怨公司为什么让他来这个破地方出差，抱怨自己对这里不熟悉，抱怨该死的天气为什么说变就变，真应该考虑一下是不是要换个工作了……

这个时候，旁边一对同样被雷雨所困的母子引起了他的注意。那个孩子不停地哭闹，大喊要回家看《尼尔斯骑鹅旅行记》，那个动画片已经开始了。她的母亲却很平静，她用手轻轻地抚摸着孩子的头，温柔地说："宝贝，你不觉得自己就在动画片里吗？瞧这雷雨，多像一场美妙的奇遇啊！"

“瞧这雷雨，多像一次美妙的奇遇！”简单的一句话，却让他的心头豁然开朗。他曾经多次遇到这种天气，但从未想过其实异乡雨夜也是另一番风景。结果，他的一切都很圆满，从此，他也变成了一个很少抱怨的人。

人生的幸与不幸是不可分割的，犹如硬币的两面，必然是同时存在的。无须为不幸而悲伤而抱怨，如果不能改变，那我们至少还能换一个角度、换一种眼光——犹如翻转硬币，你将看到另一面。如果我们在工作中少点抱怨，多点反省，那么我们就能更好地完成工作。如果一个人长期心怀抵触的情绪，整天对自己的工作抱怨不止，他是不可能有心思去考虑如何主动地开展工作的，这种人也不可能在工作中有所创造性，更不要说高质量地完成工作。所以，作为一名员工，首先只有放弃自己心中爱抱怨的想法和情绪，你才可能恢复内心的平静，主动地去选择改变自己，更好地完成工作。

肖青是上海一家公司的部门经理。一年夏天她去南京谈生意，在中央门，她坐上了一辆出租车，要求到新街口。上了车她才发现，和别的出租车相比，这辆车不仅外观光鲜亮丽，而且司机着装要“正规”得多，天气炎热，但他仍然穿戴整齐，而且车内也布置得十分雅致，让人看了就很舒服、温馨。

车子发动之后，司机温和地问肖青要不要开空调。他发现肖青似乎有点疲倦，又问她要不要来点音乐。等红灯时司机又回过头来告诉肖青，车上有刚买的《现代快报》和当期的杂志，最后司机甚至还问她是否需要咖啡。

司机的“增值”服务很周到、热心，肖青有点不相信这样的事情会发生在自己身上。难道有什么不可告人的目的吗？但她从司机愉悦的表情里只是看出了真诚。

说实话，肖青的这次行程并不是很开心，原来她早和男朋友约好这个周末要去旅行，但老总的临时安排打乱了她的计划。这让她很烦闷。到了南京后，她遇到了这位司机，也因为这位司机的工作态度，她的心情好了很多。肖青很好奇地问：“我感觉你的服务很周到，并且与众不同！你从什么时候开始这种服务方式的？”

司机温和地笑了笑，没有正面回答她的问题。他说：“我做司机快10年了，那时候还没结婚，因此收入不仅够温饱，而且还能存下一笔钱。自从结婚以后，压力就大了，这两年经济形势也不好，收入也减少了，孩子要上学，老婆工作也不稳定，压力太大，活得非常疲惫和痛苦。因此，我经常抱怨，觉得人生没有意义，但抱怨并没有改变我的生活状况，反而让心情变得越来越糟糕。有一天，我送一位退休的大学教授到火车站，短暂的交谈后，他看出了我的苦闷，于是对我说：‘如果你觉得日子不顺心，那么所有发生的事情都会让你觉得倒霉；如果你换一种心态的话，也许生活就是另外一个样子了。你也不用活得这么痛苦，每个人都能在社会中找到自己的位置。’我细细地琢磨他的话，觉得越来越有道理，后来逐渐相信，整天抱怨生活不如意，不但改变不了现实，而且还会让自己越来越痛苦。人要快乐，就要停止抱怨，要改变自己。我想，也许我该改变一下生活方式了。我相信，我把我的快乐带给我的乘客的同时，我也会很快乐的。你看，我现在不是很快乐吗？”

司机的话，让肖青感动不已。

我们应该明白这样一个朴素的道理：与其毫无意义地抱怨，不如怀着一颗感恩的心去实干。没有人喜欢和一个爱抱怨的人相处。太多的牢骚什么都证明不了，只能说明你缺乏能力，无法把遇到的问题满意地解决掉，所以才会将一切不顺利归咎于客观因素。

不少员工总是在想着“我应该得到什么”，抱怨企业或领导“没有给我什么”，或是“我那么卖命才给那么点工资”，却没有自问：“为了得到希望从事的岗位，我还缺乏什么？可能要付出什么？做得够不够？”抱怨别人，不如改变自己。总是把责任推到别人身上，看不到自己的缺陷和不足，于是抱怨成了习惯。这样下去，他们在抱怨中会丧失许许多多的机会，落在别人的后面。只有改变自己，在工作中始终牢记感恩的道理，才可能成为成功的员工。

让抱怨的心在感恩中化解

常言说得好："不如意事常八九。"生活哪会一直顺风顺水、处处如意呢？好运坏运总是相伴相随的。抱怨命运的不公，抱怨生不逢时，抱怨造化弄人，有什么用？只会让我们在抱怨中对自己已拥有的幸福熟视无睹、不懂珍惜，在抱怨中患得患失、斤斤计较，把感恩的心态越抛越远。抱怨与感恩背道而驰，抱怨与敬业互不相容，与成功更是南辕北辙。只有懂得感恩的人，才会不抱怨，即便有抱怨，也会因为感恩而化解。

两个行走在沙漠的旅人，经过多日的煎熬，在他们口渴难忍的时候，碰见一位吆喝骆驼的老人，老人给了他们每人半碗水。两个人面对同样的半碗水，一个抱怨水太少，不足以消解他身体的饥渴，一气之下竟将半碗水泼掉了；另一个也知道这半碗水不能完全解除身体的饥渴，但他非常感谢老人，因为这半碗水太珍贵了，他郑重地向老人道了谢，喝下了这半碗水。结果，前者因为拒绝这半碗水渴死在沙漠之中，后者因为喝了这半碗水，最终走出了沙漠。

拥有感恩的心，即便有不满意、不顺心的时候，也会因为心中的感恩而驱散抱怨。与其抱怨，不如感恩。对生活怀有一颗感恩之心的人，即使遇上再大的灾难，也能熬过去。感恩者遇上祸，祸也能变成福，而那些常常抱怨生活的人，即使遇上了福，福也可能会变成祸。

职场中经常抱怨的人最容易浮躁了，这种情绪让他们很难安分下来。在这种情况下，他们除了对公司抱怨外，还会不停地跳槽、换工作……在他们眼里，下一个工作肯定比现在的好，一切问题都能以跳槽的方式解决。工作稍不如意就跳槽，人际关系不行也跳槽，看到可以多赚些钱的工作跳槽，甚至没有任何原因就跳槽。慢慢地，他们会在频繁的跳槽中失去自我，失去以前那种积极向上的工作精神，一有困难就退缩，遇到麻烦就绕开走。

出现这种状况是危险的，因为跳槽并不能解决工作中遇到的问题，在任何工作中都会出现困难。以这种态度对待工作，只会毁了自己的大好前程。

程晓在同学中是个典型的跳槽强人，拥有四年时间更换七份工作的记录。2008 年大学新闻专业毕业之后，程晓顺利进入一家报社做财经记者。不到两个月时间，还没等和同事们混熟，他就跳槽到另一家大报社做财经记者，他跳槽的原因是觉得原来的报社比较小，不能发挥自己的才能。

他的第三份工作是从网上看到的招聘信息，投了简历之后得到了参加考试的通知。这次跳槽是因为自己有了一年多的工作经验，而目前的工资让他感觉太少了。于是，程晓在这份工作没有做多久的情况下，就冲动地辞掉了原来的工作，孤注一掷地等待新的工作。还好，他最后被聘用了。

但第三份工作程晓只干了 7 个多月的时间。辞职的原因是工作强度太大，令他难以忍受的是，公司总是强迫他加班，但补助却很低。于是在冲动之余，他又辞职了。可此时程晓再找新的工作就没有那么顺利了，竟然花了两个月时间，手头的积蓄也差不多花完了，才进入一家报社当记者。虽然已经工作了将近一年，但在这里一切又得从零开始。

这次工作持续的时间只有 4 个月，因为工作辛苦，且待遇不理想。他觉得自己丰富的经历是以后能轻松找到好工作的资本。所以，他放心地辞职了。但有时候工作并不好找，这次的失业状态持续了 3 个月，他才进入一家公司做企划宣传。

程晓把这段时间当成一个过渡期，一直在找新的机会。半年后，他又被一家报社的行业周刊聘用。这次干了将近一年。当朋友们都以为他这回要踏实干下去的时候，他又辞职了。原因是现在物价飞涨，挣的那点薪水根本不够他自己花。于是他又换了一份工作。但没多久他觉得新换的工作没有发展空间，就又决定换工作了。就这样，程晓在 4 年时间里换了 7 份工作。令他郁闷的是，他换的这几份工作，是一个不如一个。

此时，程晓的一些同学仍然在原来的单位工作，虽然没有像他那样频繁换工作，但经过几年时间的积累已经在同行中崭露头角，成为报社的新闻主笔或者重要版面的编辑，有的则成为主编，待遇都很不错。

别再抱怨上天的不公，机遇对待每个人都是一样的，难道你会觉得它是在故意捉弄你吗？别再抱怨人生的道路太曲折，如果不是因为这些曲折，你怎会有现在的坚强意志？别再抱怨自己的命运太苦，你知道命运是由谁主宰的吗？命运其实就掌握在自己手中；别再抱怨生活太无奈，如果不是生活，你怎能知道酸甜苦辣，你怎会知道自己生活中那多彩的一幕幕？别再抱怨那些不如意的事，只要你放开心扉，从另一个角度去思索，会发现上天是公平的、人生的道路是通畅的、自己的命运也不是最苦的、生活也是精彩的……这就是感恩。

感恩，不仅仅是一个微笑、一次关怀、一种回报……更是一种积极的工作态度、生活态度和更真、更醇、更宽厚的为人之道。感恩父母，养育我长大，鼓励我成长；感恩亲人，掸落我身上的尘埃，伸出宽厚温暖的手掌；感恩师长，他们让我抛却愚昧，懂得思考；感恩朋友，无私的友情在心与心之间流淌；感恩社会，赋予我责任的重担并努力肩扛；感恩青春，让我拥有年轻并将个性张扬；感恩过去，让我在心底小心将往事收藏；感恩现在，让我懂得珍惜拥有并不断发展开创；感恩将来，赋予我新的勇气与美丽梦想！

苏临在公司干了才一年多，因为工作能力强，业绩突出，被公司破格提升为部门主任。公司员工在得知这个消息时，都很吃惊，这个公司虽然是人才济济，但都没有他的工作能力强，提升也没有他快。

“你才来公司一年，就为公司创造了这么多的业绩，一定有什么秘诀？”有同事问。

他笑了，回答说：“我哪里有什么秘诀。只不过是心存感恩而已。”

“你工作能力强，这和感恩能扯上边吗？”另一位同事疑惑地问。

他认真地说："我学历低，又没有工作经验，能来到咱们公司，我觉得我是侥幸进来的。"在大家惊奇的眼神中，他讲起了自己的一段经历。

原来，他来这个公司之前，已经找了大半年工作了。他手中的钱，仅能维持两天的生计，连一周后的房租都付不起了。当时他想：只要公司愿意聘用我，能管我吃住，不给钱我也要干下去。

让他没想到的是，公司不但聘用了他，工资也不低，还提供住宿。来公司后，为了感谢公司对自己的知遇之恩，他总是拼命工作，为了能让自己胜任工作，他利用业余时间来钻研专业知识。

他喜欢加班，因为加班时，他不但能享受到公司免费的餐补，还能从中积累很多的工作经验；他乐意替同事当班，哪怕只换来同事的一声"谢谢"；他在工作上遇到困难，会想尽一切办法寻找解决之道……这一切的主动，都源于对公司"收留"他的感恩之情。

听了他的话，同事们都不再说话了。

渐渐地，苏临的业务能力越来越精湛，很快成为业务上的行家里手。特别是当他被公司提升为部门主管后，待遇也相应地提高了，再加上提成，他成为公司拿奖金最高的员工。

别看收入已经很高，他却比以前更卖力地工作了。为了提高自己的工作能力，他又自费参加了各种进修班。学习一年后，他的工作能力再次大幅度地提升。

最近，他打算参加一个费用高达10多万元的培训班。有同事不解地问："你现在要钱有钱，要权有权，可以说是什么都不缺了，怎么还花那么多钱去学习啊？是想还往高处升，还是为以后进更好的公司做准备呢？"

他笑道："都不是。我学习是为了让自己工作能力更强，为公司创造更多的业绩，即使现在公司不让我担任主管，我依然会学习，依然会像现在一样工作。"

苏临在工作中屡获成功的秘诀，就是他把对公司、领导的感恩化作工作的动力，不断地充电，以让自己更能胜任工作。对于此时的他来说，工作不再是为了钱，而是为了给公司创造更多的财富。可见，只有懂得感恩，才能在工作中做到不抱怨；只要懂得感恩，才能愉快地投入到工作当中。

我们要感恩自己的工作，就得经常站在公司的立场上去思考问题，想想自己在公司的位置，想想公司为自己提供的各种工作环境，想想在工作难找的今天，自己却能在这里安心工作……当这么想时，就会对公司能为我们提供这个工作机会充满感激。当一个人心存感激时，他的言行举止中就会散发出一种善意。这种友善会影响、感染包括上司在内的许多人，从而得到上司与同事们的理解和赞赏，走向成功就成为必然的事。

时时怀着一颗感恩的心，不只可以祛除自己心中抱怨的种子，更可以让自己的事业、生活甚至生命变得更加温馨、快乐和充满动力。学会去改变自己，从放弃指责埋怨，学习宽恕，尝试感恩，放弃抱怨，到开始寻找快乐，进而掌控自己的生命走向，你会发现一切都是那么的美好。

只要你能换一种角度、换一种眼光去看待这个世界，换一种思维、换一种态度去对待自己的人生——“珍惜、欣赏、感恩”。你就会发现这个世界是如此美好，你的人生是如此精彩！

感恩工作，快乐地接受工作的恩赐

在上天赐予我们的礼物中，工作是最美好、最宝贵的礼物之一。工作为我们提供了稳定的薪水，解决了衣、食、住、行等生活所需，给了我们实现人生价值的机会，所以我们应该感恩，感恩培养我们的领导，感恩成就我们的同事，感恩一切帮助我们的人。我们要珍惜工作的每一天，珍惜自己的岗位，让工作成为自己快乐的源泉。

小何是名牌大学毕业的，人很文静。她在一家事业单位工作，单位里要写很多材料，她毕竟刚来，公文写作还不很熟。于是每次写好后，她都要虚心地先让办公室的老员工刘姐看看，等刘姐看完向她提出意见时，她更是真诚道谢，然后再认真修改。修改完她再拿去请科长审阅。如此一来，她每次的材料都要花费很多时间，把工作带回家去做是常有的事情。

每当小何把材料改好拿给刘姐看时，刘姐觉得已经没有什么可以修改时，小何就拿给科长去看，科长看后仍旧会东涂西抹，不留情面，哪怕可改可不改的标点符号也要让小何改掉，小何每次都认真地做好。

对此，刘姐愤愤不平，她认为科长是在“鸡蛋里挑骨头”，并催促小何向科长讲明情况。小何听后只是笑笑，不介意地说：“刘姐，我刚参加工作，要是没有您和科长的严格要求，我的工作就很难进步。我感谢你们还来不及呢!”

刘姐问道：“你真的这么想?”

小何连连点头，诚心诚意地说：“是呀是呀，想想我刚参加工作时，什么也不会，是科长让我跟您学习，要是没有科长的严格要求，没有您手把手地教，说不定我的材料永远没有资格送到科长面前呢!”

见小何如此谦虚，刘姐嘴上不再说什么，但以后更加认真地教小何了。

由于小何的谦虚勤奋，工作能力提升很快。半年后，科长把小何推荐给上级宣传部门，于是，小何上调了。

有一次，上级要求科里写一个大材料。两天后，小何就把材料修改好。科长让人先送到宣传部门，请上级把关，这个材料得到了上级的好评。科长很满意，说小何还真行，自己没有看错人，还在科里当众表扬了她。

小何却说：“科长，您不能光表扬我一个人，得先表扬刘姐和咱们这些同事。我会写材料是他们教的，要表扬，也得表扬他们才对。”

刘姐和同事们听了小何的话，都争着说小何的好话。一年后，小何因工作出色，在科长和同事的推荐下又升职了。

后来，朋友们让她讲讲升职经验，她听后激动地说道："在我参加工作时，我爸送我四个字. 第一感恩，第二宽容。我能有今天，既离不开领导的提携、栽培，也离不开同事的帮助和指导，为了感谢他们，我每天上班后，都得用几分钟时间，为自己能有幸成为公司的一员而感恩，为自己能遇到这样的领导而感恩，为自己能有这样的同事而感恩。"

因为心怀感恩，小何会把领导的要求看成是督促她进步；因为感恩，小何才会在工作中不断积极地改进不足，让自己每天都进步；因为感恩，小何用自己的宽容换来了领导和同事的好感；因为感恩，小何才能把自己的工作做得如此出色。

只要你用感恩的心态看待工作，每一份工作都是有意义的，都是充满快乐的。我们每个人都在工作，而且是在为自己工作。从表面上看，你在为领导工作，换个角度看，为领导干，就等于为自己干。你珍惜你的工作，在为公司创造价值的同时，也实现了自我价值，从中获得了成长的机会，积累了很多经验，接受了良好训练，培养了优秀的品质。你在工作中有那么多的收获，稍微懂得珍惜的人都会非常快乐。当我们怀着一颗感恩的心去看待公司，看待领导，看待同事时，就会发现工作是多么快乐，大家是多么快乐，自己是多么快乐。怀着感恩的心来对待工作，这会使你工作更顺利，生活更加充实。

微软总部的办公楼里有一位临时雇用的清洁女工，在几百个雇员里，她是唯一没有任何学历的人，也是工作量最大而拿薪水很少的人，可她却是整个办公楼里最快乐的人。

每一天，甚至是每一分钟，她都在快乐地工作着。她对任何一个人都面带微笑，对任何人的要求，哪怕不是自己工作范围之内的，也都愉快地跑去帮忙。

热情是可以传递的，周围的同事也很快被她感染，有很多人和她成了好朋友，甚至包括那些被公认的冷漠的人。在这里没有人在意她的工作性质和地位，她的热情就像一团火焰，慢慢地，整个办公楼的人在她的影响下都快乐了起来。

比尔·盖茨很惊异，就忍不住问她：“能告诉我，是什么让您如此开心地面对每一天吗？”

“因为我在为世界上最伟大的企业工作！”女清洁工自豪地说，“我没有什么知识，我感激公司能给我这份工作，可以让我有不菲的收入，足够供我的女儿读完大学。我对这美好的一切唯一可以回报的，就是尽一切可能把工作做好，一想到这些我就非常开心。”

比尔·盖茨被女清洁工那种感恩的情绪深深打动了，他动情地说：“那么您有没有兴趣成为我们当中正式的一员呢？我想您是微软最需要的人。”

“当然，那可是我最大的梦想啊！”女清洁工说道。

此后，女清洁工开始用闲暇学习计算机知识，公司里的任何人都乐意帮助她。几个月后，她真的成了微软的一名正式员工。

这位女清洁工对工作的感恩，对工作的热情，把工作当作生命中最珍贵的礼物，这样的心态，怎么能不让老板为之动容？正因为如此，500强企业的大门，毫不犹豫地向她敞开了！

心怀感恩，让我们明白自己所拥有的工作是如此美好；心怀感恩，你的工作将与众不同。因此，带着感恩的心去工作，成功就在眼前！一位成功的职业人士曾说：“是一种感恩的心情改变了我的人生。当我清楚地意识到我在学历以及待遇上比别人都低时，我没有权利抱怨什么。相反的，我对所有的一切都怀抱感恩之情。我竭力要回报别人，我竭力要让他们快乐。结果，我不仅工作得更加愉快，获得的帮助也更多，工作也更出色。我很快获得了公司加薪升职的机会。”

在职场中不管做任何事，都要把自己的心态放平，抱着感恩的态度，不要计较一时一事的荣辱得失。不论做任何事都需要甘心情愿、全力以赴，当机会来临时才能及时把握住。让我们怀着一颗感恩的心看待自己的工作吧！

现在，感恩已经成为一种被广泛认同的职业精神。它既是一种良好的心态，也是一种奉献精神，当你以一种感恩的心情工作时，你会工作得更愉快、更出色。相反，如果没有感激之情，你就会陷入一种糟糕的境地，对许多客观存在的现象日益挑剔甚至不满……如果头脑被那些令你不满的现象所占据，就会习惯于注意并指责那些琐碎、消极、猥琐、肮脏甚至卑鄙的事情。放任自己的思想改造，关注阴暗的事情，你自己也就变得阴暗，让你难以摆脱。但是，如果你能让自己保持一颗感恩的心，把自己的注意力全部集中在光明的事情上，你就会变成一个积极向上的人，一个大有作为的人。

第五章

懂感恩，才能提升自身责任感

一个懂得感恩的人，是一个自我负责的人，也是一个不断做到优秀的人。他总是不满足于自己的现状，他身上所带有的那种积极的思考力和谦卑温和的态度，是自发性的行为。当一个人懂得感恩时，便会将感恩化作一种充满爱意的实际行动，并不断地追求下去。

给自己规划一个最好的未来

一个人应该学会珍惜生活，珍惜生命。一个懂得珍惜的人会认真过好眼前的每一天；一个懂得生命意义的人会主动规划自己的未来，为自己的人生找到前进的方向。这些都是感恩生活的表现。

在自然界，春种秋收，有耕耘才会有收获。我们今天的学习，正是在为美好的明天打基础。所以，提早给自己规划一个未来吧，不要在不知不觉中让时间悄悄溜走。

周恩来12岁时就立下“为中华之崛起而读书”的誓言，一生成就了伟大的事业；林肯少年时因为偶然阅读了华盛顿和亨利·克雷的传记，从此立下宏伟的志向，最后成为“美国历史上最受人尊敬的总统”之一。

你的规划同样影响着你的未来。

早在40多年前，生活在美国洛杉矶的15岁少年约翰·戈达德，对自己一生要做的事写了一个气势宏伟的计划——《一生的志愿》：

“我要到尼罗河、亚马孙河和刚果河探险；要登上珠穆朗玛峰、乞力马扎罗山和麦金利峰；驾驭大象、骆驼、鸵鸟和野马；探访马可波罗和亚历山大一世走过的道路；主演一部《人猿泰山》那样的电影；驾驶飞行器起飞降落；读完莎士比亚、柏拉图和亚里士多德的著作；谱一部乐曲；写一本书；拥有一项发明专利；给非洲的孩子筹集100万美元捐款……”

少年洋洋洒洒地一口气列举了127项人生的宏伟志愿，不要说实现它们，就是看一看，就足够让人望而生畏了。许多人看过他设定的这些远大目标后，都一笑置之。

然而，少年的心却被他那庞大的《一生的志愿》鼓荡得风帆劲起。他对自己能够实现这些目标深信不疑。他的脑海里一次次地浮现出自己漂流在尼罗河上的情景，梦中一次次闪现出登上乞力马扎罗山顶峰的豪迈，甚至在放牧归来的路上，他也会沉浸在与那些著名人物交流的遐想之中……

没错，他的全部心思都已被自己《一生的志愿》紧紧地牵引着，并从此开始了将梦想转变为现实的漫漫征程。结果怎么样呢？结果44年后，他实现了《一生的志愿》中的106个愿望。

他就是20世纪著名的探险家约翰·戈达德。

后来有人惊讶地追问他是如何做到的，他微笑着回答道："我非常感激生活，每次在旅行前，我总是让心灵先到达那个地方，随后，周身就有了一股神奇的力量。接下来，就只需随着心灵的召唤前进。"

在今天看来，未来似乎遥远，其实无论多远的未来，也是从今天开始起步的。如果你想拥有一个美好的未来，就要从今天起，付出艰辛的努力。

例如，要想在未来成为一名外科医生，就需要从现在起学好生物化学知识；要想成为像秀兰·邓波一样杰出的外交官，就一定要熟悉历史，练就一口流利的外语和掌握各种外交辞令……总之，这些都要从今天起就付诸努力。

提升自我，给自己规划一个最好的未来，既是对今天生活的感恩，也是对自己人生的负责。虽然你无法预料明天，但至少今天应该是握在自己手里的。

伸出双手，给别人更多爱的能力

伸出你的双手，用善良去帮助别人，因为善行永远都有善报。我们要用爱心让这个社会充满温暖。哪怕只是轻轻地拉了别人一把，也哪怕只是在别人最需要的时候紧紧地攥住他的手，都能让别人心生温暖。

一个冬天的晚上，洛华德的妻子不慎把皮包丢在了一家医院里。洛华德焦急万分，连夜去找，因为皮包内装着10万美元和一份机密的市场信息。

当洛华德赶到医院时，看到一个瘦弱的女孩靠着墙根蹲在走廊里，在她怀中紧紧抱着的正是他的皮包……

这个名叫丽莎的女孩，是来这家医院陪妈妈治病的。妈妈的病已经很严重了，需要一大笔钱，这使丽莎几乎绝望了。她是在医院走廊发现这个皮包的，里面的钱足以给妈妈治病，但她毅然决定等待皮包主人的到来。

洛华德感激不已，主动提供了她们急需的帮助，但是，丽莎的母亲还是去世了。所幸，洛华德靠失而复得的10万美元和那份市场信息而使生意更加兴隆。他决定收养丽莎。丽莎接受了良好的教育，并成了洛华德的得力助手。

洛华德临危之际，留下这样一份遗嘱：

“在我认识丽莎母女之前我就已经很有钱了，但她们让我领悟到了人生最大的资本是品行。我收养丽莎不是因为同情，而是请了一个做人的楷模。有她在我的身边，生意场上我会时刻铭记哪些该做、哪些不该做，什么钱该赚、什么钱不该赚。这就是我后来事业发达的根本原因。

我死后，我的亿万资产全部留给丽莎。这不是馈赠，而是为了我的事业能更加兴旺。我深信，我聪明的儿子能够理解爸爸的良苦用心。”

洛华德从国外回来的儿子仔细看过父亲的遗嘱后，毫不犹豫地在财产继承协议书上签了字：“我同意丽莎继承父亲的全部资产。只请求丽莎能做我的夫人。”丽莎看完富翁儿子的签字，略一沉吟，也提笔签了字：“我接受先辈留下的全部财产——包括他的儿子。”

丽莎在面对这样巨大的诱惑之下，仍然有着一颗爱别人、为别人着想的心，这让洛华德心灵一下子产生震撼。一个人穷并不可怕，可怕的是连他的心灵也一样的贫瘠。在爱别人的时候，自己内心也获得了满足，爱人者，人自爱。

爱心可以创造奇迹，爱心可以带来温暖，任何一种真诚而博大的爱都会在现实中得到应有的回报。当你用善良的心给别人带去关怀和温暖时，你也一定能体会到人间的真情。

所以，当我们总是抱怨人间的爱太少的时候，是否也该反省一下自我是否付出了爱心。人与人之间的感情是相互的，你对别人好，别人也会对你好，你对别人不好的时候，谁又会将自己的爱倾注于你身上呢？

拥有一颗爱人之心，就是对感恩最好的注解。

把兴趣变成特长，让感恩更有力量

当一个心怀感恩的人具备某种别人没有的生存特长时，他往往更有能力孝敬父母并帮助更多需要帮助的人。

所以，当你怀着某种兴趣做事的时候，不妨进一步把它转化为你的特长。

俗话说："三百六十行，行行出状元。"而现在的行业又何止三百六十种呢？到底该培养自己哪方面的技能呢？心理学家让·皮亚杰给了我们一个很好的建议，他指出：所有智力方面的工作都依赖于兴趣。

兴趣能点燃热情，是做好一切事情的原动力。

英国著名的博物学家达尔文是进化论的奠基人。他曾进行过5年的环球旅行，对大自然有着深刻的了解，写下了对生物科学研究起着重大作用的《物种起源》一书。

幼时，达尔文就对周围环境非常感兴趣，特别喜欢钻研问题。

一次，达尔文跟着爸爸到花园里散步，花坛里盛开着五颜六色的花，美丽极了。他见其他花有好多种颜色，而报春花只有黄色和白色两种，就对父亲说："爸爸，要是报春花也有很多种颜色，那该多好呀！"

爸爸笑着说："你这个小幻想家，好好努力，我相信你一定能想出好办法的。"

两天后，达尔文对爸爸说："我已经想出了一个非常好的办法，我要变一朵红色的报春花送给您。"

爸爸很高兴，说："好好好，我的小宝贝，你去变吧，变出来的话，它将是我们英国第一朵红色的报春花了。"

没几天，达尔文大声喊着跑到爸爸面前，把手伸到爸爸跟前说："爸爸，您快看呀！红色的报春花！"

惊讶的爸爸看到了捧在儿子手里的果然是一朵火红色的报春花，美丽极了。

"小宝贝，你是怎么变出来的？"爸爸惊奇地问。

"研究出来的呗。"达尔文骄傲地说。

"爸爸，您不是说过吗，花每时每刻都在用根吸收水分，并且把水传到身体的各个地方去。于是，我就想让报春花喝些红色的水，传到白色的花朵上，那么花不就会透出红颜色来了吗？昨天，我折了一朵白色的报春花，把它插到盛有红墨水的玻璃杯里，今天它就变成红色的了!”达尔文说。

爸爸听到这里，高兴地把儿子抱了起来，亲了又亲。

正是由于达尔文从小就对大自然有着浓厚的兴趣，并坚持下来，经过孜孜不倦的探索，他后来成了伟大的博物学家。

你有哪方面的兴趣爱好呢?

篮球飞人乔丹小时候就对打篮球十分感兴趣，尽管别人嘲笑他个子小、动作难看，他却毫不放在心上，甚至感激别人的嘲笑，一心一意为实现他的篮球梦做着艰苦的努力。不过，那些在别人看来的苦，在他那里倒完全成了一种甜蜜。因为，他在做的是他感兴趣的事，当乔丹把篮球变成他的特长的同时，也为篮球事业作出了贡献。

常常听大人们劝告我们，要干一行、爱一行。学习更是不能马马虎虎，虽然我们听不进去，总是反叛，但带着兴趣做好自己该做的事情，就是对自己和他人的一种感恩和负责。

想想看，如果我们对每件事都带着兴趣去做，不就是一件愉快的事吗?不就可以尽到更大的责任了吗?

将兴趣培养成为特长，甚至是技能，是让自己变得优秀、让感恩更有力量的最好方式。

全力以赴，拿出最好的学习劲头学到最好

首先讲一个有趣的故事，或许会给我们一些启示。

从前，某个寺庙里有一个小和尚担任撞钟一职。半年下来，他觉得很无聊，认为自己的工作缺乏挑战和新意，只是“做一天和尚，撞一天钟”而已。

突然有一天，老住持宣布调他到后院劈柴挑水，原因是他不能胜任撞钟一职。

小和尚知道后，很不服气地发问道："我撞的钟难道不准时、不响亮吗?"

老主持耐心地告诉他："你撞的钟虽然很准时，也很响亮，但钟声空洞乏力、没有感召力。钟声本该是要唤醒沉迷的众生，因此撞出的钟声不仅要洪亮，而且要圆润、浑厚、深沉、悠远。"

从一开始，小和尚就打心底里瞧不起撞钟的工作，抱着应付的态度，最后还是撞钟的工作首先淘汰了他。

从这个小故事里你明白了什么?

这个故事告诉我们，一个不懂得感恩生活和对生活不负责任的人，就算金子到了他的手里也会暗淡无光。不管做什么，要做就做到最好，这才是称职的表现。

同样的道理，对于学习，只有全心全意地对待，才能取得骄人的成绩。

1796年的一天，德国哥廷根大学，一个很有数学天赋的19岁青年吃完晚饭，开始做导师单独布置给他的每天例行的三道数学题。

前两道题在两个小时内就顺利完成了。第三道题写在另一张小纸条上：要求只用圆规和一把没有刻度的直尺，画出一个正17边形。

他感到非常吃力。时间一分一秒地过去了，第三道题竟然毫无进展。这位青年绞尽脑汁，但他发现，自己学过的所有数学知识似乎对解开这道题都没有任何帮助。

困难反而激起了他的斗志："我一定要把它做出来!"他拿起圆规和直尺，一边思索一边在纸上画着，尝试着用一些超常规的思路去寻求答案。

当窗口露出曙光时，青年长舒了一口气，他终于完成了这道难题。

见到导师时，青年有些内疚和自责。他对导师说："您给我布置的三道题，我竟然做了整整一个通宵，我辜负了您对我的栽培……"

导师接过学生的作业一看，当时惊呆了。他用颤抖的声音对青年说："这是你自己做出来的吗？"

青年有些疑惑地看着导师，回答道："是我做的。但是，我花了整整一个通宵。"

导师请他坐下，取出圆规和直尺，在书桌上铺开纸，让他当着自己的面再做出一个正17边形。

青年很快做出了一个正17边形。导师激动地对他说："你知不知道？你解开了一桩有两千多年历史的数学悬案！阿基米德没有解决，牛顿也没有解决，你竟然一个晚上就解出来了。你是一个真正的天才！"

原来，导师也一直想解开这道难题。那天，他是因为失误，才将写有这道题目的纸条交给了学生。

每当这位青年回忆起这一幕时，总是说："因为我是在一无所知的情况下，全力以赴去解这道题的。如果有人告诉我，这是一道有两千多年历史的数学难题，我可能永远也没有信心将它解出来。"

这位青年就是数学家高斯。

每天，当清晨的阳光把我们从梦中唤醒，一天的学习也就拉开了帷幕。上午，每个人都是顶着一个空空的脑袋去学校，可下午回到家里时，装进脑子里的知识容量却大不相同。

小可勤学好问，一天的工夫弄明白了好几道奥数难题。

小牛心不在焉，只是老师说什么他就匆忙记下什么……

周而复始，一天天过去，当初成绩不分高低的两个伙伴现在很快分出了高低。原因何在呢？先问问自己吧。

你珍惜和感恩现在的学习机会吗？

明亮的教室，崭新的课本，父母的鼓励，老师的教导……你把这一切都看作是理所应当，还是对这些心怀感激？在我们身边，总会听到各种各样的抱怨：有人抱怨每天要学的知识太多，有人抱怨老师讲得不好，有人抱怨老师留的作业太多，有人抱怨学校食堂的饭菜不好，有人抱怨家长不理解自己……

在你抱怨这些的时候，你可知道，还有很多同龄人，他们根本就没有你这样的学习条件。他们没有明亮的教室，没有完整的课桌椅，更没有多媒体教室，有的孩子甚至连课本也没有……他们每天需要走很长时间的山路才能到学校，在破旧的教室里学习，学校里的老师也不多，不可能教他们所有的科目，他们每天的午饭就是从家里带来的干粮……

就是在这样艰苦的条件下，他们对自己的生活充满了感激。因为，还有很多孩子因为家庭贫困而失去了上学的机会。

和他们相比，我们应该倍加珍惜现在的学习生活，用一颗充满感恩的心去学习。既然有机会走进学校，就该拿出最好的劲头，全力以赴，学到最好。

在感恩的路上，让自信见证你的优秀

因为心存感恩，我们想做得更好；因为心存感恩，我们想给施恩的人更多行动上的回报和惊喜。但是，我们常常说话迟疑、做事退缩，无法真正自信起来。

有不少青少年缺乏自信，是因为没有从内心真正认识自己，没有看到自己身上所蕴含的力量。其实，不必着急，自信是可以通过行动培养和建立起来的，例如，从注重你的仪表开始，上课尽量坐在前排，说话看着别人的眼睛等。从这些点滴做起，简单的事情重复去做，让自己每天进步一点点。

一个人，如果能每天进步一点点，哪怕是1%的进步，就没有什么能阻挡得住他前进的脚步。

英国的一家公司被法国的一家公司兼并了。在兼并合同签订的当天，法国公司新的总裁就宣布："我们不会随意裁员，但如果你的法语太差，导致无法和其他员工交流，那么，我们就不得不请你离开。这个周末我们将进行一次法语考试，只有考试及格的人才能继续在这里工作。"

大会刚一结束，几乎所有人都涌向了图书馆，他们这时才意识到要赶快补习法语了。奇怪的是，有一位员工像平常一样直接回家了，同事们都认为他已经准备放弃这份工作了。令所有人都想不到的是，当考试结果出来后，这个在大家眼中没有希望的人却考了最高分。

原来，这位员工在大学刚毕业来到这家公司之后，就已经认识到自己身上有许多不足。他常常缺乏应有的自信心，可是他不想放弃自己，从那时起，他就有意识地开始了自身能力的储备工作。

虽然工作很繁忙，他却每天给自己制订一个小目标，坚持提高自己。作为一个销售部的普通员工，他看到公司的法国客户很多，但自己不会法语，每次与客户的往来邮件与合同文本都要公司的翻译帮忙，有时翻译不在或兼顾不上的时候，自己的工作就要被迫停顿。

因此，他早早就开始自学法语了。同时，为了在和客户沟通时能把公司产品的技术特点介绍得更详细，他还向技术部和产品开发部的同事们学习相关的技术知识。

这些准备都是需要时间的，他是如何解决学习与工作之间的矛盾的呢？就像他自己所说的那样："只要每天记住10个法语单词，一年下来我就会记住3600多个单词了。同样，我只要每天学会解决一个技术方面的小问题，用不了多长时间，我就能掌握大量的技术了。"

正是有了这样充分的准备和踏实的行动，这位员工逐渐建立起了自信，提升了自我，实现了自己的价值。

因为每个人都有不完善的地方，所以我们需要提升自我；因为每个人都有不完美的地方，所以我们需要建立起自信，找到自己优秀的一面。

相信你自己，不要急于求成。一鸣惊人不好做，但永远保持一股韧劲，认认真真完成每天的功课容易做；一下子成为圣贤之人不可能，但要求自己每天进步一点点很有可能。

你也许目前是弱小的，对某些事情内心感到很恐惧、很不安。没有信心，你会听到别人对你的评论和批评，但你必须告诉自己：相信自己，不断地提升自己，一切从自己出发，这样你才能设计出一条适合自己的道路。

在感恩的路上，我们绝不能随便放弃自己，我们每个人都是造物主最伟大的杰作，都是自己成功人生的缔造者。在一个人的一生中，能力并不是决定成败的唯一关键因素。只有从内心相信自己，才能够走出成功人生的第一步。

追求优秀，每件事都力求精益求精

生活中，你答应别人的事情，在没有任何监督的情况下，你会自觉履行吗？例如，老师让你每天回家把当天学过的单词抄写 10 遍，你能做到吗？

多年前，一个留学生在日本学习期间，曾利用课余时间打零工，以赚取生活费和学费。当时，他好不容易找到了一份为餐馆洗盘子的工作。

不过，在日本的餐饮业，有一个不成文的行规，即餐馆的盘子必须用水洗上 6 遍，而洗盘子的工作是按件计酬的。

刚开始几天，这位留学生每次都是老老实实地把盘子用水洗上6遍。渐渐的，他发现，在洗盘子的时候根本就没有人监督，他想，反正也没人监督，我少洗一两遍也不会有人知道。自从有了这个大胆的想法之后，他就付诸实践了。

在以后的工作中，每次这位留学生都会少洗一两遍。果然，这样一来，劳动效率大大提高了，工钱自然也迅速增加了。

同在一起洗盘子的一个日本学生向他请教洗盘子技巧。他毫不避讳地说："少洗1遍嘛。洗了6遍的盘子和洗了5遍的有什么区别吗？"日本学生听了，渐渐与他疏远了。

一天，餐馆老板抽查了一下盘子清洗的情况。在抽查中，老板用专用的试纸测出了那位留学生清洗的遍数不够，于是责问他，他却振振有词："洗5遍和洗6遍不是一样干净吗？"

老板听了他的话，没有说别的，只是淡淡地对他说："好吧，既然你是这样缺乏良知的人，你可以离开这里了。"

于是，他到另一家餐馆应聘洗盘子。这位老板打量了他半天说："你就是那位只洗5遍盘子的中国留学生吧？对不起，我们不需要！"

接着，第二家、第三家……他屡屡碰壁。

后来，他的房东也要求他退房。原因是他做事不敬业、不负责任的"名声"对其他住户（多是留学生）的工作产生了不良影响。而且，他就读的学校也希望他能转到其他学校去，因为他影响了学校的生源……万般无奈，他只好收拾行李，搬到另一座城市，一切重新开始。

这时，他幡然醒悟，并痛心疾首地告诉那些到日本留学的学生："在日本洗盘子，一定要洗6遍呀！"

在没有人监督的情况下，盘子要洗5遍还是6遍，看似一件微不足道的小事，但这微不足道却反映了一个人责任意识以及感恩意识是否缺失。

在我们身边，常有同学在放暑假（寒假）之后一个劲儿地疯玩，把作业丢到一边，等到快开学的时候，才发现有好多作业还没有做。怎么办呢？对了，找做完的同学，借用一下吧，反正也是在“替老师做作业”。

这些同学虽然很快完成了任务，他们以为这样蒙骗的是老师，事实上，他们愚弄的只是自己，这是一种对自己不负责任的做法。

当你尝试着对自己的学习、生活负责的时候，当你力求把每件事做得精益求精的时候，你的生活将会因此而改变。

在生活中，当你想偷懒的时候，请自问一句：“我的盘子洗够6遍了吗？”

对责任的落实是成长的第一课

一个人的成长与责任密不可分，责任，是一种天赋的使命。

每个人来到这个世上，都需要承担责任，没有责任的人生是空虚的，不敢承担责任的人生是脆弱的。勇于承担责任，才能获得别人的尊敬和信任，获得生命的成就感和自豪感。

责任，可以使一个人的潜能得到极大的发挥，一个有责任的人才能够有足够的勇气去战胜生活和学习中的重重困难。

在犯错的时候我们必须站出来承担责任，在失误面前我们必须勇于担当责任。

格里姆是个20多岁的英国人，几年前他在大城市的一家裁缝店学成出师，来到美国堪萨斯州一个城市开了一家自己的裁缝店。由于他做活认真，价格又便宜，很快就声名远扬，许多人慕名而来找他做衣服。

格里姆非常感激这些顾客，所以他决定一定要把工作做到最好以回报他们。

周末的一天上午，风姿绰约的琳达女士让格里姆为她做一套晚礼服。等格里姆做完的时候，却发现袖子比琳达女士要求的长了半寸，但琳达女士马上就要来取这套晚礼服了。格里姆已经没有时间去修改了。

大约半小时后，琳达女士便来到了格里姆的店中。她穿上了晚礼服在镜子前照来照去，同时不住地称赞格里姆的手艺好，于是她按说好的价格付钱给了格里姆。可没想到格里姆竟坚决拒绝，林达女士非常纳闷。

格里姆解释说："太太，我不能收您的钱。因为我把晚礼服的袖子做长了半寸。为此我很抱歉。如果您能再给我一点时间，我非常愿意把它修改到您需求的尺寸。"

听了格里姆的话后，琳达女士一再表示她对晚礼服很满意，她不介意长那半寸。但不管琳达女士怎么说，格里姆无论如何也不肯收她的钱，最后琳达女士只好让步。

去参加晚会的路上，琳达女士对丈夫说："格里姆以后一定会出名的。他勇于承认错误、承担责任以及一丝不苟的工作态度让我震惊。"

琳达女士的话一点也没错。后来，格里姆果然成了一位世界闻名的高级服装设计大师。

故事中格里姆之所以坚持这么做，是责任给了他这份勇气。在顾客面前，敢于袒露自己的不足并承担起这份责任，这就是落实责任的力量。

生活中，我们每个人都面临着对学习、对家人、对亲戚朋友的责任。责任是一种无形的动力，它激励着我们不断向前，向着自己必须承担的、必须肩负起的事情迈进。落实责任就是对他们最好的感恩和报答。

落实责任可以使人更加优秀，可以让我们的行动更加积极。一个有责任心的人无论走到哪里都会获得人们的尊敬；一个心怀感恩并落实责任的人无论做什么事情都会让人放心。

落实感恩，就从那句“谢谢”开始

你会常常对别人说谢谢吗？

每天总有一些人和事需要你去感谢，如果一天之内你没有说出几个谢谢，一定是你忽略了一些感恩的细节。

简单的“谢谢”两个字，就是一种感恩的方式。在成长的道路上，你会遇到许许多多的人和事，或许陌生，或许熟悉，但他们都值得你感恩。

感谢为老人让座的人，是他们让你懂得了应该为他人着想；感谢辛勤劳动的人，是他们让你知道了每一件东西都是来之不易的；感谢接受你帮助的人，是他们让你体会到了帮助别人时那种愉快的心情；感谢你的朋友，是他们让你在无助的时候看到了希望和阳光；感谢竞争对手，是他们磨炼了你的意志，增进了你的见识，让你知道了自己的不足；感谢那些曾经伤害过你的人，是他们让你的内心变得坚强，并学会了宽容；感谢挫折和苦难，是它们锻炼了你的意志，让你知道了生命的意义……

每一次的感恩，都应是发自内心的。

感恩就是这么神奇，当你微笑、真诚地说出“谢谢你”“我很感激”这些话后，在你和别人的心里便已经埋下了快乐的种子。

当你对那些帮助过你的人道一声“谢谢”的时候，不管他们如何看待，那两个谢字承载着你对他们的真挚谢意。

感恩不需要什么特殊的表达，也不需要用什么华丽的外壳来包装。只需一声亲切的问候，一杯亲手炮制热茶，一张自制的生日卡片……

当你怀着感恩的心学习、生活的时候，你的态度会是积极而快乐的。

当一个人懂得感恩时，便会将感恩化作一种充满爱意的行动，而说出“谢谢”便是行动的第一步。感恩不是简单的报恩，而是一种责任，一种追求阳光人生的精神境界。

我们只要怀着一颗感恩的心，就能发现生活的美好、世界的美丽，就能永远快乐地生活在真情的阳光里。一颗感恩的心，就是一粒爱的种子，承载着责任，承载着希望和发展。怀着一颗感恩的心，去对待你周围所有的人吧。

在你迈出感恩那一步的时候，你的心胸开始变得宽广和洁净了！

感恩，有时仅仅需要一个简单的行动

感恩，有人把它深深埋藏在心里，有人却用行动将它表达出来。如果你对某个人深怀感恩时，你会用自己实际行动去表示吗？

多年前，巴西里约热内卢贫民窟住着一户贫穷人家，这家有一个男孩，特别喜欢踢足球。但是，由于家里太穷，这个男孩只能用从垃圾箱中捡的椰子壳、汽水罐等来学习踢足球的技巧。

在贫民窟附近住着一位足球教练。他每天经过贫民窟的时候都能够看到这个小男孩在踢“足球”。一天，男孩把一个猪膀胱吹了起来，装饰成足球的样子，在枯水塘里认真地踢着。足球教练路过时看了非常感动，他想起他的车里有一个足球。

本来那是个淘汰下来、准备丢弃的足球。教练把它从车里拿了出来，伸出大脚，一下子踢到了男孩的眼前。

男孩没有说一句话，教练也根本没有让他感谢的想法。因为富有的、掌权的人总怕麻烦，总怕被穷人纠缠。只是，教练不知道，在男孩得到了那个真足球后，瞬间把足球教练当作了“恩人”。

从此，不论在什么地方、什么时候，人们总能看见男孩踢球的身影。直到有一天，他已经可以把足球准确地踢到指定的任何一个水桶里……

转眼间，圣诞节到了，男孩要给他的恩人送上一份特别的圣诞礼物。太阳落下山的时候，他向妈妈要了一把铲子，然后悄悄地来到了足球教练别墅前的花圃里，他要给教练还没有拿来的圣诞树挖一个树坑。

只见他认真地选好了位置，就开始挖了起来。他很小心地把土放在树坑的四周，因为孩子心里装着感激，所以那土没有在风里飞扬。他专心致志地挖着，“圣诞树坑”也越来越大。

足球教练突然站在他的面前，满脸怒色地问：“你在干什么？”

男孩抬起脸，汗水流了下来。他非常惶恐，害怕地说：“教练，我很感激你给我一个真正的足球，但我没有钱买圣诞礼物送给你，所以想给你挖一个树坑，让你把圣诞树栽到里面……

教练的心在那一刻被触动了，他弯下身子，摸着男孩湿漉漉的头发，认真地对男孩说：“明天你就到我的训练场去吧，因为你把世界上最好的礼物送给了我。”

第二天，男孩到真正的足球训练场上去了。

三年后，这位 17 岁的少年在第六届世界杯足球赛上独进 21 个球，为巴西队捧回了历史上第一个金杯。从此，“球王”贝利和他祖国巴西的名字传遍了全世界。

感恩是简单的，有时，只需要一个小小的动作。所以，当你想表达感恩的时候，千万不要认为条件还不成熟。

感恩，不仅仅是口头上的承诺，内心里的感激，它更需要体现在行动上。在这个世界上，我们最应该感恩的就是父母，是他们给了我们生命，养育我们长大成人。

同样，感恩父母，不仅要发自内心地孝敬父母，更要有实实在在的行动。

2004 年度“感动中国”十大人物中有一位叫田世国的中年男子，他之所以感动了那么多人，并不是因为他做了什么惊天动地的大事，而是因为他的一个孝举——将自己的一个肾移植给了身患尿毒症的母亲。

这就是田世国的可贵之处，他对母亲的感恩之情，不是一日三餐的照料，而是实实在在地行动。

对于我们大多数人来说，不需要田世国感恩父母的方式，但是，感恩父母不能停留在口头上，应该体现在行动中：

给下班的爸爸妈妈拿拖鞋，递上一杯热茶；

给劳累了一天的爸爸妈妈按摩、洗洗脚、捶捶背；

烧一道自己会做的小菜；

帮爸爸妈妈做一些力所能及的家务，减轻他们的负担；

在爸爸妈妈工作压力很大、心情烦闷的时候，想办法让他们开心；

平时不要惹爸爸妈妈生气，听他们的话，在意见发生分歧的时候，敢于牺牲自己的“道理”，尊重爸爸妈妈的想法；

记住爸爸妈妈的生日，并在当天送上精心挑选的礼物；

出门在外时寄一张自己画的贺卡；

用零花钱或第一笔收入为爸爸妈妈买件衣服或其他小礼物；

多陪陪他们……

以上都是我们力所能及的一些事情，也许你会觉得那些都微不足道，但是只要你用心做了，对父母来说，都是弥足珍贵的。

不负责任的争吵是对感恩的最大漠视

在与人相处的过程中，你与别人争吵过吗？

或许争吵的原因五花八门，但仔细分析，无非就是各自该做的事情没有做好，互相指责，都希望对方站出来接受责罚。在默认自己好的前提下，去指责别人的不好，互不退让，互相拒绝承担责任。结果只会弄得两败俱伤。就像下面这则寓言小故事一样。

大森林里，有一条响尾蛇，头和尾之间总是闹矛盾，它们总是为了谁重要谁不重要、谁应该在前谁应该在后争论不休。

一天早上，蛇头和蛇尾又吵得不可开交。

蛇头大声说道："我是最重要的。你瞧，我能探测到前面的信息，有口能吃食，行走时也是我走在前面为你开路，因此你应该感激我。我是最重要的，我是老大。"

蛇尾不屑地说："哼！那是我让你走在前面，你才能走在前面。假如我绕着木头缠三圈，不让你往前走，你又能怎样呢？假如我三天不松开，你无法去寻找食物，即使你有嘴，又有什么用呢？恐怕你就离死不远了吧？所以你应该感谢我才对，你说咱俩到底谁重要，谁应该为老大呢？"

围绕着谁当老大这个话题，蛇头和蛇尾就这样你来我往地吵了起来，最终谁都没有说服谁。后来，它们吵累了，蛇头想去喝水，但蛇尾还在那里生气呢，它一看蛇头要走，就顺势将自己的身体缠在了路边的一棵树杈上，心想："你不是不服气吗？我就不让你走，看你能把我怎么样。"蛇头一看蛇尾将自己缠在树杈了，没辙，只好停了下来。

就这样，蛇头和蛇尾一直僵持了两天半，而这条蛇已经饿得奄奄一息了，但是蛇头和蛇尾仍没有要和解的意思。

恰巧这时，在空中觅食的老鹰看见了这条响尾蛇，接着，便以闪电般的速度俯冲了下来。当这条响尾蛇蛇头发现敌情时，马上想逃走，可是蛇尾还缠在树杈上呢！就这样，这条蛇没来得及逃走，便成了老鹰口中的美食。

虽然这是一个寓言故事，但蛇头和蛇尾因为争功引起争吵，并导致两败俱伤的下场，给了我们莫大的启示，即对责任的推脱，就是对感恩最大的漠视。

在现实生活中，无论是家庭纷争中的争吵，还是人际碰撞中的争吵，到头来受到伤害的，只能是争吵的双方。

尽管争吵的最终结果是两败俱伤，但是在我们的周围，还是随时可以找到正在争吵的人们。如商店里，也许顾客正在和营业员吵架；公共汽车上，也许两人正在为抢占座位而争吵；家里，也许爸妈正在为谁做家务而吵个不停……

因为争吵，责任意识逐渐淡薄；因为争吵，感恩的心被蒙蔽，幸福被挡在门外……

人与人之间，应当多一些理智与宽容，少一些过激与苛刻。当你与别人发生争吵时，不妨先思考一下：和你发生争吵的人是谁？你们为什么发生了争吵？因为这件事情和他发生争吵值得吗？他身上是否有值得你感激的地方，你是否也对这场争吵负有责任？当你试着这样思考的时候，也许你就知道该怎样做了。

成大事者，先在小事上落实责任

小事不小。

所罗门国王曾经说过："万事皆因小事起，你轻视它，它一定会让你吃大亏的。"西方谚语也有"魔鬼藏于细节"的说法，这些话都在强调这样一个事实：一个人要想在将来有所作为，就必须注重细节，不能在小处出差错。

抱着一颗感恩的心和负责的态度去做每件小事，才不会出现大的失误。

有一年，乌鲁木齐市粮食局下属的一家挂面厂花巨资从日本引进一条挂面生产线。同时，挂面厂又花了18万元从日本购进1000卷重10吨的塑料包装袋。塑料包装袋的袋面图案由挂面厂请人设计。

当样品设计好后，经挂面厂与进出口公司的人员审查后，交给日方印刷。

过了一段时间，当这比塑料袋运到挂面厂时，有人发现有点不对劲，再仔细看一下，竟傻了眼。原来，每个塑料袋的袋面图案上的“乌”字全部多了一点，变成了“鸟”字，乌鲁木齐变成了“鸟鲁木齐”。

这件事立刻引起了挂面厂的重视，后来经过多方调查，发现原来是挂面厂的设计人员一时马虎，把设计样本打印错了，而进出口公司的人员检查时也没有发现。

就因为这一“点”之差使价值18万元的塑料袋变成了一堆废品，给公司带来了严重的损失，相关人员也受到了严厉的处分。

试想一下，如果设计人员本着负责的态度和对工作的感恩之心，仔细一点、谨慎一点；进出口公司的审查人员如果也能再负责一点，多检查一次，又怎么会让这18万元付之东流呢？

同样，生活中，任何一个微小的细节都可能会带来致命的错误：建筑一座大楼，因为马虎、不严格而发生计算上的错误，整座大楼就有可能倒塌；炼钢时，如果在化学成分上有点错误，就要出废钢；在艺术工作上，如果一个动作、一个唱腔、一个笔画不严格要求，那就不可能演好戏、画好画；在财务会计工作上，错一个小数点，就会损失巨大的财产……究根溯源，这些在细节上的差错，都是由于责任心的缺失引发的。

在一次攀峰比赛上，一位勇者发誓要排除万难攀登成功。在众人期待的目光中，他出发了，然而，不到中途，他却辜负了大家的希望，放弃了。

回到地面，人们不解地问他原因时，所有人都震惊了——致使他放弃的原因竟是鞋中的一粒沙子！

之前，在数次长途跋涉中，恶劣的气候没有使他退缩；陡峭的山势没能阻碍他前进；难耐的孤寂没有磨去他坚定的信念；噬人的疲惫也没有使他畏惧……

但那天攀登前，他的鞋里落入了一粒沙子。原本他有时间和机会把那粒沙子从鞋里倒出来的，可是他并没有那样做，因为在我们这位勇士的眼中，这粒沙子实在是太微不足道了。

比起勇士的雄心壮志，一粒沙子的存在简直可以忽略不计。然而他越走下去那粒沙子越是磨脚，最后到了每走一步都伴随着锥心刺骨的疼痛的地步。这时，他才意识到这粒沙子的厉害。于是，他停下脚步准备清除沙粒，但惊异地发现脚早已被磨出了血泡！沙粒虽然被清除出去了，可是脚上的伤口却因感染而化脓。最后，除了放弃，他别无选择。

读完这个故事，也许你会为勇士的遭遇感到惋惜，但我们更应该从他的遭遇中吸取教训——对自己负责，就不能忽略身边的任何一件小事。即便在你看来是再简单不过的小事，也要把它做到完美、极致，千万别让一粒沙子成为成功的阻碍。

有时，一个细节就会改变人的命运。做好每一个细节，是对生活的负责，也是对自己的负责。

一个心怀感恩的人，从不会忽视生活中的任何细节，因为他明白：细节往往是制胜的关键，他希望能将每件事做到最好。谁注意了细节，做好了细节，尽到了责任，谁就是最终的胜利者；相反，谁忽略了细节，在细节问题上粗枝大叶，谁就注定平庸一生。

第六章

感恩磨难，才能让我们变得坚韧、优秀

黎巴嫩作家纪伯伦说："除了通过黑夜的道路之外，人们无法到达黎明。"逆境是到达理想境界的通途，是攀登者的手杖，是通向成功的基石。逆境磨砺了我们的品格、才气和胆识，激发了我们奋发向上的雄心和勇气，调动了我们的潜能。感谢逆境，珍惜挫折，我们的生命才会更加充实，更加有价值。

艰难困苦，玉汝于成

北宋哲学家张载说过："富贵福祥，将厚吾之主也，贫贱忧戚，庸玉汝于成也。"演变到现在，就是"艰难困苦，玉汝于成"。意思是要成大器，必须经过艰难困苦的磨炼。一个著名的科学家也曾说过："困难总可以使他有新的发现，就如那些在幼年常受挫折的孩子，日后往往有大的发展；那些从小一帆风顺的人反而更难有出息。"总之，最好的才干往往是从烈火中冶炼的，从顽石上磨炼出来的。

相传在亚马孙平原上生活着一种雕鹰，它被那里的人们称为"飞行之王"。雕鹰要想与其他鸟类不同，并且无愧于"飞行之王"的称号，就必须经过一段艰难的经历。出生后的小雕鹰刚学会飞翔不久，它的妈妈便会把它翅膀上的大部分肋骨弄断，然后把小雕鹰叼到山顶、树梢、悬崖等高处，从上往下扔，求生的本能，使小雕鹰不得不忍痛飞翔，受伤的翅膀在充血中得到历练，骨骼变得越来越强壮。当它痊愈后，那双翅膀就如再生的凤凰，充满了神奇的力量。但是如果有好心人捡到受伤的小雕鹰，把它带回家，并为它包扎好伤口，慢慢疗伤，那么它就躲过了吃苦的经历。当它在好心人的精心照顾下痊愈后，它就无法飞得再高，成为一只家鹰，整日与鸡鸭为伍。

任何成就的获得都会经历一番磨难，经受不住风雨的吹打，对困难避而远之，只能使自己平凡地度过此生。若非一番寒彻骨，哪来梅花扑鼻香？真正有价值的人生都是经苦难的洗礼后，才会出现，这一点儿在美国总统林肯的身上体现得最为深刻。

1809 年 2 月 12 日，林肯出生在肯塔基州哈丁县一个清贫的农民家庭，父母是英国移民的后裔，以种田和打猎为生。小时候，林肯帮助家里搬柴、提水、做农活等，用他自己的话说，他的童年是“一部贫穷的简明编年史”。

1816年，家人被赶出了居住的地方。为了维持家计，林肯当过俄亥俄河上的摆渡工、种植园的工人、店员和木工。18岁那年，身材高大的林肯为一个船主所雇佣，与人同乘一条平底驳船顺俄亥俄河而下，航行千里到达奥尔良，一路吃尽了不少苦头。

1832年，他竞选州议员，但落选了。那一年，他的工作也丢了，想就读法学院，又进不去。

1833年，他向朋友借了一些钱经商，但年底就破产了。后来成为一名当地土地测绘员，因精通测量和计算，常被人们请去解决地界纠纷。在艰苦的劳作之余，林肯热爱读书，他夜读的灯火总要亮到很晚。林肯通读了莎士比亚的全部著作，读了《美国历史》，还读了许多历史和文学书籍。他通过自学使自己成为一个博学而充满智慧的人。

1834年，25岁的林肯当选为州议员，开始了自己的政治生涯，同时管理乡间邮政所，也从事土地测量，并在友人的帮助下钻研法律。几年后，他成为一名律师。

1838年，争取成为州议员的发言人，但没有成功。

1840年，争取成为选举人，但失败了。

1843年，参加国会大选，但落选了。

1846年，再次参加国会大选，命运垂青了他，他当选了。

1848年，寻求国会议员连任，但失败了。

1849年，他想在自己的州内担任土地局长的工作，但被拒绝了。

1854年，竞选美国参议员，但落选了。

1856年，在共和党的全国代表大会上争取副总统的提名，但得票不到100张。

1858 年，再度竞选美国参议员，再度落败。

1860 年，林肯成为共和党的总统候选人，11 月选举揭晓，以 200 万票当选为美国第 16 任总统。

林肯在跌倒无数次后，登上金字塔的塔尖。他走过每一段艰难之路的背影让人敬佩，它所取得的成就被人们广为传颂。

一个装着香水的无口之瓶，只有打碎它才会散发出幽远的馨香。一块朴拙的玉石，只有经过无情的雕琢，才会成为完美的艺术品。那些刻在我们心里的累累伤痕，恰是生活馈赠给我们走向成功的经验。那些成长中的一次次磕磕绊绊，正是通过成功的台阶。学着感谢那些灾难和不幸吧！它让我们的人生更加精彩、更加辉煌。

契诃夫说："困难与折磨对于人来说，是一把打向坯料的锤，打掉的应是脆弱的铁屑，锻成的将是锋利的钢刀。"挫折与磨难就像一块磨刀石，会把我们披荆斩棘的钢刀磨得更加锋利，让我们所向披靡，一往无前。所以不要抱怨长路漫漫少潇洒浪漫，因为艰难困苦就是你成功的摇篮，让长风的翅膀带你过尽千帆，让理想的呼唤伴你闯过生活的难关，只要心中的风景不曾凋零，生活的叶子永远不会枯黄腐烂。永葆一颗接受磨砺的心，人生将会青春永驻。"艰难困苦，玉汝于成。"只要你勇敢接受痛苦的挑战，只要你具有坚持不懈的毅力，你将是一颗璀璨的明珠。

坎坷之中磨心志

动物学家曾做过这样的实验：把两只羚羊放在不同的环境下，一只羚羊放在有狼出没的地方，一只放在没有狼的地方。狼的存在使其中一只变得很强健，反应敏捷，奔跑速度快；而另一只弱不禁风，完全失掉了野外生存的能力，如果遭遇狼群，只有被吃掉。

人也是一样，经历生活的击打、磨炼才能有所成就、才能使内心越来越强大。遇到逆境就一味消沉的人，是肤浅的；一有不顺心的事就惶惶不可终日的人，是脆弱的。一个人不懂得人生的艰辛，就容易散漫和骄纵。未尝过人生苦难的人，也往往难当重任。

有个小和尚从小在寺中长大，每天早上，他都5点起床去山下挑水，挑完水后把寺院上上下下全部打扫一遍，然后等做过早课后去寺庙后的市镇上购买寺中一天所需的日常用品。回来后，还要干一些杂活，晚上还要读经到深夜。就这样，年复一年，一晃10年过去了，小和尚长大了。

有一天，小和尚干完活与其他和尚在一块儿聊天，聊天中发现别人过得都很悠闲，只有他一个人从早到晚忙忙碌碌。他还发现，虽然别的小和尚偶尔也会被分派下山购物，但方丈让他们去的市镇，路途平坦距离也近，买的东西也不多。而十年来方丈一直让他去寺后的市镇，道路崎岖难行，距离也很远，要翻越两座山才能到，方丈让他买的东西多而且很重，回来时要连拖带拽才能拿回来。方丈为什么要这样对我呢？于是，小和尚带着诸多不解去找方丈，问："为什么别人都比我清闲呢？没有人强迫他们干活读经，而我却要干个不停？"方丈微笑不语，没有回答。

第二天，小和尚依旧得5点起床、挑水、扫地，忙完这些之后，方丈让他去寺庙后的镇上买一袋大米回来。中午时分，当小和尚扛着一袋大米从后山走来时，发现方丈正站在寺门旁等着他，方丈让他放下大米，和他一块坐在寺门旁等其他小和尚买东西回来。太阳快要落山了，前面山路上方才出现几个小和尚的身影，他们说说笑笑、打打闹闹，一会儿跑去摘花，一会儿跑去捉鱼，短短的一段山路，他们走了很长时间，来到寺门前天已经黑了。当他们看到方丈时，一下愣住了。方丈平静地问那几个小和尚："我一大早让你们去买盐，路这么近，又这么平坦，怎么回来得这么晚呢？"几个小和尚面面相觑，说："方丈，我们说说笑笑，看看风景，就到这个时候了。十年了，每天都是这样的啊！”

方丈又问坐在身旁的小和尚：“寺后的市镇那么远，翻山越岭，山路崎岖，你又扛了一大袋米，为什么回来得还那么早呢？”小和尚说：“我每天在路上都想着早去早回，由于肩上的东西重，我才更小心去走，所以反而走得稳走得快，十年了，我已养成了习惯，心里只有目标，没有道路了！”

方丈闻言大笑，说：“道路平坦了，心反而不在目标上了。只有在坎坷的路上行走，才能磨炼一个人的心志啊！”

后来，寺里要从众多僧人当中挑选一位去西天取经，路途遥远、困难、诱惑重重，一般人是无法担当如此大任的，所以选拔时非常严格。小和尚经历了10年的磨炼，无论从体力、毅力、悟性还是诵经讲学方面都胜过其他人，他理所当然成了最佳人选。说到这儿你可能已经猜到这个小和尚是谁呢，他就是玄奘法师。

磨难、坎坷可以磨炼一个人的心志，在温室中健康成长，依然是缺乏一些生命的元素。因为痛苦、磨难、艰辛，不管是生理上或是心理上的，都是人生中不可避免的一部分。所以让我们在苦难中历练成长吧，穿过苦难到达另一端的快乐，远比绕过它所得的快乐更健康。

喜欢回忆的人，大都会有这样一个发现：记住的磨难多于幸福时光。一路坎坎坷坷地走下来，蓦然回头才发现，没有这些坎坷与挫折，你无论如何走不到今天的这个高度。磨难能让一颗柔嫩的种子长成参天大树，能把一块无奇的石头打磨成漂亮的美玉，能让一个平凡的人成就不平凡的事业，走过那段艰难岁月，你会发现人生更加丰富、充实。

吃苦就是吃补

现实中，大多数人都喜欢尝甜头，不喜欢吃苦，可“酸甜苦辣”皆是人生本味，缺一不可。吃苦，是成功必经的过程，要想有所成就，就必须埋头苦干、勤劳苦作、寒窗苦读。如果不经过苦读、不经过苦学、不经过苦练、不经过苦磨，是不能成功的。

司马迁入狱执笔写《史记》；屈原被流放后创作《离骚》；曹雪芹满腔辛酸作成《红楼梦》；贝多芬用苦难谱写《第九交响曲》……纵观古今中外，大凡名人伟人，其成就都是从血汗、辛苦、委屈、忍耐、受苦中点滴累积而成。人只有在吃苦头，被他人百般刁难、歧视、嘲讽时才能“敲醒自己”，让自己被“当头棒喝”而惊醒过来。如此说来，吃苦岂不是一生中最好的补品？

生命，总是在挫折和磨难中茁壮；思想，总是在徘徊和失意中成熟；意志，总是在残酷和无情中坚强。苦难是人认识社会、理解人生的生动教材；苦难是人成熟的机会；苦难是竞争社会中人面临的必然挑战；苦难中最需要的是坚定的人格和不屈的斗志。

2002 年 3 月 24 日，辽宁省大石桥市博洛铺镇学校的小女孩王洋被附近的邻居喊出来，说她爸爸从 6 米多高的树上不小心摔下来，送到了医院。听到这个消息，小王洋觉得天都塌了下来，在去医院的路上，她祈祷着：爸爸一定没事，爸爸一定没事。小王洋的家境很贫寒，妈妈从小患有小儿麻痹症，生活勉强能够自理，爸爸是家里唯一的劳动力，平时靠种地，打零工挣钱养家，如果爸爸再倒下去，以后的生活……小王洋想都不敢想。小王洋到了医院，医生说，她的爸爸脊椎错位，需要赶紧做手术，否则下肢会瘫痪。因为交不起昂贵的手术费，爸爸坚持不做手术，只住了 6 天院就回家了。

爸爸的腿始终没有知觉，有时会突然抽筋，抽起来一直疼到胸口，全身扭曲成一团，非常痛苦。每当这时候，懂事的小王洋就赶紧去给爸爸按摩双腿。爸爸摔伤后，大小便完全失禁，因此要经常去医院洗肠，每次二三十元钱。为了让自己减少排泄，少去几次医院，少花点儿钱，他每天少吃饭，少喝水，即使这样，时间一长，他的肚子就会胀得鼓鼓的。小王洋看了很难受，每次陪爸爸去医院洗肠，就偷偷看大夫怎样洗，慢慢地，她就可以为爸爸洗肠了。

自从小王洋的爸爸遭遇不幸后，她们的生活也越来越艰难，为了照顾爸爸妈妈，她决定要放弃上学。后来在老师、同学的鼓励下，社会的援助下，她又重返了校园。

但王洋觉得不能一直在别人的帮助下生活，要自强自立。于是在学习之余，她学着养猪、养鹅、种庄稼等，3 年里，王洋饲养的肥猪共出栏两批，果树年年结果，玉米没有减产，大鹅也下了蛋，有近万元的收入。虽然不够还清债务，但一家人已经看到了希望。王洋用自己单薄的身躯为父母撑起了一片天，当同龄人还躲在父母臂膀中时候，她已经能为了父母的精神支柱。苦难让这个曾经不谙世事的小姑娘多了一份成熟，多了一份坚强。

成功学大师卡耐基说："苦难是人生最好的教育。"大量事实说明，伟大的人格无法在平庸中养成，只有经历熔炼和磨难，愿望才会激发，视野才会开阔，灵魂才会升华，人生才会走向成功。一个人如果能吃常人不能吃的苦，必然能做常人不能做的事。从这个意义上来说，人生吃苦就是吃补，是补意志，补知识，补才能，补道德，补灵魂。所以，当遭受苦难之时，请自我勉励，真诚面对，把它当作一种心志的历练与灵魂的洗练吧！

很多时候，正是生活赐予的磨难成就了我们，它唤醒隐藏在我们生命最深处的种种能力，让我们的意志变得坚定，让我们更加优秀，成为生命中的强者。人生不如意之事十有八九，唯有经得起岁月的磨炼，保持一颗积极向上的心，才能够充满希望地去寻找更好的人生之路，当迈着无比坚定的步伐走出人生困境的时候，你会由衷地感谢岁月对自己的磨炼。

吃得苦中苦，方为人上人

古人说："吃得苦中苦，方为人上人。"说的就是一个人如果想有所作为，就必须具备吃苦的精神。孟子说："天将降大任于斯人也，必先苦其心志，劳其筋骨，饿其体肤。"每一个人都可以从普通变得优秀，在从普通到优秀的转变过程中，你一定会经历一条十分艰难的路。能不能完成蜕变，决定着你的人生高度和价值。

有这样一个故事：

有个雕刻家准备用石头雕一尊佛像，精心挑选后，看上一块质地上乘的石头，于是把它当做原料来雕琢。雕刻家拿出铢刀刚敲打了几下，这块石头就痛不欲生地喊叫起来："痛死了，痛死了，不要再刻了，饶了我吧！"雕刻家只好停工，放弃了它，重新找了一块质感稍微差一点的石头，重新雕琢。这块较差的石头，任凭刀琢棒敲，却从不叫苦。师傅更加精雕细琢，果然雕成了极品，大家惊叹于这个杰作，决定加以供奉。善男信女日夜顶礼膜拜，庙宇香火鼎盛，远近驰名。

不久，那块无法忍受疼痛的石头被废物利用，铺在通往庙宇的马路上。人车频繁从头上轧过，又要承受风吹雨打，这块石头痛苦不堪，内心愤愤不平。它质问庙里这尊佛像："你资质比我差，却享尽人间礼赞尊崇，我却每天遭受凌辱践踏，日晒雨淋，凭什么？"佛像只是微笑说："谁让你当初吃不了苦，没敲几下，就受不了呢！"

无论在什么情况下，遭受的苦难越深，随之而来的喜悦也就越大。所以说，吃苦是一种资本，没有经历过刀琢棒敲，你的身体里就不能生长出坚韧的细胞，你会十分脆弱，容易发抖，容易胆寒. 周身缺少勇气和热情，就算质地再好，也只能作为一个铺路石而已。

由此不难让我们联想到，云南大理白族的三道茶，就是一苦二甜三淡，象征了人生的三重境界。苦尽才能甜来，随之才有散淡潇洒的人生，才会不屈服于挫折的压力，开创大业，走出人生的辉煌。

霍兰德说："在最黑的土地上生长着最娇艳的花朵，那些最伟岸挺拔的树林总是在最陡峭的岩石中扎根，昂首向天。"可见天才至极致，苦难也至极致。

世界超级小提琴家帕格尼尼可以说是一位善于用苦难的琴弦将天才演奏到极致的奇人。

帕格尼尼的人生是充满苦难的。在他 4 岁时，一场麻疹和强直性昏厥症，差点要了他的命；7 岁时，他又患上了严重的肺炎，不得不进行放血治疗；46 岁时，他的牙床突然长满脓疮，只好拔掉几乎所有的牙齿。牙病刚刚好，他又染上了可怕的眼疾，幼小的儿子成了他手中的拐杖。年过半百后，关节炎、肠胃炎等多种疾病又时刻吞噬着他的肌体。后来，他的声带也坏掉了，只能靠儿子按口型翻译他的思想。他只活了 57 岁。

但是，面对种种困境，他并没有沉沦。他不仅用独特的指法弓法和充满魔力的旋律征服了整个世界，而且发展了指挥艺术，创作出《随想曲》《无穷动》《女妖舞》和 6 部小提琴协奏曲以及许多闻名世界的吉他演奏曲。

欧洲所有像大仲马、肖邦、巴尔扎克、司汤达等世界著名的文学艺术大师，几乎都听过帕格尼尼的演奏曲，并为之激动。音乐评论家勃拉兹称他是"操琴弓的魔术师"，歌德评价他是"在琴弦上层现了火一样的灵魂"，李斯特大喊："天啊，在这 4 根琴弦中包含着多少苦难、痛苦和受到残害地挣扎着的生灵啊！"

查尔斯·福克斯曾说过："一个虽屡遭挫折却百折不挠的人，将比一直顺顺当当的人更有可能取得成就。"所以说，挫折、逆境、苦难并不可怕。

因为苦难育坚韧，坎坷增阅历，失败长经验，逆境添志气。

“自古英雄多磨难，从来纨绔少伟男”，纵观历史上取得非凡成绩的所有大人物，哪一位不是在艰苦的逆境中成长起来的呢？他们经历的挫折哪个不比常人更多、更大？挫折是成功的垫脚石，一个不经历挫折的人，是不能够坚强起来的；同样，不经过挫折磨励的成功，都是脆弱的。成大事者最大的优点就是抗挫折和抗逆境能力，只有这样的人才能在挫折和逆境中寻找到改变命运的机会，才能让生命之花绽放得更美。

贫穷也是一笔财富

大多数人总是将金钱与财富联系在一起，认为拥有了金钱就等于拥有了财富。其实不然，财富的内涵是广泛的，并不仅仅表现为金钱的多少，艰苦贫困对于我们来说也是一种财富。安德鲁·卡内基说：“一个年轻人最大的财富莫过于出生于贫困之家。”贫困可以让我们坚强，催我们奋进，帮我们走出艰辛，走出困惑，在与贫穷抗争的日子里，创造出一生都无法花完的积蓄。

被评为台湾第37届十大杰出青年的赖东进先生，他的父亲是个盲人，母亲也是个盲人且智障，除了姐姐和他，几个弟弟妹妹也都是盲人，瞎眼的父亲和母亲只能当乞丐，住的是乱坟岗里的墓穴，他一生下来就和死人的白骨相伴，能走路了就和父母一起去乞讨。他9岁的时候，有人对他父亲说，你该让儿子去读书，要不他长大了还是要当乞丐。父亲就送他去读书。上学第一天，老师看他脏得不成样子，给他洗了澡。为了供他读书，才13岁的姐姐就到青楼去卖身。照顾瞎眼父母和弟妹的重担落到了他小小的肩上——他从不缺一天课，每天一放学就去讨饭，讨饭回来就跪着喂父母。

母亲每次来月经，甚至都是他给换草纸。后来，他上了一所中专学校竟然获得了一个女同学的爱情。但未来的丈母娘却说“天底下找不出他家那样的一窝窝人”，把女儿锁在家里，用扁担把他打出了门……

贫穷、艰难的生活把这个青年打造的坚强而富有韧性，经过不懈的努力和勤奋的学习、工作，他成为一家专门生产消防器材的大公司的厂长，一家人的生活得到改善，并与当初的女同学结了婚。

赖东进先生回忆起从前说：“贫穷让我懂得了生存的重要和艰难，为了活下去就得付出比别人更多的努力；贫穷让我经历了各种困苦的磨炼，锻造了我极强的适应能力。对于白眼、饥寒、孤寂和失落，都有了很强的抵抗性，如今再次面对它们时自己完全可以一笑而过；贫穷给了我一股无穷的动力，每天我用它来追寻成功；贫穷使我读懂了知识和智慧远比黄金和宝石重要，只有他们才能开启成功之门……贫穷给了我一生享不尽的财富。”

和赖东进先生一样，古今中外成才者，也大多出自寒门。司马光亦出身贫寒；明代大学士宋濂家中一贫如洗；范仲淹两岁丧父，随母改嫁，幼时读书连稠一点的粥都难以吃到；苏联作家高尔基曾经是个流浪儿；荷兰画家梵·高也曾穷困潦倒，一文不名，生活上常靠弟弟接济；居里夫人刚满10岁，就去打工，还供姐姐读书……

贫穷是他们植根的土壤，也就是这块贫瘠的土壤使他们不断地发育不断地成熟，塑造自我，完善自我，最终成为参天大树，开出灿烂之花。由此看来，穷并不可怕，可怕的是丧失摆脱贫穷的信心和斗志。穷则思变，就要奋发图强，越是贫困越激励人奋发上进，这何尝又不是一笔财富呢？

“贫穷是一笔财富”，当你以坚毅的态度去正视问题时，奇妙的力量会成为源泉，从你的心中涌流出来，智能和勇气也将随之而来。有一天，你将会对这些生命的磨难充满了感恩，因为在这些艰辛的过程中，你反而找到更大的力量，它为你创造了更广的生机，并且带来更大的幸福。

挫折孕育着辉煌

生活中我们不必总是企求万事如意、好运连连，要知道，生活就如同善变的天气一样，你无法预知会发生什么，随时都会狂风大作、暴雨不断。人生遇到挫折有时不一定是坏事儿，也许正是因为有了挫折的存在，我们才获得了比自己预想的还要好结果。因为，在遇到挫折、问题时，我们开始仔细思索，变得异常冷静、坚毅，甚至能在挫折中有新的发现和新的解决办法。

亚历克斯在一个医学实验室工作。这个实验室的例常工作是接收一家医院的病理标本。亚历克斯要把这些标本中的病菌注入消了毒的培养皿中。最后，这些用显微镜才能看见的细菌会在培养皿中繁殖，长成乳状的物体。亚历克斯接下来的工作就是将这些病菌剔下来，把它们放到显微镜底下，然后帮医院鉴明这到底是什么疾病。这样的工作是地球上每个医疗技工都会做的。

然而，有一天，亚历克斯注意到在乳状物的中央有一个孔，其间没有病菌繁殖。在孔的中央有一小撮霉菌污染了细菌培养基。亚历克斯不明白那儿为什么会长霉菌，因为消毒的培养皿都已经盖起来了。但霉菌仍然长了出来，破坏了这个实验。

霉菌的名声向来不好。没人对它有好印象。它很脏，在腐烂的东西上繁殖，看起来又很不堪入目。亚历克斯对霉菌也有这样的偏见。他需要繁殖出病菌，但是恶心的霉菌却碍了他的事。医院、医生和病人都在等待着鉴别病菌，可是他却因此耽误了时间，受到了医院的严重处分。

但就在这时候，纯属天才的灵光一闪，亚历克斯意识到了如果这种霉菌能破坏培养基中的病菌的话，那么如果将它从培养基中分离出来注入病人体内的话，也许能够杀死他们体内的同类病菌，消除病菌带来的感染。在这个与众不同的个案中，霉菌在亚历克斯的眼里不再是肮脏的需要清除的东西，而是美好的能够清洁甚至治病的一剂良药。

正因为亚历克斯这次挫折，他发现的霉菌所拯救的生命和解除的病痛比历史上所有的医学进步都来得多。后来亚历山大·弗莱明爵士在1928年发明了青霉素，全世界的人都在感谢这一重大发现。

挫折犹如机遇，智慧的人会把握时机成就自己；挫折犹如绳索，坚强的人可以借助它勇登高峰。亚历克斯在挫折、失败面前不怨天尤人，将全部精力转移到研究霉菌上，最终有了重大的发现。

生活中，对于有些人来说，“挫折”只是人一生中一个小小的涟漪，他们在挫折面前不退缩，在失败面前不灰心，最终实现了自己的价值。但对于有些人来说，“挫折”是一场灾难，它毫不留情地打乱他们的生活，破灭他们的梦想，让他们看不到前面美好的生活，失去生活下去的勇气。

奥斯特洛夫斯基说：“人的生命似洪水在奔腾，不遇岛屿和暗礁，难以激发起美丽的浪花。”所以，不管遇到什么情况，你都应有迎接厄运的气度和胸怀，在打击和挫折面前做个坚强的勇者，跌倒了爬起来重来，将自己重新整理，以勇者的姿态迎接命运的挑战，这样才能开创大业，走向人生的辉煌。

挫折带给我们平静的心态去看待问题，在平静的思索中明得失，不断改正缺点；挫折带给我们不平静的情怀，让我们不断去为之奋斗，为之发奋……让我们越来越完善。就让我们珍惜、感恩每一次挫折吧！

直面人生的不幸

每个人一生都会遇到诸多的不幸和苦难，个性悲观消极的人面临不幸，看不到前途的光明，抱怨天地的不公，甚至破罐子破摔，在精神上倒下；而个性积极乐观的人在面临不幸时，能够泰然处之，认定活着就是一种幸福，无论是顺境还是逆境，都一样从容安静，积极寻找生活的快乐，不浪费生命的一分一秒，于黑暗之中向往光明，在精神上永远不倒。“谁也别想把黑暗放在我面前，因为太阳就生长在我心底。”这是敢于直面人生不幸的豪迈宣言，是顽强、坚毅的人生真实写照。

有一位年轻的妇女，因为乳腺癌，不得不去医院做了左乳摘除手术。

伤口痊愈后，她下地走路时，奇怪地发现，自己的身体竟不自觉地向右边倾斜起来。她思量片刻终于明白了：也许是自己的乳房比较大且重的缘故，少了一只左乳后，身体也失去了原有的平衡。

走路有点倾斜不算什么问题，让她最为苦恼的是，由于左乳摘除了，自己的胸前左边瘪塌塌的，右边鼓囊囊的，以致穿起衣服来很是别扭和难看。

可是她又没钱买义乳，连那一大笔手术费都是借来的还等着要还。怎么办？她决定自己做一个。她“就地取材”地从家里拿出玉米、芝麻、小麦、蚕豆、黄豆等谷物，依次分别往乳罩左边的罩口里装满一种谷物，然后再缝合罩口，戴在身上测试一下身体的美观及平衡效果。最后，她选定了黄豆，作为乳罩的填充物。

初戴上“黄豆乳罩”的她显得异常的兴奋与激动，她仿佛又找回了曾经的那份自信与美丽。后来，她无论是下地干活，还是串门赶集，都时刻戴着那副“黄豆乳罩”。

一天晚上，她摘下乳罩准备睡觉时，惊讶地发现——乳罩里的那些黄豆竟发芽了！

那一夜，她基本上没合眼，想着怎样解决黄豆在自己的体温下不发芽的问题。第二天，她把那些黄豆炒熟了，然后再放进乳罩里……

可是她发现，问题又来了，她的身上始终有一种熟黄豆的香味挥之不去，只要她一出现在人群里，人家总会耸着鼻子作闻香状，然后好奇地问，谁兜里揣着熟黄豆？好香啊！快点拿出来让大家尝尝……弄得她很是尴尬，又不好讲出实情，但也怪不得人家，人家也是无意的啊！

后来，经过很多次试验，她在缝制“黄豆乳罩”的时候，终于找到了一个折中的良方，就是在炒黄豆的时候，要掌握好它的火候——仅把黄豆炒到七八成熟的样子，这样的黄豆放进乳罩里既不会发芽，也闻不到香味，刚刚好。

费尽思量，才解决了黄豆作为乳房替代物与自己身体兼容的难题，这位爱美的乡下女人终于松了口气。

有一天，一家女性刊物的记者知道这事后，大老远地赶来采访这位村妇。采访临近尾声时，记者提出要给她拍几张照片。她一下子激动得满脸通红，因为在那个偏僻的村庄里，她很少有照相的机会，她习惯性地抻抻衣角、捋捋头发，然后站在一株从石缝里长出的芍药花旁，郑重而优雅地摆出了一个个美丽的姿势。望着镜头里那朵火红的花儿衬托着那张自信而美丽的笑脸，泪水模糊了记者的视线…

后来，这位记者在她的文章中写道：我是怀着一种敬仰和感动的心情对她进行采访的，在为她的遭遇感到心酸的同时，又为她乐观而不屈的精神所鼓舞和欣慰。这样一个在贫困交加的境地里挣扎的女人，依然向往美丽、顽强地追求着美丽的女人，她今后的生活一定会好起来的，就像她拥花而卧的那张美丽的照片。因为她的精神不败，我坚信，仅凭这一点，足以让她战胜人生中所有的厄运和苦难！

生命是一次次蜕变的过程，唯有经历各种各样的挫折、不幸，才能增加生命的厚度。一个在不幸中依然向往美丽的人，我们终将会发现她自身折射出的坚强、勇敢。经历了这些，也许在日后，别人眼中如洪水猛兽般的挫折、苦难，在他们眼中并不算太糟糕。

高普说：“并非每一次不幸都是灾难，早年的逆境通常是一种幸运。与困难作斗争不仅磨炼了我们的人生，也为日后更为激烈的竞争准备了丰富的经验。”所以，当有不幸降临，请感谢上帝的恩宠：因为当你敢于面对时，你也一定可以收获比别人更多的精彩，你也会比别人更坚强、成熟，在以后的人生道路上，会越挫越勇，展现出人生的美丽与精彩。

这个世界上只有饱受酸甜苦辣之后，才能拥有光辉灿烂的明天。所以面对生活赐予你的悲伤和不幸，请不要抱怨，不要灰心，而是要感激。因为这些艰辛和不幸，恰恰磨炼了你的意志，成就了你的价值。

阳光总在风雨后

大自然是一位温和的向导，但是其温和并没有超过其谨慎和正确。它有时总是和我们开玩笑，为人生之路设下种种艰难险阻以及雨雾雷电，试图阻止我们前进的步伐，经受得住考验的人总能在泥泞、坎坷中挺过来，迎接灿烂的阳光。

“邓亚萍”这个名字众所周知，不仅如此，有的人在谈及她时还绘声绘色地将其描绘一番：矮矮的个儿，胖胖的脸，打起乒乓球来简直像只出山的小猛虎，出手快捷，攻势凌厉，左推右挡，勇不可当，往往只几板就把对方制服住了。

的确，邓亚萍在我国乒坛，乃至世界乒坛上已是名声大噪，堪称“大姐大”。自她1986年13岁那年拿到第一个全国乒乓球锦标赛的冠军开始，到1997年5月的第四十四届世界乒乓球锦标赛，在短短的11年间，她一共在各种全国性和世界性乒乓球大赛中拿到153个冠军，其中尤其从1989年入选国家队到1997年的第十届乒乓球锦赛这9年的历史最为辉煌，仅在世界级别最高的奥运会、世界杯赛和世界锦标赛这三大比赛中，就独自一人获得18块含金量最高的金牌，并且还是国际体坛上唯一一个曾三次接受国际奥委会主席萨马兰奇为其亲自授奖的运动员。这不但在中国乒坛，而且在世界乒坛史上都写下了光彩的一页。

但是邓亚萍的成功之路是坎坷的，历尽磨难的。小时候邓亚萍跌跌撞撞从不哭闹，并且玩什么都格外专注，这被在河南郑州市体委任乒乓球教练的父亲看在眼里，喜在心头，认定这是一块搞体育的好料。于是，父亲便精心地培养自己的爱女。一晃5年过去了，邓亚萍在父亲的调教下，乒乓球技术已达到一定水平。为使她能得到更好的培养，父亲将她送到河南省乒乓球队去深造。然而，去后不久，便被退了回来，其理由是个儿矮，手臂短，没有发展前途。这在少年的邓亚萍心灵上第二次留下了一道深深的伤痕。

令人欣慰的是，在父亲的鼓励下，倔强的邓亚萍并未因此一蹶不振，相反练得更加刻苦，并发誓有朝一日一定要拼出个人样来。

机遇终于来了。1986年是邓亚萍人生中出现重大转折的一年。那一年，年仅13岁的她，临时顶替河南省代表队一名生病的运动员参加全国乒乓球锦标赛。赛前教练们对她并不抱有什么期望，要她顶替上场纯粹是为了不使该队“弃权”。

出人意料的是，这个名不见经传的矮个姑娘竟然接连击败了耿丽娟、陈静等在内的当时很有名气的国手，一举登上了冠军宝座，爆出了此届乒乓球赛的最大冷门，成为一匹引人注目的“黑马”。

赛后，国家乒乓球队的教练专门为邓亚萍开了一个会，研究应不应该把这个个儿又矮，手臂又短的小姑娘选人国家队。大多数教练投了反对票，但当时的国家乒乓球队副教练张燮林认为，邓亚萍个子矮打球有优势，她能把打过来的低球接住并狠狠地扣出去，让高个子的对手无从下手。就这样，张教练顶着压力把邓亚萍选人国家队，并亲自指导。

邓亚萍知道自己进入国家队的机会来之不易，因此比任何一个运动员都珍惜这难得的机会。她发誓要刻苦训练，为国家争光，为张指导争气。她每天早晨8点到乒乓球馆练球。上午练3个钟头的球，她左右腾挪，挥汗如雨，不一会儿全身就湿透了，即使在冬天也要每隔一个钟头换一件T恤衫。每天结束训练时，她站在队尾，短裤滴答滴答地往下滴汗，不一会儿脚底下就被汗水洇湿了一圈。她付出了常人难以付出的努力，也收获了常人难以收获的硕果。

冲破了层层藩篱，克服了重重障碍，度过了阴雨连绵的日子，金色阳光最终会透过云层洒向大地。朋友们，如果你想获取成功，那么请别拒绝困难与挫折的挑战。因为，阳光总在风雨后。

人生如蜿蜒曲折，崎岖陡峭，云雾缭绕的山峰，在攀爬的路上总会摔倒或受伤，把这些失败和挫折的记忆化作尘烟，或成为遗憾，或成为悲痛，或成为激励，鼓起勇气，以百倍的努力继续前行，路程才不会打滑我们的信念，心中的目标才会更坚定。让汗水尽情地挥洒，让脚步迈得更坚毅，风雨兼程，奋勇前进，我们必定会战胜挫折，带着成功的微笑迎接美好的明天，正所谓：阳光总在风雨后，请相信有彩虹。

灾难育坚强

灾难可以令人变得坚强，让人顿悟人生。也许，昨天你还是一个顽童，不明白人生处处有风雨；也许，昨天你还是父母的宠儿，不知道生活的艰辛不易；也许，昨天你还是丈夫的娇妻，不需要承担过多的生存压力……也许你一直都过得很自在，很惬意。但是当灾难来临的一瞬间，当死亡向你迫近的一刹那，会激起你抗争的力量和不屈的意志。

2008年5月12日14时28分，汶川大地猛烈地震动，这一切来得措手不及。还未来得及反应，一切都已崩塌，混杂着一个个还未来得及实现的愿望，埋入了废墟，沉入了黑暗。无数个生命就这样不甘心地走了，无数个孩子就这样被抛向了无底的深渊。而此刻，尚在废墟下呻吟着的幸存者，他们的躯体还在流血，他们还在苦苦挣扎，他们用坚强的行动感动了无数中国人民。

46岁的龚天秀是四川省绵阳市北川羌族自治县人，是中国农业银行北川支行信贷部风险经理。地震当天，她午休刚起来，还穿着睡衣，正准备换衣服上班去。突然房子摇晃了一下，她还没有反应过来，房子又剧烈晃动。龚天秀的老公大喊“地震”，然后抓起一件睡衣一边包她的头，一边把她推向卫生间方向。但是还没有进去楼就塌了。

楼塌的时候，她老公一直用胳膊护着她。他们俩掉在一个夹缝里面，当时龚天秀的右腿被一块楼板砸住了，神志还很清醒。老公一直死死地把她护在胳膊下，自己的头部和背部被砸破，失血过多离开了她。龚天秀说：“他临走之前告诉我要坚强，我们还有一个娃，去年刚大学毕业。他要我把娃看严一些，要娃走正道。”龚天秀紧紧地抱着老公的尸体，度过了废墟下的第一个晚上，饥渴难忍时就接自己的小便喝。

第二天，她使劲地朝外面喊，可是外面的人听不到，她绝望了。但一想到老公说的话，想到他们的孩子，立刻又振作起来。她用砖头砸破自己的右小腿，喝自己的血，恢复了体力后继续喊，可是外面的人还是听不到。天快黑的时候，终于有人发现了她，并给了她两瓶水喝，可是因为上面的水泥板太大，营救非常困难，龚天秀又在废墟下度过了一晚上。

第三天，陕西消防总队渭南中队来了十几个人，还是不能把上面的水泥板抬走。正在为难之际，龚天秀让一个战士去找一把锯子，要自己把被水泥压着的腿锯掉。她忍受着常人无法理解的痛苦，自己把皮肉锯断了，但筋还连着，她又要了剪刀，自己剪断筋，这样前前后后自己弄了半个小时，终于把右小腿弄掉了，然后被外面的人拉了出来。

就这样，一个从来不敢走夜路，不敢一个人睡觉的胆小女人，在废墟下和自己死去的老公生活了三天，自己把腿锯断，坚强地活了下来。

灾难能激发人不屈的意志，创造出惊人奇迹；灾难能让人拥有坚强的性格，在困境中找到出路；灾难能让人承受生命不能承受之重，勇敢地活下去……那么，感恩灾难吧！让人有一种刚硬的精神气质，一种壁立千仞、无欲则刚的节操，一种勤勉的跋涉的心境。

人的生命力是旺盛的，尤其是在恶劣的环境中，当你有足够强烈的求生欲望或者成功欲望时，什么困境都阻挡不了你。所以遭遇困境时，千万不要自暴自弃，要用自己的顽强意志去战胜困境，勇敢、坚强地走出阴霾，迎来属于自己的生机、希望。

跌到最底，厚积薄发

人生就像是一条波浪线，有众多的曲折起伏，高峰低谷相互穿插写出生命的乐章。处于高峰时，面对辉煌，每个人的表现都是幸福的；然而当处于人生的低谷时，智者和愚者的表现大相径庭：智者即使跌到最底，依然心怀希望，不离不弃，做好准备，厚积薄发；愚者则悲观抱怨，一蹶不振，丝毫不为改变现状而积极努力。

跌到最底怕什么，只要明天还在，我们依然有权利、有希望去积攒我们的能量，等待爆发的那一天。

1954年，当美国著名作家海明威上台接受诺贝尔文学奖时，他却谦虚地说道："得此奖项的人应该是那位美丽的丹麦女作家——嘉伦·碧森。"

海明威所说的这位丹麦女作家，就是曾经凭电影《走出非洲》获得好莱坞奥斯卡金像奖的女主人公。《走出非洲》这部电影的结尾，还特意打上一行小小的英文字：嘉伦·碧森返回丹麦后成了一位女作家。

嘉伦·碧森（1885—1962）从非洲返回丹麦后，不但成为一位享誉欧美文坛的女作家，而且在她去世30多年后，她和比她早出世80年的安徒生并列为丹麦的"文学国宝"。

嘉伦·碧森离开非洲的那一年，可以说是一个什么都没有的女人，有的只是一连串的厄运：她苦心经营了18年的咖啡园因长年亏本被拍卖了；她深爱的英国情人因飞机失事而毙命；她的婚姻早已破裂，前夫再婚；最后，连健康也被剥夺了，多年前从丈夫那里感染到的梅毒发作，医生告诉她，病情已经到了药物不能控制的阶段。

回到丹麦时，她可以说是身无分文，而且除了少女时代在艺术学院学过画画以外，无一技之长。她只好回到母亲那里，仰赖母亲，她的心情简直是陷落到绝望的谷底。

在痛苦与低落的状况下，她鼓足了勇气，开始在童年老家伏案笔耕。一个黑暗的冬天过去了，她的第一本作品终于脱稿，是七篇诡异小说。她的天分并没有立刻受到丹麦文学界的欣赏，她的第一本作品在丹麦饱尝闭门羹。有的人甚至认为，她故事中所描写的鬼魂，简直是颓废至极。

嘉伦·碧森在丹麦找不到出版商，便亲自把作品带到英国去，结果又碰了一鼻子灰。英国出版商很礼貌地回绝她：“夫人，我们英国现在有那么多的优秀作家，为何要出版你的作品呢?”

嘉伦·碧森颓丧地回到丹麦。她的哥哥蓦然想起，曾经在一次旅途中认识了一位在当时颇有名气的美国女作家，毅然把妹妹的作品寄给那位美国女作家。事有凑巧，那位女作家的邻居正好是个出版商，出版商读完了嘉伦·碧森的作品后，大为赞赏地说，这么好的作品不出版实在是太可惜了。她愿意为文学冒险。

1943年，嘉伦·碧森的第一本作品《七个歌德式的故事》终于在纽约出版，并一鸣惊人，不但好评如潮，还被《这月书俱乐部》选为该月之书。当消息传到丹麦时，丹麦记者才四处打听，这位在美国名噪一时的丹麦作家到底是谁?

嘉伦·碧森在她行将50岁那年，从绝望的黑暗深渊，一跃而成为文学天际一颗闪亮的星星。此后，嘉伦·碧森的每一部新作都成为名著，原文都是用英文书写，先在纽约出版，然后再重渡北大西洋回到丹麦，以丹麦文出版。

嘉伦·碧森在成名后说：在命运最低潮的时刻，她和魔鬼做了个交易。她效仿歌德笔下的浮士德，把灵魂交给了魔鬼，作为承诺，让她把一生的经历都变成了故事。

嘉伦·碧森把自己一生的各种经历先经过一番过滤、浓缩，最后把精华部分放进她的故事里。她的故事大都发生在100多年前，因为她认为，唯有这样她才能得到最大的文学创作自由。熟悉嘉伦·碧森的读者，不难在其作品中看到她的影子。

或许贫穷、疾病、残缺、失败都可以把你打入谷底，但是他们却不能把你压在谷底，真正的谷底是自己悲观的、绝望的人生态度。所以，当你跌入最底的时候，坚强地告诉自己没什么了不起的，给自己一个充分的准备时期，一切可以从头再来。

障碍与苦难并不是我们的仇人，而是我们的恩人。人人都有一种逆反的心理，这种逆反的心理在人体里发展了反抗的力量。正是苦难与障碍的出现，使得我们体内反抗障碍、抵制苦难的力量得以发展。

人生因挫折而精彩

人的一生，会因挫折而更加的精彩。布莱克曾说过：“水果不仅需要阳光；也需要凉夜，寒冷的雨水能使其成熟，人的性格陶冶不仅需要欢乐，也需要考验和困难。”

当挫折站在我们面前，我们开始了选择，我们可以选择放弃挫折，绕道而行，不必为挫折而难过，也不用付出努力，我们也可以选择正面迎接挫折毫不畏惧，虽然我们为此付出了辛苦的劳动，可是我们却可以收获更多的喜悦与兴奋，也有了今后战胜困难的勇气。

古今中外的成功的人，对于挫折永不言弃。奥地利音乐神童莫扎特，在他15岁那年，他为了抓紧时间创作一首曲子，连续三晚他都在寒冬中伏案创作，手冻僵了，呵一口热气暖暖。但后来，他的曲子被淘汰了，他的希望瞬间变成了泡影。但他并没有在挫折面前低头，还是一如既往地为音乐事业下苦功。最终，他在世人的敬仰与羡慕中成就了他一生的辉煌，熠熠生辉在历史的篇章之上。

“这是第一千次。”一位助手对着一位正苦苦思索的科学家说。“不，我不能放弃，即使是一万次，我也要找到合适的灯丝。”一遍又一遍，一个又一个，他经历了无数次挫折，饭不思，夜不寐，终于他找到了，找到了适合做灯丝的金属——钨，由此发明了给予无数人光明的电灯，他就是爱迪生。他战胜了挫折，发明了电灯，得到了精彩的人生。

若没有挫折，他们还能这样伟大吗？还能拥有那么精彩的人生吗？莫扎特、爱迪生，他们的青春年华可以说是在挫折和失败中度过的。但也正因为有了这些失败的教训，他们才有了精彩的人生。

人生犹如奔流的洪水，不遇到巨大的暗礁激不起美丽的浪花，人生犹如新采的钻石，不经历艰难的打磨发不出夺目的光芒。我们来读读杨怀保的故事，他的经历或许可以让你明白：人生是可以从挫折走向精彩的。

杨怀保一个普通家庭出来的孩子，然而父母重病缠身、弟弟年纪尚小，使他过早地承担起了养家糊口的任务。他从 12 岁起就成了家庭的顶梁柱，一路走到如今，由于那些生活的磨难，使他比同龄人更加坚强和懂事。

杨怀保上初中时，他的母亲因病丧失了劳动能力，这无疑是使这个贫困的家庭雪上加霜。然而，这对于年幼的杨怀保来说，生活的磨难才刚刚开始。读高中一年级时，他的弟弟也开始上学。多病的父亲来到县郊的一个建筑工地上干活，才干了几天，膝盖便被钢筋砸伤。由于没有到正规医院接受手术治疗，父亲的脚落下了后遗症，丧失了干重活的能力，一家人的生活陷入绝境。学校在获悉杨怀保的家境后，决定免除他 3 年的学费。

在父亲养病的日子里，杨怀保上高二了，家里想办法给他借来了 200 元钱。杨怀保把账一算，每天伙食费等一切开支不能超过 2 元钱，才能把这个学期读完。于是，杨怀保每天早上买好一天的 6 个馒头，早上吃一个馒头，喝一碗稀饭，中午就去学校餐厅盛一碗免费的汤，和着 3 个馒头吃，剩下的两个馒头晚上吃。那时候，正值长身体的年纪，杨怀保常常因为饥饿而体力不支。

然而，即使如此恶劣的条件，杨怀保还是坚持下来了。高三那年，当别人都在抓紧每一分每一秒冲刺的时候，他利用课下的时间和父亲去县城附近帮人收割油菜和小麦。那段时间里，杨怀保下午放了学便骑自行车带父亲到地里，一直干到凌晨 1 点多。拿工钱的时候，杨怀保惊喜地发现，一个晚上自己跟父亲居然可以赚 60 多元。

即便干活耽误了他很多宝贵的学习时间，他依然考上了湖南省的湘潭大学，成为村里第一个大学本科生。高考结束后的第 4 天，杨怀保独自一人来到西安找工作。在班主任老师的催促下，杨怀保揣着打工挣来的1200元，走入了湘潭大学。

在大学的每一天，当别人都在享受初来大学的闲暇和娱乐时，杨怀保却一下课就穿梭在校园里，寻找着可以赚到生活费的工作。2004年春节，回到告别半年的家中，杨怀保发现父母的身体状况越来越差，正在长个子的弟弟也十分瘦小，他们都需要人照顾。杨怀保做出了一个令所有人大吃一惊的艰难决定：带着家人上大学。租房子、给弟弟找学校、帮父亲找份力所能及的活，杨怀保终于把一切都打点好，将父亲、母亲和弟弟都接到了湘潭。

为了挣钱养家，学习之余，杨怀保四处寻找打工的机会。2004年暑假，杨怀保在长沙一口气找了3份工作：白天骑上自行车，沿街推销口香糖，同时利用空隙兼做某大学的招生工作，晚上则到学生家中做家教。每天杨怀保清早出门，一直要忙到晚上10点多。

杨怀保的事迹感动了无数人，2006年湖南省学联授予其大学生品学奖。毕业以后，杨怀保凭着吃苦耐劳、不畏艰难的精神成功应聘到TCL公司。

杨怀保经受了所有同龄人没有经受过的挫折、磨难，练就了坚韧不屈的性格，相信以后的路会越走越好。

成功者不过是爬起来比倒下去多一次而已，最美的时刻也常在柳暗花明的时刻出现，挫折过后也许就是那美好时刻，因而人生应以挫折而精彩。让你我的生活因挫折而精彩，让挫折丰富我们的人生。

不经历风雨，怎能见彩虹

我们要学会感恩挫折，因为它唤醒我们的生命潜力，越是挫折越能造就伟大的成功。有人曾经说过：荣誉的桂冠，都是由荆棘编织而成的。古今中外，多少有为之士没受过挫折？挫折是无处不在的，没有人一生都是顺顺当当，波澜无惊的。没有挫折的人生是不完整的。对此，美国学者马尔腾博士说："挫折是我们的恩人，有了困难，才能拦住与淘汰一切不如我们的竞争者，而使我们得到胜利。"

鉴真和尚在传播佛教文化上，有很大的历史功绩。但是他刚刚遁入空门剃度时，寺里的住持让他做了寺里谁都不愿做的行脚僧。

有一天，日已三竿，鉴真依旧大睡不起。住持很奇怪，推开鉴真的房门，见床边堆了一大堆破破烂烂的草鞋。住持叫醒鉴真问："你今天不外出化缘，堆这么一堆破草鞋做什么？"

鉴真打了个哈欠说："别人一年一双瓦鞋都穿不破，我刚剃度一年多，就穿烂了这么多的鞋子。"

住持一听立刻明白了，微微一笑，说："昨天夜里下了一场雨，你随我到寺前的路上走走看吧。"寺前是一座黄土坡，由于刚下过雨，路面泥泞不堪。住持拍着鉴真的肩膀说："你是愿意做一天和尚撞一天钟，还是想做一个能光大佛法的名僧呢？"

鉴真不假思索地说："想做名僧。"

住持捻须一笑，说："你昨天是否在这条路上走过？"

鉴真说："当然。"

住持问："你能找到自己的脚印吗？"

鉴真十分不解地说："昨天这路又坦又硬，我哪能找到自己的脚印啊？"住持又笑了笑，说："今天我俩在这路上走一遭，你能找到你的脚印吗？"鉴真回答道："当然能了。"

住持听了，微笑着拍着鉴真的肩说："泥泞的路才能留下脚印。"鉴真恍然大悟。

只有在风雨中走过的人，才能在泥泞中留下自己的印迹，才能证明自己的价值。"宝剑锋从磨砺出，梅花香自苦寒来。"任何一种本领的获得都要经过艰苦的磨炼。磨难和挫折可以锻炼一个人的品格，也可以激发一个人向上发展的勇气和潜力。人们在逆境中被逼得退无可退、无路可走时，往往在最后的时刻想出办法来自救，无形之中反而促成了人生的辉煌。所以，我们应该感谢挫折，感谢其中所孕育的成功。有挫折，生活才不会令人感到无聊和厌倦，也才能让我们知道，我们到底有多大潜力。

每个人在生活中都会有遇到挫折的时候，这恰恰是人生最关键的时候。感恩逆境，就不会怀有抱怨之心，就不会在逆境中沉沦，而是会把逆境看成是上天帮你淘汰竞争者的地方，就会笑对逆境，就会勇敢坚强，就会勇往直前，就会不论多么绝望的时候也不会失去希望。最终就一定会战胜逆境，走向成功。

2010 年她凭主演的《媳妇的美好时代》而受到关注，并在万众瞩目的第八届中国金鹰电视艺术节获得最具人气女演员奖、第二十五届中国电视金鹰奖观众最喜爱的电视剧女演员奖，以及第二十八届中国电视剧飞天奖优秀女演员奖。

她就是著名演员海清。当时，她已经 32 岁了，早已过了做明星的黄金年龄。

海清毕业于北京电影学院，但她的资质并不突出。毕业后，历经 10 年打拼，才从女配角到女主角，从电视剧终于进入贺岁大戏。关于自己，海清说得最多的就是："我是不够漂亮的女演员，所以，我的成功之路是螺旋式的。"

12 岁时，海清进入江苏省戏剧学校，17 岁进入江苏省歌舞剧团，不到两年，她从一名舞者变成团里最年轻的舞蹈编导。那时，她前途似锦，团领导把她定位为"未来的顶梁柱、接班人"。但她很清醒，歌舞团这种体制内的地方自己绝不可能待一辈子。因为她无论是肌肉力量还是各方面条件都不适合跳舞，于是，她果断地离开了。

1997 年，海清她以总分第一的成绩考入北京电影学院表演系，成为演员黄磊的学生。海清在北京电影学院求学期间，她的学姐赵薇因为《还珠格格》一夜走红，再加上黄晓明、陈坤崭露头角，北影表演系被誉为中国的"造星梦工厂"。然而，在这几年中，海清除了客串过一个小角色外，没有接拍任何作品。她知道，提升自己的表演功底和理论水平，才是最关键的。

大学毕业后，海清报考了人艺话剧院，考了两回都落榜了。考官给她下了判决书：不会演戏，不爱笑，以后拍电视剧都不成。偶尔进入剧组拍戏，导演总是批评她，只能完成角色，不能给角色加分。

海清受过很多打击，对于导演的言语打击更是司空见惯，她总是将其作为激励自己的动力。后来，她回忆说："我非常感谢那些最初骂我演戏不好的导演，这是上天赐我的礼物。现在，每每遇到我越拍越没自信时，我都能够在一种不满的情绪中用仅存的一点自信完成拍摄，且一直不断地告诉自己，我很棒。"

功夫不负有心人，海清经历了多次的螺旋式上升后，终于来到了属于她的巅峰。随着《双面胶》《蜗居》的播出，海清走进了观众的视野。在贺岁片《赵氏孤儿》中，海清再次扮演媳妇。总制片人陈红在选定海清时曾说："选择海清是因为她身上有'接地气'的实在和生动，可信而亲切。"

一个不爱笑、不够漂亮也没有突出天分的女孩，如今却成了一个成功范本。海清的成功给人以启示：成功不可能一蹴而就，而是有很多弯路要走的，或许正是这些弯路的存在，才让你走得更高、更远。

我们每个人要想在工作中成长，就得经历一次次挫折和磨难，只要我们怀着感恩的心态来看这些挫折和磨难，就会发现，每一次挫折和磨难，都有其独特的"好处"，关键是如何让自己发现这种好处。在工作的挫折中吸取教训，你会找到自己的弱点；在工作的磨难中总结经验，你会变得更有经验；在挫折中站起来，会磨炼你的心志；在磨难中挺过来，你会变得更加强大。

因此，我们应该怀着感恩的心来感谢挫折，如果没有挫折，我们大概只会是温室里的花朵，经不起风吹雨打，更不会在工作上收获经验；没有工作过程中的磨难，我们的意志也不会越来越坚定，更不会迎来工作上的辉煌。

沉着冷静，遇到困难不慌乱

感恩带给我们最直接的好处就是，无论在什么情况下，我们都会怀着积极的心态来对待。美国心理学家杰弗·P. 戴维森认为，积极的心态源于对工作和学习的乐观精神，凡事不要想得太悲观、太绝望，否则你眼中的世界将是一片灰暗。只有冷静而达观，愉快而坦然，才是成功的催化剂，才是迎接胜利的法宝。因此，当我们心怀感恩时，就会更加沉着冷静，再困难再难做的事都不会慌张着急。保持冷静沉着能给我们带来更多、更好的成功机会。

有个渔夫拥有一套一流的捕鱼技术，人们恭敬地称他为“渔王”。“渔王”有三个儿子，他们从小便跟随“渔王”学习捕鱼技巧，可是很多年过去了，他们的捕鱼技术依然平庸。为此“渔王”经常向别人诉说自己的苦恼：“我真搞不明白，我一直用心地教他们，我把我这一生总结出来的经验毫无保留地传授给了他们，可他们的捕鱼技术竟然连一般渔民的儿子都比不上！”

有一次，一位路人听到他说的话后问他：“你是怎么教的？手把手地教给他们吗？”

“是啊，为了让他们学到我的技术，我把我所有的心思都花在这上面了。”

路人又问：“他们一直跟着你捕鱼吗？”

“是的，我不想让他们走弯路，就一直让他们跟着我学。”

路人说：“按你的说法，你的儿子捕鱼技术平庸很正常。因为他们只学到了技术，并没有学到教训。对于有才能的人来说，教训与经验一样重要，缺少其中一项，都难成大器！”

困难和挫折是我们生命中的一部分，从开始走路，学说话，学写字，我们就是从困难挫折中一路走来，在战胜困难和挫折中成长。困难和挫折会阻碍我们前进的步伐，但没有它，我们就不能学会坚强，没有它，我们就不会有斗志，没有它，我们就不能在社会上立足。

困难和挫折就像是一阵轻风，清醒着我们的头脑，困难和挫折就像是油灯中的油，给我们上进的燃料。我们要做生活中的强者，就要正确认识困难和挫折，提高自身心理承受力，以适应我们这个竞争的社会。

在通往成功的道路上，遇到困难和挫折，经历失败总是难免的。挫折与失败并不可怕，可怕的是在经历失败后一蹶不振、心灰意冷。要想从失败的地方重新站起来，并走向成功，最重要的是拥有一颗积极向上的心。

宋代温江人尹瞻，才思过人，以智慧闻名。他任永州通判时，出巡州里，在江心遇到一棵大树。这棵树长得好生奇怪，自水底生出来，正立在江心，迎着湍急的河水竖着。尹瞻叫人停住船，在树边观察，问船工这树是怎么长在江心中的？船家回答，某年山洪暴发，卷下一棵大树来，正好江心有一大坑，树就立在那里了。越长越大，成了江中一祸害，不少夜间行船的哪想到江心会有大树，撞在树上，不知一年要毁多少条船。尹瞻听罢，忙问：“那为何不除掉它？”船家回答：“除掉谈何容易，从水面上锯去，解决不了撞船问题。下水去锯，人怎可长时间待在水中呢？”尹瞻听罢，沉思良久，说：“我有办法了，请你下水去量一下这树在水下有多少。”船家应命跳下水去，上来报告说有1.2丈。尹瞻记下后回州衙去了。

第二天，他让工匠们做了一只无底大木桶，桶粗1丈，高1.5丈，让工匠们带木桶去除掉那棵江心大树。众船家久为江心树所苦，今听说尹通判来为大家除害，都自愿跟来帮忙。来到江边，尹瞻令几个船家把工匠们载到树边，从水面上锯下树头。然后把木桶套在树干周围，打入江心泥中一尺。而后，让人用工具从木桶中往外舀水。不一会儿，木桶中的水就舀没了。尹瞻让工匠们下到桶底，从容地贴着江底锯下那段树干，最后，锯掉了这个撞船的祸根。

善于在不利的大环境中制造一个有利的小环境，是尹瞻战胜困难的出发点。正是这样，才能转逆为顺，扭转整个时局。很多人认为只要不断地失败就能成功，这其实是错误的。

成功并不单单是失败的积累，它是对失败的总结。善于从失败中总结原因并妥善处理这些问题的人，才能在失败之后获得成功。就像爱迪生为了寻找灯丝，试验了数千种材料都失败了，但他还是满怀信心地说："我知道了，有数千种的材料不适合做灯丝。"因此，我们要树立信心，让困难挫折成为自己向上攀登的垫脚石。在遭遇困难挫折时，努力战胜它，做生活的强者。

身在职场，任何人都会不可避免地遇到挫折，然而既然无法避免，我们何不用积极的心态去对待它们呢？如果你能保持感恩和乐观的心态对待挫折，你就能出色地完成工作，为自己创造更多的发展空间和机会，最终获得成功。

学会坚强，勇敢迎接命运的挑战

面对困难，许多人望而却步，而成功的人往往非常清楚，只要学会坚强，敢于和困难拼搏一番，就会发现困难不过如此。当你在生活中、工作上遇到各种各样的沟沟坎坎，面临进退的选择时，当你感到恐惧和疑虑时，就如同面临一条拦路的小河沟。其实，你抬腿就可以跳过去，就那么简单。在许多困难面前，人需要的，只是那一抬腿的勇气。

在很久以前，曾经有一个老农种了两片庄稼，一片在东南，一片在西北，相距甚远。这一年，幼苗刚长成，恰逢扎根期，东南一片经常受到雨水的浇灌，而西北一片则滴雨未见。扎根期过去之后，东南与西北的气候相同。有许多人认为，东南片的庄稼一定优质高产，因为它的幼苗期环境优越。

然而，事实恰恰相反，到年底，西北片的庄稼亩产 1000 斤。而东南片的庄稼亩产才 800 斤。

很多人对这种现象非常不解，就去找老农询问。老农听后，哈哈一笑说："道理很简单。西北片的庄稼幼时少雨，但因为少雨，庄稼为了生存，就把根扎得很深且很牢。到后来，在相同的条件下，根扎得深的庄稼，就能汲取到更多、更丰富的营养，所以它们优质高产。"

老农的话看似平常，但含义何其深刻。苦难有时并不是不幸，而恰恰是上天给我们的恩赐。正是这些苦难，促使我们不断挖掘生命潜能，主动汲取人类的智慧，丰富自己，博大心胸，将生命的根扎得很深、很牢，为日后的脱颖而出打下了坚实的基础。

因此，当面临困境时，我们要有一个从容乐观的心态去面对，适时地调节自己的心态。我们要明白，人生的路本来就坎坎坷坷，没有什么可以破坏我们的好心情。我们需要的是勇敢迎接命运的挑战。

1770 年 12 月 16 日，贝多芬出生于德国波恩的贫穷家庭。父亲是当地碌碌无为的宫廷唱诗班的男高音歌手，母亲是一名备受生活折磨的宫廷大厨师的女儿。在父亲的严格训练下，贝多芬显露出了音乐上的才华，但也常常遭到父亲的打骂。

贝多芬 4 岁时就会弹奏羽管键琴，并获得了音乐神童的美誉；5 岁时患上中耳炎；8 岁便开始登台演出；10 岁时，他拜师于普鲁士最著名的音乐教育家聂费；贝多芬在 11 岁发表第一首作品《钢琴变奏曲》；12 岁时经聂费的推荐，到瓦尔特斯坦伯爵的宫廷乐队担任管风琴师助手，这是贝多芬"音乐仆役"生涯的开始。13 岁的贝多芬参加宫廷乐队担任风琴师和古钢琴师。1781 年，贝多芬跟随乐队指挥克里斯蒂安·戈特洛宝·奈弗学习钢琴和作曲，贝多芬还跟弗兰兹·安东·里斯学习小提琴，在新老师的指导下，贝多芬开始形成自己独特的风格。1787年到维也纳后，他开始跟随莫扎特、海顿等人学习作曲。

贝多芬30岁时才开始写第一部交响曲，从1796年开始便已感到听觉日渐衰弱，他对生活的爱和对艺术的执着追求战胜了他个人的苦痛和绝望，苦难变成了他的创作力量的源泉，他扼住了命运的喉咙。他在痛苦中仍然顽强地创作《英雄交响曲》；《英雄交响曲》标志着贝多芬精神状态的转机，同时也标志着他创作的“英雄年代”的开始。1818—1827年，贝多芬在耳朵失聪、健康情况恶化、精神上受到折磨的情况下，仍以超乎常人的毅力创作了《第九交响曲》，总结了他光辉的、史诗般的一生，并展现了人类的美好愿望。1823年贝多芬完成了最后一部巨作《第九交响曲》。56岁的贝多芬听觉完全丧失，但他依然坚持音乐创作。晚年时期的贝多芬创作了最后几首弦乐四重奏。

贝多芬在巨大的痛苦与不幸中，仍致力于音乐创作，使人们感受到了一种坚强的力量。这正是支撑起一个音乐大师心灵的基石。只要具备了这种人生态度，那么，任何痛苦与不幸都化为通向成功的阶梯。

英国19世纪初期伟大的浪漫主义诗人拜伦曾说：“一切痛苦能够毁灭人，然而受苦的人也能把痛苦消灭。”面对磨难，最重要的是要持正确的态度，勇敢迎接命运的挑战。

在人生之路上，每个人都不可能一帆风顺，谁也不可能永远走得稳稳当当。每个人都可能会遇到这样那样的困难，所不同的是：在困难面前，弱者一味痛苦迷惘，畏缩不前；强者却在困难面前挺直腰杆，昂首挺胸，不向困难低头示弱。因此，在沉重的打击面前，我们需要有处事不惊的乐观心态，学会坚强。

牢记忍耐，绝不轻言放弃

成功需要不懈的努力，坚强的意志，不屈的精神。只要你不放弃，只要你还在拼搏，失败永远都不会是定局。这个世界根本就没有失败，只是暂时没有成功，我们需要牢记：学会忍耐，决不放弃。忍耐不是软弱，是为了厚积薄发，找个适当的时机，打个漂亮的“翻身仗”。忍耐无疑是痛苦的，但是经历过痛苦的人生才能如凤凰涅槃般升华。

据科学家考证，有一种生长在马达加斯加的竹子，一亩竹子花期过后的种子产量高达 50 公斤，但开花结籽却要等 100 多年。竹子开花的时间因品种而不同，最短的也要 15～20 年，但这种品种的数量很少，大多数品种都在 120～150 年开花结籽一次。这种奇特的生理现象让生物学家百思不得其解。但研究出来的结果却是简单而理性的：为了它的种子不被吃掉。喜欢吃竹花竹籽的动物很少有活得过 100 年的。

还有一种蝉，17 年为一个生育周期，从卵到蛹，要在黑暗的地下等待 17 年。这种生命的忍耐真是让人敬佩而感动。

竹子为了一次开花结籽要等 100 多年，100 多年中，面对一切无动于衷；一只蝉蛹要等 17 年，在黑暗的地下，默默等待。为了生命的完美，就要有走过漫长等待的忍耐，没有苦难与牺牲，生命的历程就失去了它的壮美。这是不是竹子和蝉想要告诉我们的生活真理？自诩为万物之灵的人类却总在说着“岁月经不起太长的等待”，不懂得忍耐的重要。

其实，“忍耐”是众多有志之士的人生哲学。一个人如果千苦可吃，万难可赴，能忍住岁月的考验，即使不是英雄也会令人钦佩。

忍耐是一种境界，心胸狭窄的人做不到，于是就有了周瑜喊出“既生瑜，何生亮”后吐血身亡的悲情故事；性格粗暴的人做不到，三句话不到，轻则粗言秽语，重则拳脚相加，伤了别人，也害了自己；利欲熏心的人做不到，整天羡慕他人的一掷千金，崇拜他人的位高权重，经不起诱惑，铤而走险，最后赔掉了自由甚至生命。

马云，阿里巴巴集团创始人。他是《福布斯》杂志创办 50 多年来成为封面人物的首位大陆企业家，曾获选为未来全球领袖。马云的成功就得益于善于忍耐，永不放弃的性格。

1982 年，18 岁的马云第一次参加高考。首次落榜，数学只得了 31 分，他很是灰心丧气，认为自己根本不是上大学的料，于是开始四处打零工谋生计。他每天踩着一辆笨重的装满货物的三轮车，在崎岖不平的路上吃力地行驶，根本不知道自己的前途在何方。

一次，马云踩着三轮车去给一家文化单位运书。在金华火车站的候车室里，他捡到了一本作家路遥的作品《人生》。《人生》里，主人翁高加林的故事深深地感动了他。从此，马云明白了一个道理：人生之路，不仅是漫长的，更是充满坎坷和曲折的，若要有所成就，必将经历一番磨炼，坚持不懈。在经过一番深思之后，马云决定再次参加高考，于是开始勤奋地学习。

1983 年，马云第二次参加了高考。这一次，他满怀信心。但是，他再次惨败，数学只考了 19 分。成绩出来之后，父母对他不再抱什么希望，认为他注定不是考大学的料，劝他安心学点手艺，当个临时工，混口饭吃。马云依然不甘心一辈子只当个临时工，他要坚持考大学，他明白只有考大学才能改变他的命运。由于父母不再支持他考大学，所以他只能边打工边复习。他还常常跑到浙江大学图书馆去学习。

1984 年，马云第三次参加高考。高考前，一位姓余的数学老师对他说：“马云，你的数学真是一塌糊涂，如果你能考及格，我的‘余’字倒着写。”结果，马云的成绩让余老师刮目相看。考数学的时候，他靠10个死记硬背的公式，一题一题地去套，结果这一套，居然套出了89分，这个分数在马云的数学考试史上，绝对是破天荒的伟大成就。马云非常幸运地考上了杭州师范学院，成为外语系的一名本科生。

多年以后，功成名就的马云来到他当年一手创立的海博翻译社，题写了四个大字："永不放弃"。这四个字，如今在海博翻译社的网站首页上赫然在目。它传达着这样一种精神：做任何事情，你可能会碰到很多挫折与失败，但是只要你坚持下去，永不放弃，那么你就一定会取得成功！

马云也曾跟我们一样，是一个普通得不能再普通的人，没有显赫的家庭背景，没有高大帅气的形象，没有优秀的学习成绩，没有一鸣惊人的天赋，他的成功靠的是不屈服于困境的精神、改变生存现实的决心、一定要成功的坚定执着的信念。马云高考屡战屡败、屡败屡战，如果他不坚持第二次、第三次，那么，还会有今天的马云，还会有今天的阿里巴巴吗？绝对不可能！

"永不放弃"，不仅是马云终生的信仰所在，也同样应该成为每个渴望成功的人所拥有的共同信念。当你遇到挫折时，不妨想想马云的故事；当你向困难低头时，不妨将"永不放弃"四个字写在纸上贴在床头。

人生总不会是一帆风顺的，很多时候我们都要学会忍耐，因为忍耐会带给我们力量，忍耐会带给我们机会。一个人要生存在世上，有些事必须要学会忍耐。"天将降大任于是人也，必先苦其心智，劳其筋骨，饿其体肤，空乏其身，行拂乱其所为，所以动心忍性，曾益其所不能。"谁能忍受这样的磨难，就一定会有所作为，而放弃的人就必然失败。因此，对待生活，我们需要学会忍耐，永不放弃！

不怕失败，跌倒了站起来又出发

俗话说，失败是成功之母。任何成功的过程都难免遇到失败，可以说没有失败便没有成功。每一次失败都让我们清醒，让我们排除了一条走不通的路。失败犹如一条绳索，坚强的人可以借助它攀高涉险，步入新的天地。因此，我们要学会感恩失败，不怕失败，跌倒了就再站起来。

一家大公司要招聘职员，经过一段时间严格的面试和笔试，公司从300多名应聘者中选出了10名佼佼者。发榜这天，一个青年见榜上没有自己的名字，悲痛欲绝，回到家中便要悬梁自尽，幸好被亲人及时发现，他才没有死成。正当青年悲伤之时，从公司却传来好消息：他的成绩本是名列前茅，只是由于计算机的错误，才导致了落选。

正当青年一家人大喜过望之时，却又从公司传来消息：他被公司除了名。原因很简单，公司的老板认为：如此小的挫折都经受不了，这样的人肯定在公司里干不成什么大事。

英国的索冉指出："失败不该成为颓丧、失志的原因，应该成为新鲜的刺激。"失败并不可怕，关键就是要有从跌倒的地方站起来的勇气和心态。一个人在职场中打拼，难免会遭受挫折与不幸，甚至失败。但失败算什么？在挫折和失败面前，我们必须有一种永不言败的心态。我们要感激失败的考验，从失败中走出一条新路，这样才有希望摘取成功的桂冠。

日本大企业家松下幸之助说："成功是一位贫乏的教师，它能教给你的东西很少；我们在失败的时候，学到的东西最多。""跌倒了就要站起来，而且更要往前走。跌倒了站起来只是半个人，站起来后再往前走才是完整的人。"

凡是渴望成功的人，都必须做好随时迎接失败的准备。不付出代价的成功是不可能存在的，你要想有所结果就必须付出勇气，具备如何坦然面对失败的勇气。无论什么样的失败，只要你跌倒后马上爬起来，跌倒的教训就会成为有益的经验，帮助你取得未来的成功。

约翰·吉米是美国一家人寿保险公司的保险员，他花 65 美元买了一辆脚踏车到处拉保险。不幸的是，成绩始终是一片空白。可是，吉米毫不气馁，晚上即使再疲倦，也要一一写信给白天被访问过的客户，感谢他们接受自己的访问，力请他们加入投保的行列，每一字每一句都写得诚恳感人。

可是，任凭他再努力、再劳累，也没有产生效果。两个月过去了，他连一个顾客也没有拉到，上司催他也是愈来愈紧。劳累一天回来，他常常连饭也没心情吃，虽然娇妻温顺体贴，但一想到明天，他就全身直冒冷汗。

他在日记中写道："从前，我以为一个人只要认真、努力地工作，就能做好任何事情。但是这一次，我错了。因为事实显然并不如此！我辛辛苦苦地跑了 68 天，然而，却连一个客户也没有拉成。唉！保险工作，对我很不合适，不如换个地方找工作吧……"

妻子劝告他说："坚持下去，就有盼头。"吉米听从了妻子的劝告。

吉米曾想说服一个小学校长，让他的学生全部投保。然而校长对此毫无兴趣，一次一次地拒吉米于门外。当他在第 69 天再一次跑到校长这里来的时候，校长终于为他的诚心所感动，同意全校学生投保。他成功了！坚持不懈的精神，使他后来成了著名的保险推销员。

一个推销员，如果在推销失败，遭人拒绝、嘲笑时就畏惧、退缩甚至放弃，那成功怎么会找上门来呢？有了第一次放弃，你的人生就会习惯于知难而退，可是如果你克服过去，你的人生就会习惯于迎风破浪地前进。只有具有坚持不懈、绝不放弃的心态，才有成功的那一天。我们应该抱有这样的观念：成功就在下一次。在实际工作中，我们有些人之所以没能成功，并非他们没有努力，而是他们在遭遇到困难之后，在快要成功的前夕便放弃努力了。

史泰龙是享誉全球的电影巨星，鲜为人知的是他年轻时所遭遇的挫折。史泰龙在年轻时穷困潦倒，1976 年在他 30 岁生日时，饱受贫穷之苦的他面对妻子用 1.5 美元买来的生日蛋糕发誓说：“我一定要脱离贫穷。”他当时梦想当演员，于是到纽约去找电影公司应聘。

由于史泰龙的英语发音不标准，长相又不怎么样，虽然他跑了 500 家电影公司，但是所有的公司都拒绝了他。他当时只有一个想法：“过去不等于未来，过去失败不等于未来失败。”他又开始跑回去应聘当演员，又被拒绝 500 次，但他还是只有一个想法：“过去不等于未来。”

他再一次跑回去向每家电影公司介绍自己，结果还是被拒绝。他失败 1500 次以后还是只有一个想法：“过去不等于未来。”

同时，他认为应该改变策略，采取一些不同的行动。于是他利用三天半的时间写了一个剧本，又拿着剧本向电影公司推荐。到 1700 次的时候，终于有一家电影公司同意用他的剧本，但是不让史泰龙当演员。于是他拒绝了这家电影公司的要求，一直到 1755 次，史泰龙终于当上了演员。他演的第一部电影叫《洛奇》，也就是他自己编写的剧本，一炮走红，成为全世界片酬最高的男演员之一，基本片酬 2000 万美元。

人生成功的秘诀之一就在于如何面对失败。有些人将失败看成打击，他的前一次失败就种下了下一次失败的种子，那才是真正的失败者。另一些人则将失败作为一种收获，每一次的失败就增加了下一次成功的机遇。屡败屡战，斗志便一次比一次更强，愈战愈勇，最终胜利也就自然来临。成功者与失败者并没有多大区别，只不过是失败者跌下去的次数比成功者多一次，成功者站起来的次数比失败者多一次。

把所有的逆境都看成是成功路上的考验

我们经常听说或阅读一些名人的成功故事，有时会想当然地认为他们是幸运者。实际上，每个成功者都经历过挫折，但他们都是无惧逆境的人，即使困难重重，不停地受到打击和挫折，他们也会不达目的不罢休。

成功者明白，逆境可以锻炼一个人的品格，也可以激发一个人向上发展的勇气和潜力。在逆境中，人们被逼得退无可退、无路可走时，往往在最后的时刻想出办法来自救，无形之中反而造就了人生的辉煌。所以，我们应该感谢逆境，感谢成功路上的考验。

“发明大王”爱迪生的每一种发明，都是经历了无数次的实验失败后，才取得成功的。当爱迪生开始着手研究电灯时，他用传统的炭条作灯丝，一通电灯丝就断了，接着用钌、铬等金属作灯丝，效果也不理想。就这样，爱迪生试验了 1600 多种材料。一次次的试验，一次次的失败，很多专家都认为电灯是发明不出来的。英国一些著名专家甚至讥讽爱迪生的研究是“毫无意义的”。但爱迪生面对失败没有退却。他明白，每一次的失败，意味着又向成功走近了一步。

1879 年 10 月，爱迪生的老朋友麦肯基来看望他。爱迪生望着麦肯基说话时一晃一晃的长胡须，突然眼睛一亮，何不用胡子做灯丝呢？麦肯基剪下一绺交给爱迪生。爱迪生满怀信心地挑选了几根粗胡子，进行炭化处理，然后装在灯泡里。可令人遗憾的是，试验结果也不理想。

爱迪生很失望，当他起身准备为这位慈祥的老人送行时，下意识地帮老人拉平身上穿的棉线外套。突然，他又喊道：“棉线，为什么不试试棉线呢？”

接着，爱迪生把棉线炭化后装进了灯泡。接通电源，灯泡发出金黄色的光辉，把整个实验室照得通亮。13 个月的艰苦奋斗，爱迪生试用了 6000 多种材料，试验了 7000 多次，终于有了突破性的进展。

这盏电灯足足亮了 45 小时，灯丝才被烧断。这一天是 1879 年 10 月 21 日，这是人类第一盏有实用价值的电灯的诞生日。后来，这一天被人们定为电灯发明日。

爱迪生并没有满足自己的成功。他认为必须把电灯的寿命延长到几百小时，甚至几千小时。又经过几千次的试验，爱迪生发现用炭化后的日本竹丝作灯丝效果最好。于是，他开始大批量生产电灯。从此，电灯开始进入寻常百姓家。

成功的路上充满艰辛，每一个追求成功的人都不会一帆风顺，坎坷、无奈、寂寞、孤独常常伴随在他身边。在追求的过程中，当这些成为一种切身的感受，成为生活的状态时，成功看似遥遥无期，其实它已在悄悄到来。

因此，拥有感恩之心的员工，即使是在面对失败时，也不会有太多的不良情绪。但那些没有感恩之心的员工，往往会将自身的失败归罪于工作没有给予他更多的机会，总是从客观上找原因。其实，在面对失败与不幸的时候，更应该有感恩之心，因为失败与不幸会带给我们成长道路上不可多得的经验，为下一次成功奠定基础。

曾经有一个普通的女孩，她从小就梦想着站在舞台上唱歌。然而，这个女孩既没有特别漂亮的外貌，也没有天生的好嗓子。但是这并不妨碍她追求自己的梦想。上学期间，她一边努力学习，一边练声，为以后能走上舞台做准备。

在为梦想做准备时，她豪情万丈，踌躇满志。但是有一天，她的梦想受到了打击。在一名著名音乐人的制作室里，一盆冷水向她泼了过来：“你的嗓音和你的相貌同样不漂亮，我看你很难在歌坛有所发展。”

听了这话以后，女孩并没有选择离开，反而默默地留了下来。当时，在她所在的音乐公司里，不乏年轻漂亮、天生丽质的帅哥美女，在他们中间，她就是一个被人完全遗忘的丑小鸭。连家人、朋友也好心地劝她放弃，不要一条道走到黑，说不定选择别的行业，会让她更快地成功。面对真心为她考虑的朋友和家人，她轻轻地说：“虽然我没有唱歌的天分，但我只喜欢唱歌，我是不会轻易放弃的。”

在亲朋好友的牵挂和祝福中，她又回到了对她来说并没有前途和未来的音乐公司。虽然梦想那么远，成功那么远，但她心中很清楚，自己要做的只能是在心中为梦想寂寞地守候，并把握好现在。于是，她依然像以前那样辛苦地工作着，端茶，倒水，制作演出时间表，替歌手拿演出服装……别人问她为什么，她郑重地说：“不为什么，我只知道这里是离我的梦想最近的地方。”

终于有一天，她微笑着站在了自己的舞台上，用并不惊艳但十分温暖的嗓音感动了所有在场的人。很快，她就在歌坛上占据了一席之地。

成功产生在那些有了成功意识的人身上，而失败则源于那些不自觉地让自己产生失败意识的人身上。一个人身处逆境，就要给予自己更多的激励与肯定，学会感恩，不怕失败，相信自己，不断努力。最终，才会走出逆境，获得成功。可见，把所有的逆境都看成是成功路上的考验应该是我们收获成功的座右铭。人生不可能永远一帆风顺，不利的局面常常将人们的雄心壮志淹没，但是，只要不放弃、永远充满希望的奋斗，往往真的可以成功，这就是感恩逆境的奇迹。

第七章

职场做人要心怀感恩

会做事不如会做人，会做人不如会感恩，会感恩的人是最好用的人。

要学会换位思考

湖南卫视播出《变形计》节目说的是将两个不同生活环境的人互换一周。这些节目的策划每次都大胆、别出心裁，但又不仅仅只是娱乐。

大都市里的孩子，生活条件优越，把读书当任务看待，嗜“网”成瘾。对待父母冷漠，强烈逆反。山里的同龄人，懂事、责任心强，珍惜读书，在恶劣的环境下简单而快乐地生活。

每看一集，都会让人感动得流泪。为城里孩子的醒悟和转变，为山里孩子的自律和对外面世界的憧憬。其实，看得出，孩子们的心是很容易被满足和理解的。只是城里的孩子总被外在的许多东西掩盖了应有的判断和认知。太容易得到的幸福，往往都不被珍惜。习惯被当作理所当然。

让人感触更多的是山里的孩子们。他们大都还处于少年时期，却过早地承担起家务的负担和也许不能继续读书的心理压力。还记得有一集，一位来到长沙换角色的陕西少年，为了给爷爷买药，咬牙在课余时间做搬运工。看着少年还稚嫩的双手，还只能背书包的肩膀，被沉重的米袋压得直不起腰来，一天只能换回 12 块钱时，我真的被深深震撼了。是怎样艰苦的生活环境和坚强的意志磨炼才能做出这样惊人的举动。十几岁，应该还在父母面前撒娇的年龄；十几岁，应该还在享受童年的欢乐时光；十几岁，应该还在懵懂和叛逆中自我认识。而这些山里孩子，却过早地告别了这些应有的权利。在城里孩子和自己父母的苦口婆心做斗争的时候，他们，已经被迫在为生存做斗争了。不过，生活的艰辛并未磨灭他们的信仰。要好好读书，要走出大山，是他们最简单、最执着的愿望。他们虽然物质贫乏，但精神向上且快乐。没有怨言，没有不切实际的妄想。

想想生活中，应该互换的还真不仅仅是这些孩子。如果医生和病人互换，那些曾经不负责任，态度冷漠的医生是否能更了解病人的痛苦？如果房产商和买房人互换，是否更能体会金钱换空间的不易？如果老板与员工互换，是否更能理解什么叫怀才不遇的尴尬？如果老师和学生互换，是否能洞察学生对枯燥知识的抵抗？

在职场共事，善用换位思考法，可收到事半功倍之效。因为沟通时，大家能换位思考，有多重观点，则视野更加扩大，盲点减少，有助于促进了解、达成共识，有利于解决问题。

换位思考可落实以人为本的理念，实行民主管理，尊重彼此的观点，感受不同的世界观，满足人的心理需求。在一个企业里，大家都有连带关系，只有少数人能做到换位思考，效果是有限的。若能用换位思考来营造企业氛围，让企业文化的力量融入人心、化为行动，就能产生强大的影响，促进企业的发展。

在企业沟通里，换位思考需要双向进行，才能产生积极的作用。雇主或领导者要求员工为公司的立场着想是应该的，如此才能达成公司的目标。同时，雇主或领导者也要懂得换位思考，设身处地，广泛听取下属的意见，即使尖锐的批评，也能宽宏大量容纳，如此搜集回馈，加以反思，才会提升管理素质。雇主或领导者更应以身作则，从而带动员工主动进行换位思考，使之汇成企业文化。

成就别人和成就自己

给别人帮助的同时，也是在帮助自己。并且在帮助了别人之后，你会发现，最快乐的是你自己。在帮助别人的同时，你会收获一种十分难得的强者的感觉，而正是这种感觉激励着你奋发图强，走向成功。

给别人一杯水，自己必须得有一桶水，而为了保持一桶水，你就必须时刻努力。要知道，你给别人的越多，你的收获也就越大，不是吗？你种下的可能只是几粒花子儿，但你收获的可能是整个春天。

20 世纪 50 年代初期，有个叫丹尼尔的年轻人，从美国西部一个偏僻的山村来到纽约。走在繁华的都市街头，啃着干硬冰冷的面包，他发誓一定要闯出一片属于自己的天地。

然而，对于没有进过大学校门的丹尼尔来说，要想在纽约这座城市里找到一份称心如意的工作，简直比登天还难，几乎所有的公司都拒绝了他的求职请求。

就在他心灰意冷之时，有一天，他接到一家日用品公司让他前往面试的通知。他兴冲冲地前往面试，但是面对主考官彼得有关各种商品的性能和如何使用的提问时，他吞吞吐吐地一句话也答不上来。说实话，摆在他面前的许多东西他从未接触过，有的连名字都叫不出来。

眼看唯一的机会就要失去，在转身退出主考官彼得办公室的一刹那，丹尼尔有些不甘心地问："请问阁下，你们到底需要什么样的人？"

主考官彼得微笑着告诉他："这很简单，我们需要能把仓库里的商品销售出去的人。"

回到住处，回味着主考官彼得的话，丹尼尔突然有了一个奇妙的想法：不管哪个公司招聘，都是在寻找能够解决实际问题的人。既然如此，自己何不主动出去寻找那些需要帮助的人呢？

不久，纽约的一家报纸刊登了一则颇为奇特的启事。启事中有这样一段话：谨以我本人的信用作为担保，如果你或者贵公司遇到难处，需要帮助，我正好有能力给予帮助，我一定竭力提供最优质的服务。

让丹尼尔没有料到的是，这则并不起眼的启事登出后，他接到了许多求助电话和信件。

原本只想找一份适合自己工作的丹尼尔，这时又有了更有趣的发现：老约翰为自己的花猫生下小猫照顾不过来而发愁，而凯茜却为自己的宝贝女儿吵着要猫咪找不到卖主而着急；北边的一所小学急需大量鲜奶，而东边的一处牧场却奶源过剩……诸如此类的事情一一呈现在他面前。

丹尼尔将这些情况分类整理，一一记录下来，然后毫不保留地告诉那些需要帮助的人。而他也在一家需要业务员的公司里找到了适合自己的工作。不久，一些得到他帮助的人给他汇款，以表谢意。

据此，丹尼尔灵机一动，辞了职，注册了自己的信息公司，业务越做越大，很快就成为纽约最年轻的百万富翁之一了。

在你遇到麻烦时，那些主动向你伸出援助之手的人总能得到你的好感。事实上，你希望看到笑脸，你的脸上就要先有笑脸。我们不能只是抱怨别人，埋怨周围的环境，而应该主动去关心别人，主动为别人做一些事情。人总是会“投之以桃，报之以李”的，主动关心别人的人总会得到大家的喜欢。只有付出真诚，才能得到真诚，那些不过分计较自己的得失，多为他人着想、主动帮助别人的人，总会受到大家的尊重。

约翰向一位农场主推销自己新生产的收割机。到达农场后，他才知道已经有不少推销员来过但都被拒绝了。尽管如此，他还是满怀信心地向农场走去。在路上，他无意中看到花圃里有一些杂草，便顺便走进花圃将杂草拔掉。他这一毫无目的的动作碰巧被出门的农场主看见了。

他见到农场主后，刚说明来意，农场主就挥手打断他说：“不用介绍了，您的机器我要五台，请尽快交货。”

他很吃惊地问：“我非常感谢您订我的货，但我的机器您都没见过，就如此痛快地决定订五台，到时不会反悔吧?!”

农场主说：“我的确需要五台收割机，货到马上付款。至于为什么没见过您的机器就决定要，其实你的行为已经明白地告诉我，你是一个乐于帮助别人、诚实可信、有责任感的人。”

每个人都要有一颗感恩的心，与人方便，就是与己方便，帮助别人就等于帮助自己。

如果你帮助其他人攀登山峰，当你帮他们登上山顶时你也就上去了。一个能与同伴合作的人，将会飞得更高、更远，而且更快。如果你帮助其他人获得他们需要的东西，你也能得到你想要的东西，而且你帮助别人越多，你得到的也就越多。

我们知道，世上有很多事看似没有关系，但其实互相都是有关联的。所以，我们做工作时千万不要只关注自己眼前的事，要知道工作中与自己"无关"的事不一定对自己没有影响。

一位老板对在办公时间看闲书的一位员工说："如果你暂时没事可做，为什么不去帮助那些需要帮助的同事呢?"他的话值得我们深思。工作中我们不要将某项工作孤立地看待，因为工作有连续性，你的工作可能是过去某项工作的延续，或者是未来某项工作的基础，还会涉及多个部门或岗位。

工作有很多中间环节，彼此间需要协调。有的员工在做某项工作时往往只偏重于自己本身所应完成的部分，将工作传递到相关部门与岗位之后便听之任之了。这种人缺乏团队精神，关注更多的是"我自己"，而不是"我们"。

正如企业管理专家阿瑟·卡维特·罗伯特斯所言："优异的成绩都是通过一场相互配合的接力赛取得的，而不是一个简单的竞争过程。团队成员必须关注整个团队的利益，而不是自己，要善于传出接力棒，而不是单枪匹马独自完成整场比赛。"

站在别人的角度考虑问题

有一次，我在办公室里抱怨电信业服务态度差的时候，同事说了一句很经典的话。她说："在中国，当消费者是一件很痛苦的事情。"是啊，我们抱怨别人往往很容易，但是当我们面对消费者时，扪心自问，我们真正把顾客当成上帝了吗？

山姆·沃尔顿曾为他的沃尔玛百货店聘用全职的"迎宾人员"，"迎宾人员"的主要工作是站在大门口附近迎接顾客，跟顾客打招呼，为顾客指点方向。为何要这样做？这可不是因为沃尔顿先生特别讲究礼数，而是因为他非常聪明。他能由顾客的眼光来看自己的生意。顾客来了，他们走进一家宽敞明亮的商店，到处都是商品，他们实在需要有人指引一下方向。因此，对店方的这项服务也会特别感激。一旦经此找到他们要找的货品，他们就会被激起购买欲望。能令顾客开心的事，一定有利于店方。开心的顾客对任何商店都是求之不得的。

山姆·沃尔顿一直坚信应该"超越顾客的期待"，他认为："只要你能超越顾客的期待，他们会一而再、再而三地光顾。因此，在满足他们的需要后，应该再加多一点点。"

百货业中较为高档的诺士众百货即使在20世纪80年代与90年代初期的经济衰退期，仍能安然通过考验，主要是因为这家百货公司的原则就是：以顾客的眼光看事情。

企业顾问丹尼斯·魏特利曾说："诺士众百货是世上最让人吃惊的零售店。我太太苏珊已经把诺士众百货当作忠实的盟友。她有一次在诺士众购买了两双皮鞋，两周后，她拿回去退货，因为有一双鞋不太舒服，结果，诺士众把两双鞋都收回去了，不成问题，绝对照办！顾客永远是上帝，他们是值得尊崇的，理应得到照顾。"

即使如此，丹尼斯·魏特利也想不到，有一天晚上，他会在家里接到一个电话，对方是位亲切的女士。

"请问苏珊女士在吗？我是诺士众百货的顾客服务代表玛莎。"

"玛莎，你有什么需要？你一定是想多做点生意吧！我们正准备用晚餐，我不希望用餐时有任何干扰，你有什么事找苏珊?”

“我们公司新进的一批女鞋中，正有苏珊想要的尺码与颜色。我下班后，可以顺便帮她送过去。”

“我记得你，你不是住在南边吗?我们住的地方在北边，你一点儿都不顺路。再说我们五分钟以后就要开始用餐了，你也来不及送到。不过，还是谢谢你。”

“我用的是手提电话，我现在正在去您家的路上。”

“噢!那么请过来吧!”

诺士众当然做成了生意，这一次，连魏特利先生也印象深刻，难以忘怀。这家百货公司确实是以顾客的角度在处理事务。

从现在开始，我们要以为顾客提供方便的方式，也就是尽一切努力令顾客开心的方式做生意。要令顾客开心的前提，当然是必须以顾客的眼光来看事情。

邓白氏软件服务公司每推出一项产品前，都会为它成立一个“顾客委员会”。

公司董事长约翰·伊姆雷说：“顾客委员会有一张优先顺序表，我们也有一张，包括规格与功能。我们希望更有竞争力，他们想要满足顾客的需要。他们提出要求，而我们以解决问题、满足需求为荣。所以，除非他们把某项产品列上优先顺序表，否则我们就不发展该项产品。”

在邓白氏公司，这被认为是做生意的基本原则。伊姆雷宣称：“没有顾客的意见，我们根本没有办法发展任何产品。在象牙塔中设计出来的产品，能好到哪里去?”

霍尔曼公司是一家承销澳洲产品的公司，它的外销部门主管大卫·霍尔曼，有一次碰到了一个很难办的情况：他得通知供应产地一个坏消息，蔬菜外销价格比预期的跌了五成。

这个电话的反应正如预期的，对方被吓坏了。情况严重到霍尔曼决定亲自到产地去跟业主当面讨论。

霍尔曼抵达农场时，农场主出去看农作物了，路面潮湿泥泞，霍尔曼借了双橡胶长靴，走进田里去找农场主。

“你还好吗?”霍尔曼以关切的口吻问道。

接着，霍尔曼满怀同情地仔细聆听农场主讲述农人的辛劳，以及今年花了多少时间在农作物上，但这几年的不景气，他对市价的不满意等。

霍尔曼完全了解了对方的处境：农场主日子不好过。霍尔曼表达了他个人的关切之情。令他没想到的是，他还没有提起收购价格，对方就说：“我看得出来你真的对我很关心，而且了解我的处境。我愿意接受你提出的价钱，只希望不久情况会有所好转，我们两人都会好过一点。”

因此，站在对方的立场上想问题吧！要处理难办的情况，这是最好的办法。

对顾客服务的重视，就商业界来讲，是生死攸关的一件事，不能等闲视之。

不过，如果只是被动地等待意见箱塞满了意见，或有人寄来抱怨函再作处理，显然是不够的。重要的是永远要比顾客想得更多。精明的领导人永远要领先想到顾客下一步会需要什么——也许是几个月后、几周后，甚至几天之后。这些都必须基于以他人的立场了解一切，而不再是“我能得到什么好处”。

虽然目前是个信息爆炸的时代，商业出版物充斥各处，举凡杂志、书籍、电脑资讯、传真报告、内部讯息等等什么都有。马丁·艾德斯通却认为这些出版物并没有提供商业界人士真正需要的实用资讯。“这些出版物多少都提供了一些消息。可是，它们从不具体告诉你如何与员工相处，或如何降低成本，它们会讨论保健问题，但从来不能深入探讨。”这就是艾德斯通创立董事会报道公司的初衷。

其实，这并不需要天才才能做到。它只是由一位真正的领导人不断地问自己：“顾客对我们公司的评价如何？顾客的下一个需求会在哪里?”

只要保持这样的角度去经营，随便哪一家公司都能从中获益。

康宁公司的大卫·路德直到收到一封愤怒的抱怨信，才使他相信他自以为是的好点子没得到顾客的认同。当时，路德在英国工作。康宁公司正在作各方面的顾客调查，而这一封回函是毫不留情的："康宁公司糟糕透了！"

路德采取了一位优秀的高层主管一定会采取的行动，他找到了投诉者，并请他到办公室来谈一谈。那位仁兄在仓库工作，而仓库中正堆满了康宁的货品，路德问他："康宁公司为什么糟糕？"

"那是因为你们贴的标签。"

路德恍然大悟地说："啊！我明白了，你一定是把别家和我们搞混了。我们的标签是电脑印制的，上面显示产地、仓库暗码、公司暗码、日期，反正一切你想知道的都在上面了。"

那人对此不以为然道："年轻人，你进过仓库吗？"

路德回答："进过啊！事实上，我在仓库还工作过十年呢！"

"你进过我管的仓库吗？"

路德承认他从来没有去过。

那人说："跟我来！"

于是他们两人一起前往仓库。路德发现货品堆得比他在美国的仓库高出许多，较高的几层要比路德的脑袋高出很多。

仓管人员指给他看最上面的一层。他说："我们把康宁公司的货品放在那上面，你看得清标签上的字吗？"

路德只得承认："不行，我真的看不见。"

仓管人员说："这就对了！看不见嘛！"

这才是他写"康宁公司糟糕透了"的本来意思。

路德那天真的学到了宝贵的经验。他说："你一定要深入顾客的公司内部去了解情况。想想看，一个仓库管理员的工作，一会儿这个人要这个，一会儿另外一个人又要那个。"但是，如果不站在他的角度你肯定无法发现问题。

站在顾客的角度看问题，你会发现这样做对企业会有很大的帮助。企业生产的产品卖给顾客，如果不能站在顾客的立场想问题，顾客需要什么产品企业是无法知道的，达不到顾客的需求，这对企业来讲是致命的。

学会与不同人相处

北京大学之所以成为一所人人向往的大学，很重要的一个原因是老校长蔡元培精心培育的兼容并包的良好校风。同样，一个懂得感恩的员工，一定有一颗兼容并包之心。

在一个团队里，每个团队成员都不可避免地要和不同性格的团队成员打交道。团队成员中，有的性格直爽，有的含蓄沉稳……如何在工作中与各种性格的团队成员默契配合，是每个团队成员都必须考虑的问题。优秀的团队成员不会因为自己性格含蓄沉稳，就不喜欢与性格大大咧咧、不拘小节的团队成员打交道，更不会在需要共同完成的工作中和对方“抬杠”，或故意挑剔对方，而是懂得和各种性格的团队成员通过互补和协作顺利地完成任务。

2005 年 10 月 12 日，由费俊龙和聂海胜担任航天员的“神舟六号”飞船在巨大的轰鸣声中射向太空，并于 2005 年 10 月 17 日凌晨 5 时左右在内蒙古草原成功着陆。对此，世人无不称赞他们俩是举世无双的组合。我国第一位在太空飞行过的航天员杨利伟曾向媒体这样透露：“神六”飞行，不比“神五”飞行。“神五”飞行只有一名“乘客”，不存在分工和配合的问题；“神六”的飞行是由两人小组完成的，所以既要考虑他们的专业技术能力搭配，还要兼顾个人性格、心理稳定性的搭配以及双方良好的心理相容性。

在“神六”的飞行中，费俊龙和聂海胜分别担任指挥长和操作手。在升空过程中，指挥长将根据自己面前的一张操作程序表，指挥操作手用一根操作棒进行各项操作。因为穿着航天服，两名航天员虽能通过话筒与地面指挥控制人员直接对话，但两名航天员之间不能直接对话，每一个操作只能彼此用手势交流，因此，两名航天员之间的默契配合至关重要。

在进行航天员搭配的时候，指挥中心便考虑到两人在性格上的互补问题。因为在飞船上，他们的工作既有分工，也需要默契配合。同时，两个人训练成绩还要互补，并且都愿意同对方一起执行任务。在三组候补梯队里，费俊龙和聂海胜不约而同地把对方作为了首选。

费俊龙说，聂海胜最大的特点就是沉稳和扎实。而聂海胜则称，费俊龙在工作上是一个非常严谨的人。无论干什么事情、做什么工作，都想得比较细，做之前也会进行充分准备，对训练中的每一个环节、每一个动作，都考虑得很周全，使整个训练程序完整、顺利地走下去。

费俊龙和聂海胜两个人性格不同，但他们能相互容纳对方，取长补短，默契配合，这是他们能顺利完成航天任务的关键因素之一。

不只是航天员需要性格互补，默契配合，做其他工作也一样。不管你从事的工作是复杂还是简单，都有需要团队成员支持、配合的时候。因此，在工作中，我们不应过分关注团队成员在性格上是否与自己相似，而要把精力放在怎样去做，才能与性格不同的团队成员形成互补。因为在一个团队中，任何一种性格都是不可或缺的，没有哪一种性格是最好或最完美的。每个团队成员都具有不同的性格，如果团队成员之间的性格具有互补性，那么整个团队就能结成一个坚不可摧的整体。

然而，在一些公司里，我们却经常看到这样的现象：当上司把一项任务交给两个平时在工作上都能独当一面的员工时，效果却很糟糕。有时甚至根本完成不了任务，即使完成了任务，在向上司汇报的时候，他们都去抢功劳，向上司表明自己在完成这项任务时是如何如何努力。而自己的搭档则是如何如何低能；有时甚至任务还没完成，搭档之间已成为“仇人”。

为什么会出现这种现象呢？答案很简单，即搭档之间因性格的差异而导致摩擦，从而无法齐心协力地共同完成任务。由此可见，尊重对方的个性，在不违反原则的前提下，尽量迁就对方、接纳对方，并取对方的长处弥补自己的不足，就能使原来性格迥异的两个人和平共处，而不是互相牵制、互相指责。

由此可见，是否懂得与不同性格的团队成员默契配合，是一个人是否重视团队协作、具备团队精神的关键。

对老板多一些理解和支持

作为员工，如果我们能够换位思考，多站在老板的角度思考问题，我们就会发现，在任何一家企业里，最累的人往往是老板。因为，在企业里需要老板思考的问题最多，需要老板处理的事情最多，需要老板拍板的事情最多。因此，作为员工应该多给老板一些理解和支持。

具体而言，员工应该注意以下几点：

一、学会服从

服从，是每一名员工必须具备的最基本的素质。

没有服从意识的团队成员，不管多么有能力，他的上司都不会器重他，因为他不服从上司的安排，上司也就无法器重他。上司只会重用那些懂得服从又有能力的人。

俗话说：“恭敬不如从命。”面对上司，每个团队成员首先应该做的就是服从。如果不服从上司，团队成员就无法开展工作，也就不能与上司融洽相处，更谈不上默契配合。服从是上司观察、评价下属的一个标尺。

服从分两种情况，主动服从和被动服从。主动服从的团队成员懂得服从的艺术。主动服从的团队成员做事有智慧、善于观察，凡事主动出击，经常能让上司满意地感受到他的命令已被圆满地执行。主动服从的团队成员才能得到上司的赏识。而被动服从的团队成员则根本不懂得服从的艺术，他仅仅把上司的工作安排当成任务，被动地应付了事，不重视信息的反馈，只顾机械地做事，根本无法给上司留下深刻的印象，吃力且不讨好。

二、尊重上司

要想与上司协调好关系，就要对上司表示出你对他的尊重。只有你对上司表示尊重，他才会尊重你。每个人都有自尊心，上司也不例外，他们都有争取让社会承认、希望被人尊重的需求。当然尊重是相互的，但作为下属，你应该表现得积极主动一些。

下属对上司不仅要有最基本的尊重，而且还要尊重上司一些合理的习惯、性格和工作方式。在习惯方面，有的以工作为中心；有的以关系为中心；有的习惯于使用表扬；有的习惯于使用批评。在性格方面，有的外向，善于交际和言谈；有的内向，不善交际；有的性子较急，工作起来风风火火；有的则性子较慢，做事不慌不忙。在工作方式方面，有的比较专制，遇事喜欢一个人拍板，他只要求下属服从和执行；有的比较民主，遇事善于听取下属的意见，力求上下融洽一致。要协调好与上司的关系就应该注意到方方面面，上下齐心，才能把工作做好。

三、主动替上司排忧解难

不可否认，很多上司都希望自己的下属聪明能干，能够替自己冲锋陷阵、排忧解难，因为上司不是万能的，他在工作方面也会有失误，也会遇到困难和麻烦。你要想得到上司的赏识，就应该主动替上司排忧解难。当然替上司排忧解难的时候也要量力而行，否则可能会弄巧成拙，适得其反。

当上司与其他的团队成员发生矛盾时，你应该大胆地站出来主动为上司解释并做好协调工作，这样做最终有益于整个团队的利益。作为上司，当他最需要人支持的时候得到了支持，他肯定会把支持他的人视为得力助手。

上司每天都要处理很多的工作和承担很多的责任，他内心深处承受着巨大的压力。你不应该把一些道听途说和未经证实的信息以及谣言告诉他，从而增加他的负担，这样很可能会让他在工作中做出错误的决定，产生不堪设想的后果。

上司的脸色会因遭遇不同的事情而改变。他通常不会告诉你他遭遇到的事情，在内心里他一直会努力抑制。但是，他的脸色会自然而然地流露出不同的表情。你应该注意到上司那种微妙的表情变化，在上司情感最脆弱的时候去安慰他，这才是下属应有的体谅和善意。

总之，作为下属，在工作中必须做到：服从上司的安排，尊重上司的决定，支持上司的工作，经常为上司着想。不管在工作中碰到什么样的困难，对上司不可过分依赖，避免与他发生任何正面的冲突。

主动为你的上司排忧解难，你会渐渐地得到上司的器重。

感恩于你的同事

在竞争日益激烈的今天，一个人单枪匹马、孤军奋战很难大有作为。协调好人际关系，是所有团队工作顺利进行的前提。要和别人很好地相处，首先要学会感恩、学会共事。如果你与同事的关系很好，甚至对他们还有一定的影响力，同事对你都会表示出信任，你也将得到团队领导更多的信任与支持。但如果你把自己孤立于团队之外，会使同事对你充满嫉妒、怨恨之情。此时，如果领导信任你，就会引起其他团队成员的心理不平衡，挫伤他们的工作积极性，从而影响到全局任务的完成。在这种情况下，任何团队领导都不会甘冒惹恼众人的风险对你表现出信任。即使原来已经建立了比较稳定的信任关系，此时团队领导也不得不忍痛割爱，以牺牲你为手段来换取其他团队成员的支持和拥护，从而保证大局稳定。

协助同事工作，不可避免地会占用你的时间，但是你会因此而受益匪浅，你这样做，不仅彰显了你为人的美德，也展现了你的才华，同时也可以促进与同事之间的人际关系。假如你能够无怨无悔地全力协助同事，就会赢得良好的声誉，增加同事对你的信任，领导也会更加器重你。

要想跟同事协调好关系，你应该注意以下几点：

一、与人方便

我们经常听到这样一句话："与人方便，与己方便。"一个团队中如果没有了关怀和爱心，同事之间就无法和睦相处。有时候，你必须为他人的利益着想。如果只顾自己而不顾别人，那么你很可能会受到排挤、攻击。不给他人方便的人，自己也难有好的结果，不爱他人等于不爱自己。

二、注意小节

越是小事，越见真情。一些看似无关紧要的小事情，如欠缺礼貌，无意中的食言，一个不文明的小动作，很容易破坏你好不容易才建立起来的人际关系。在团队里，最重要的往往就是小事情。

三、诚恳正直

诚恳正直的人能赢得别人的信任。不诚恳正直的人，很容易因为自己行为的不检点而失去别人的信任。背后不说人长短，是一个人诚恳正直的人的最佳表现。为了争取友谊，而不惜揭第三者之短的人，只能引起别人的戒心而不能赢得别人的信任。

四、信守承诺

信守承诺的人很容易得到团队成员更多的信任，而背信弃义的人则为人所不齿，其代价往往超出其他任何过失。一次严重的失信会使你信誉扫地、名声败坏，你想要再建立良好的人际关系非常困难。所以，为人绝不可轻易许诺，一旦许诺则一定要守信，因为唯有守信才能赢得别人的信赖，而唯有信赖才能让别人在关键时刻听取你的意见。

五、不在乎被人占便宜

被人占便宜看似是一种损失，其实是一种投资. 因为对方会觉得有所亏欠，恰当的时候你便会得到回报。当然，太大的亏是不能吃的。另外，有些人占了便宜还卖乖，而且也没有亏欠之心。对这种人不必有所期望，但让他占便宜比得罪他好。

六、敢于道歉

诚心实意地道歉能够化敌为友。当然，道歉的勇气并非人人都有，只有坚定自信，具有安全感的人才能做到。那种缺乏自信的人唯恐道歉会显得软弱，让自己受到伤害，从而使别人得寸进尺。俗话说：弱者才会残忍，唯强者懂得温柔。一般情况下，人们都可以容忍别人的错误，因为错误通常是无心之过。当然，那种动机不良或者企图文过饰非的人，就不能得到宽恕。感恩同事，他们在关键时刻会助你一臂之力。同事间的关系会成为你一生中最宝贵的财富，在必要的时候，会对你产生莫大的效用，就像银行存款一样，时不时地少量地存，积少成多，有急需时便可派上用场。别人对你善意的回报。有时是附带“利息”的，就好比银行存款生利息那样。

第八章

工作中心怀感恩学会说感谢

工作中，要有阳光心态，学会对领导、同事、下属说“谢谢”。你改变不了环境，但可以改变自己；你改变不了事实，但可以改变态度；你改变不了过去，但可以改变现在；你不能控制他人，但可以掌握自己。英国作家萨克雷说：“生活就是一面镜子，你笑，它也笑；你哭，它也哭。”

谢谢是一种合作的心态

一个年轻人经常和别人吵架，显得很不合群。他找到一位德高望重的老人，问道："身边的人都不喜欢我，我简直生活在地狱里，怎么样才能过上天堂般的生活呢？"

老人回答说："走吧，我带着你去看看。"于是，两个人来到一座大房子前。他们进入一个房间，看到中间的桌子上堆满了美味佳肴；围在旁边的那些人都拿着长长的钢叉，夹菜时你争我夺。但是，一根根钢叉在空中交错碰撞，可口的菜肴掉了满桌，咒骂声此起彼伏，没有人能真正吃上几口美味可口的菜，每人都面色憔悴、骨瘦如柴。

随后，老人带着年轻人来到另一个房间。在这里，也有一大桌美味佳肴，房间里的每个人也拿着长长的钢叉，然而大家脸色红润、白白胖胖。原来，每个人都用钢叉、勺子把菜送到别人嘴里，显得既轻松又开心。大家在彼此相互道谢之余，对菜的美味赞不绝口。

老人转身对年轻人说："什么是天堂，什么是地狱，这回你明白了吧！"年轻人恍然大悟，不停地点头："我懂了。大家相处，不能只想着自己。"

工作中，对他人漠不关心，无视他人的存在，这样的团队就是地狱；如果团队的每个成员都可以时时想着对方，想着自己的伙伴，这样的团队就是天堂。在合作中，心存感激，懂得感谢他人，才能成功。

美国微软公司创始人比尔·盖茨指出："大成功靠团队，小成功靠个人。”戴尔电脑公司 CEO 迈克·戴尔认为：“一个人不能单独做成任何事。卓越的公司领导人都在一定程度上拥有成功的团队……领导人总是寻找一些在技术经验方面与自己互补的杰出人才一起提升其经营水平。在多数情况下，管理团队中的成员拥有同样的热情、人生观和价值观。”

对领导人来说，打造一支出色的团队，首先要选好人才，培养大家合作的意识、感恩的心态。只有具备了大局意识、协作精神和服务精神，懂得感激，团队成员才能提升战斗力，在合作中实现共赢。

站在普通员工的角度来看，学会感激，善于与人合作，不但有利于工作的开展，也是施展个人才华、实现抱负的必然选择。因为，用感恩之心，用关爱别人之心去想、去做，才能使团队中的每个人做到有效的沟通和协作。

工作中一个人单打独斗是不现实的，需要我们与其他伙伴加强合作，才能实现远大的发展目标。学会与他人合作，增强自己的团队精神，是顺利开展工作的需要，也是取得成绩的保证。

在人力资源管理领域，有一个著名的木桶理论。一只木桶能装多少水，不是取决于最高的那块板子，而是取决于最低的板子。运用到人力资源管理中就是，要注意加强团队整体的凝聚力与合作精神，否则就会影响到全局的运作。

我们在接受工作任务以后，要和其他同事建立合作关系。比如执行一项营销计划，要和市场部门、公关部门、产品部门等建立广泛的沟通和联系。在这种情况下，如果我们不善于与同事合作，而是我行我素，就很难在工作上有大的进展，更不要说取得骄人的工作业绩了。

一些跨国企业在招聘员工的时候，一个重要指标就是测试应聘者是否具备良好的沟通能力和团队合作精神。目的也是为了在日后工作中要大家精诚合作，获得更大的收益。

培养与人合作的精神，在工作中学会感激，是职场成功人士的经验总结。现代商业社会既有竞争，也需要合作，很难想象，一个不善于与他人合作的人，能够有所建树。

事实上，积累人脉资源，已经成为我们推动个人事业发展的重要推手。无论工作中，还是工作外，每个人都需要懂得感恩，具备与人合作的精神。感谢同事、上司、客户的支持、帮助和提携，善于与不同的人共事，是会打交道的表现，是团队精神的应有之义。

学会真心实意地感谢

傍晚，天空下起了小雨。林丹结束了一天繁忙的工作，邀请几个老朋友到家里聚会，因为今天是她的生日。

晚宴非常热闹，大家玩得很开心。忽然，手机响了。林丹接听后才知道，老板让她回公司整理一些文件，情况紧急。

太过分了吧，今天是在过生日啊。想到这里，林丹噘起了嘴巴。但是，想到刚才老板急切的样子，她还是要回公司处理一下。于是，她没有过多地解释，就匆匆告别了朋友，回到公司。

老板已经等候多时了，他拿出一沓资料，让林丹尽快打印好。指尖飞快地敲打着键盘，不一会儿，林丹就完成了。她又认真检查了两遍，确保准确无误后，才把打印稿交给老板。

正当林丹无精打采地准备离去时，老板叫住了她："真谢谢你，小林，要是你不来，明天一早这个会议非得延期不可……那样的话，公司的损失就大了！"

接着，老板又说："今天天气不好，我送你回家吧。"林丹还想客气几句，但是被阻止了。轿车载着林丹在公路上奔驰，不一会儿就到家了。林丹感受到了老板的那份真诚，那份谢意，积在心底的不快顿时消失了。

作为公司管理者，要明白一个道理：公司成功不单是一个领导者的成功，特别需要员工的支持和帮助，这就需要您记得经常说“谢谢”。比如，“多谢你帮我完成这事儿”，“你完成得非常好”。一声“谢谢”，不仅是感谢，更是奖励，是理解，更是支持，是心与心的沟通。

老板或经理人感谢员工，最重要的是诚心诚意。诚恳地感谢员工，不能泛泛而谈，随便说声“谢谢”。否则，这种空洞的话就失去了效力，如果你泛泛表扬人家的话，就没有影响了。

表达感谢要发自内心，需要肺腑之言，从诚挚的心灵中流出的话语才能充分发挥语言的最大力量。如果你对员工的独到见解和才华心存阴暗的因素，那么不要低估下属的理解能力，因为对方很可能在你的“感激”中发现背后隐藏的东西。

言不由衷的感激，放在谁身上都会难以接受，反而会僵化关系、激化矛盾。作为上司务必要学会克制自己的偏见、自私，理性地处理与员工的关系。

需要注意的是，说谢谢与清楚地表达谢意是不同的。对公司领导人来说，把话说在明处，跟对方讲清楚感谢的理由，更容易赢得员工的认可，达到有效激励的目标。

按照民间习俗，除了正月，每个月的初一、十五或者初二、十六，是台湾商人祭拜土地公神的日子，称为“做牙”。二月初二为最初的做牙，叫作“头牙”；十二月十六日的做牙是最后一个做牙，所以叫“尾牙”。

在商业活动中，尾牙是商家一年活动的“尾声”，也是普通百姓春节活动的“先声”。这一天，台湾一般平民百姓家要烧土地公金以祭福德正神（即土地公），还要在门前设长凳，供上五味碗，烧经衣、银纸，以祭拜地基主（对房屋地基的崇拜）。

有实力的公司，都会在“尾牙”（农历十二月十六日）这一天宴请员工，通过宴会的形式以犒赏大家过去一年的辛勤劳动。

有的公司甚至不局限于吃大餐了，使“尾牙宴”演变成公司的年终聚会。成了总结一年的工作、发放年终奖的一种形式。在“尾牙宴”上表彰先进，集体联欢，观看表演，联络感情，这种现象说明了什么呢？

公司举办尾牙宴，其实是对员工的感谢，也是管理者的一张情感牌。一方面，公司管理者要让员工对公司文化依赖、认同，从而自发地忠诚于团队；另一方面，员工心甘情愿留在公司许多年，有时候并不是工资，而是公司为员工所做的点点滴滴，其中包括公司的工作氛围、培训计划、团队合作和公司的温情管理。感谢员工的尾牙宴，就是培养员工对公司情感的有效形式。

一个员工说："我们老板是个很随和的人，所以我们公司的工作氛围一直很好，老板从来不摆架子，不但和职工打成一片，在上次尾牙宴上，老板还特意安排了一个游戏，大家玩得很开心。"

由此可见，通过举办尾牙宴，表达对员工的感激，可以让大家更有归属感，创造"企业家庭化"氛围，让员工把自身成长和公司发展结合起来。而和谐宽松的工作氛围，会激发员工敢于创新、乐于交流、勇于分享的热情，对公司和个人的健康发展是十分重要的。

经常对同事说"谢谢"

露西的电脑没有连接打印机，工作中需要打印的时候，她总是找杰克帮忙。开始的时候，露西非常客气，总是把"谢谢"挂在嘴边。

但是，过了一段时间，大家已经非常熟悉了，露西开始随便起来，说"谢谢"的次数明显少了。她把文件发过去，只说打印几份，就耐心等待杰克把打印稿送过来。

有一天，露西等了好久也不见杰克出现，就走到他的工作台，问怎么还没打？杰克皱着眉头，脸上露出不高兴的神色："我忙着，我有自己的工作，你以后打印不要找我，找文秘帮忙吧！"

听到这里，露西大吃一惊，这显然超出了她的预料。究竟是哪里出了问题呢？后来，露西请教了人力资源部的一位同事，才找到原因，原来是说“谢谢”的次数少了。

是啊，打印稿子不是杰克工作范围内的事，他本来是不用帮忙的。但是，露西好长时间不说“谢谢”了，杰克感觉不到尊重、感激，没有一种成就感，得不到价值认定，所以就不愿意帮忙了。显然，这是人之常情。

由此看来，经常对同事说“谢谢”，把它当作一种自觉行动，是多么重要。

调查发现，获得别人帮忙或因麻烦他人而表达谢意时，许多人习惯说“麻烦你了”“抱歉，又浪费你的时间了”，而不习惯说简单又有感染力的两个字——“谢谢”。

这里需要肯定的是，“谢谢”比“抱歉”更受人欢迎，也更有力量、更重要。原因很简单，听到别人说“谢谢”，我们的心里会更开心。

有一位犹太传教士，每天早晨总是按时到一条乡间土路上散步。无论见到任何人，他总是微笑着热情地打一声招呼：“早安。”

其中，有一个叫米勒的年轻农民，对传教士的问候反应冷漠。原来，当地居民对传教士和犹太人的态度很不友好。

但是，这并没有改变传教士的热情，每天早上，他仍然向这个一脸冷漠的年轻人道一声早安。终于有一天，这个年轻人脱下帽子，也向传教士道一声：“早安。”

几年以后，纳粹党上台执政。这一天，传教士与村中所有的人，被纳粹党集中起来，送往集中营。

下火车后，大家要列队前行，这时会有一个手拿指挥棒的军官在前面喊话：“左，右。”被指向左边的是死路一条，被指向右边的则还有生还的机会。

很快，传教士的名字被这位军官点到了。他浑身颤抖，走上前去。当传教士无望地抬起头来，与军官对视的那一刹那，两个人都惊呆了。

传教士习惯地脱口而出："早安，米勒先生。"

米勒先生虽然克制住了自己的惊奇，但还是忍不住说道："早安。"声音低得只有他们两人才能听到。米勒先生看着传教士，犹豫了一秒钟，将指挥棒指向了右边，低声说："右。"

戴尔·卡耐基说过："行为胜于言论，对人微笑就是向他人表明：'我喜欢你，你使我快乐，我喜欢见你。'"一个热情的问候，温馨的微笑，足以在人的心灵中洒下一片阳光，而这种温暖会伴随人的一生。

事实上，人是很容易被感动的，而感动一个人，未必都是慷慨的施舍、巨大的投入。一句问候，有时候也会爆发出巨大的威力，很可能使一个不相识的人走近你，赏识你，甚至爱上你，在关键时刻改变你的命运。

"谢谢""你好""请"和"早安"一样，都是日常生活中最常见的问候语、感谢语，把它挂在嘴边，不要低估了它们的力量。有一天，它们有可能成为你开启幸福之门的一把钥匙，成为你走上柳暗花明之路的一盏明灯。

"谢谢"是一种客户服务技巧

有一天，小齐连续接了几个比较烦人的电话，而且客户的态度都非常恶劣。根据职业习惯，小齐没有把自己的不快展现在客户面前，而且努力用微笑掩饰自己的怒气。

眼睛是心灵的窗户，同事从小齐的眼神里，清楚地看见了熊熊燃烧的火焰。果然，刚挂断电话，她就向旁边的同事发起牢骚，大吐不快。有人说，做客户服务的人都是这个样子。

然而，同事如何安慰、劝导她，都无法让小齐平静下来。这时，小齐的电话铃声又响了，只见她深吸一口气，调整好状态，又露出了专业的微笑。

转眼，她脸上露出了微笑，最后高兴得乐开了花。原来，刚才那个客户同意签订订单了。怎么不令人高兴呢！

同事纷纷走过来，询问其中的缘由。对方为什么会突然同意了呢？她收敛了笑容，开始认真回答这个问题。

“因为，只是因为刚才我一直对那位客户说‘谢谢您，祝您工作愉快’。每次谈话结束的时候，我都这么说，不管他在电话那头如阿奚落我。”小齐振振有词，显得很有成就感。

上面的故事告诉我们，作为经常与客户打交道的工作人员，尤其不能忽视一声“谢谢”的力量。

作为一个客户代表，每天都要面对不同的客户，回答不同的问题，处理不同的事情，有时真是感到身心疲惫，精神压力特别大，尤其是接到一些蛮不讲理的客户来电，那真是秀才遇上兵，有理说不清了。

如果你脾气暴躁，不能从这些坏情绪中解脱出来，并在结束谈话前客气地、习惯性地说一声“谢谢”，那么任何奇迹都不会在你面前发生。对业务代表、客户代表来说，常说谢谢是一种服务技巧。

说“谢谢”的确算不了什么，但是放在特定环境中，它就能产生强大的力量，可以感染人、感动人。当你与客户发生误解、矛盾，在对方陷入精神疲惫状态中时，你说一声感谢的话，简直犹如一股清泉渗入对方的心里，那是相当受用的。

“谢谢”，就这样简简单单的一句话，胜过了千言万语。正是因为它出现在关键时刻，所以才带来了巨大的震撼，给客户带来了感动。

只要做服务行业工作人员，无论是通过电话联系的话务员，还是直接与客户面对面的工作人员，都要学会说谢谢，时刻记得说谢谢，把它当作一种自觉习惯。

其实，每个人的心都是柔弱的。结束对话的时候，说一句“谢谢”，再加一句“祝您工作愉快”，能有效化解对方工作的劳累和心灵的疲惫，给他们带来一份好心情。

发展客户关系，不能仅仅为了眼前的利益，更要有长远的打算。千万要记住：做生意绝不仅仅是销售产品，应使其内在质量精确地满足客户的需求。这里就包括对客户的尊重，给他们应有的肯定，从而建立真正意义上的相互信任与信赖。

比如，当经济环境发生巨变时，许多客户会流失，那些与客户建立起稳固关系的人，则可以承受住巨大的冲击，避免成为失业的一群。显然，这些都是早年珍惜并适当地表达谢意，从而与客户肝胆相照的回报。

与客户交朋友，一定要重视礼节，给对方应有的尊重，真正把对方放在心上。比如，电话礼貌更是培训时不可或缺的课程之一，如果忽视了基本礼节，把任何事都视为理所当然，周遭的人久而久之，一定会有被利用的感觉，进而失去向心力，影响到你与客户的信任关系。

总之，掌握与客户交往的语言应用技巧异常重要。德谟克里特说过："要使人信服，一句言语往往比黄金更有效。"除了会说谢谢以外，还要把握好下面几点，才能更好地与客户交朋友。

一、不弄虚作假，态度要真诚

无论做人还是做事，真诚付出才能换取真诚。当然，这种真诚并不是一点技巧也不讲，把一切商业秘密毫不保留地全部端给对方，那也不是所谓的真诚。因为完全暴露的东西也不都是美的东西。

二、谈话对象因人而异

对不同身份、不同性格的人采取不同的谈话方式和策略，是实现谈话目的的关键。服务对象可以说是三教九流、无所不包，这就要掌握他们的性格特点，了解他们的志趣爱好，投其所好，"对症下药"，从他们感兴趣的话题人手，以此作为一个重要的切入点来实现谈话目的。

三、谈话内容真实具体

谈话不要吞吞吐吐，说一些似是而非的话。要一是一、二是二，把要表达的意思说清楚，尽量让客户明白你的意图，客户才有可能按你的意愿做事。

四、谈话方式要简洁干脆

幽默干脆的谈话可以吸引客户，引出更多的话题。诙谐幽默的谈话可以使谈话的气氛更加活跃轻松，即使偶有争执，一句幽默的话也胜过十句苍白的辩解。当然，幽默是出于自然的，多一分便成为油滑，少一分便成为做作，这就要求我们平时注重自身学习，多方涉猎，提高自身谈话的含金量。

五、谈话内容要充实周到

介绍商品的时候，不能单纯地谈论品种、数量和价格，还要了解所介绍商品的各项内在指标，要清楚商品的优缺点，以便于更全面、更详尽地向客户介绍产品。

六、谈话过程中要慎重

与客户交谈，不能轻诺。谈到关键问题时一定要慎之又慎。尽管可以用轻松的语言来讨论，表态时不能马虎。

此外，不要轻易拒绝对方。商业交往中对方会提出这样那样的要求或条件。其中有些交叉的利益关系一时难以消化和理顺。为了给自己留下一个考虑的空间，一般不要一口回绝。这样既能够显示对对方的重视，也能利用时间争取主动。

总之，与客户交朋友，真正把客户放在心上，心存感激，是每个客户服务人员最基本的职业道德。注意在谈话中把握技巧，则能帮助你更好地建立信任关系。

不要忽略“总结致谢”

工作中，领导人经常会做总结发言，这时候，在发言中致谢就成为一个不可缺少的环节。此外，得到同事的帮助，也要找一个机会正式表达一些感谢。这都是“总结致谢”的应有之义。

一位作家说过，人生最重要的不是如何登台，而是怎样体面地退场。对领导人来说，在总结发言中致谢，是一个风光得体而令人愉快的尾声；对普通员工来说，总结致谢是一个人应有的礼仪，是会办事的表现。

很多人以为，在他们向他人提出请求和愿望时，已经道过谢了，感激对方的支持之类的话都已讲过，所以总结致谢可有可无。这种想当然的做法是错误的。

因为，人们都喜欢严格要求别人，而宽恕自己。所以，那些提供帮助的人，都在期待你表示感谢，缺少了这个步骤，大家心里都会不舒服。那么，你的形象和信任度就要大打折扣了。

在工作中，常做总结致谢，也是表达“真诚”的需要。得到对方的帮助后，我们总是习惯一头扎进自己的事情上，再想不起去打个招呼；还有的人认为，这件事已经过去了，没必要再提了。“反正我已经事前谢过他了”，这是许多人的内心想法，然而提供帮助的人并不这么想。你要记得，仅有事先道谢是不够真诚的。

别人帮助你做事了，总会有某种期望在里面。因为，他们以某种方式支持你，必然要做出一定的付出。既然付出了，总会有所回报。要知道，对方想支持你，和你保持良好关系，这也是一种期望。

因此，得到他人帮助以后，你要表达感谢，至少要真诚地说一声“谢谢”。在此，你要明白对方心里都在想些什么。

首先，你必须考虑对方的成本。因为，别人帮助你的时候，再小的事也是要花时间和心思的。所以，任何人都会在潜意识里期待着一声“谢谢”作为一个信号，通知他成功与否，他所做的一切是否帮助了你，是否有效果，他希望努力付出后得到你的首肯和认可。

其次，注意功利性帮助。员工和部下愿意替你办事，部分动机是因为他想得到你的欣赏，在你面前露一手。这种帮助，很难说是出于自愿，或者单纯的友情所致。有些人乐于帮助你，目的或许并不单纯，你要考虑到他们心里想什么，尤其要知道他们期望的是什么。

因此，别人帮你做了事以后，你要做到善始善终，来一个总结，给对方一个交代，让这件事告一个段落。如果你杳无音信，对方会觉得受到了伤害。比如，他们会认为自己吃力不讨好，认为你忘恩负义。

难道你没听到过别人的抱怨吗，他们常常失望地感叹："想求人的时候，就舍得花时间找上门来，还客客气气的，态度那么好。事情办完了，居然连一句好话、一个消息都没有……"如果有人这样评价你，你就很难赢得他人的好感了。

求人帮忙之后，主动向他打个招呼，打个简短的电话，或是登门道谢，都是人之常情。正所谓凡事有始有终，做人要照顾到他人的感受，给自己留个后路。忽略了"总结致谢"这个任务，也许有一天你会为自己的粗心埋单。

领导的责任之一是说"谢谢"

在《领导是艺术》一书中，作者戴·普雷直截了当地说："领袖的责任之一便是说'谢谢!'"肯定别人与适时表达谢意，都是培养人际关系的最佳良方。对团队领袖来说，感谢还是一种领导理念，是成功驾驭团队成员的秘密武器。

任何人都不能否认或准确衡量联邦快递的员工对公司的忠诚。倘若参观一下联邦快递在孟菲斯的总部，你一定会被那里热情、诚恳的雇员感动。即便是在夜间作业现场，面对数不清的箱子和包裹、错综复杂的输送带、忙碌穿梭的堆货车，员工也始终保持着一丝不苟、士气高昂的工作态度。

联邦快递公司的领导人之所以能做到这一点，是因为他们坚持员工至上的原则，首先是员工．然后才有顾客。联邦快递的创始人史密斯在善待员工方面花了很多工夫，因为他相信："这种精神能够使硬邦邦的商业活动变得温情脉脉。"

重视员工的劳动，体察他们的感受，给他们提供优厚的物质条件，这是感恩意识在团队管理中的运用。一位主管说："我们相信：如果公司愿对员工多关心一点，员工所提供的服务将会使公司获得更大的效益。"

联邦快递的领导人说："善待员工，并让他们感受到公司真诚的关怀，便会得到全球一流的服务态度。"即使公司花大量钞票在硬件设备、训练课程等项目上，若员工不满意自己的职务和工作场所，就很难产生好的服务。

在一个团队里，领导人学会感恩，对员工心存感激，就能成功驾驭员工的情感，赢得人心，从而在竞争中立于不败之地。

有一次，美国发生了联运罢工，联邦快递公司一度挤满了每天 80 万美元的额外包装件。结果，数千名雇员们自愿在午夜之前来到公司货仓——在每周正常的工作时间之外——帮助公司清理堆积如山的货物。他们的辛勤工作可以说是超过任何教条，是对奉献精神的最好诠释。

罢工风波平息之后，史密斯给大家发了特别津贴，还在报纸上用了整整 10 页的版面来对工人们表示感谢，他用军人的敬礼来结束这份感谢词。史密斯的行动是对员工的最高嘉奖："你们的工作非常出色，你们对自己的事业具有高度的责任感，并且超出你们的责任为公司付出了辛勤的劳动！谢谢你们！"

感谢是一种建立人际关系的基石，也是做人应有的礼貌。对领导人来说，抱有感恩之心，对人、对事深怀感激，就会朝气蓬勃，就会豁达睿智。

领导人，是社会群体中一个特殊的组成部分，是充满个性的一个阶层。可以说，所有的领导人都是独具个性魅力的，而缺乏个性色彩的领导人，称不上真正的领袖人物。

但是，成功的领导人身上往往有某种共性，他们有个性倾向也有共性的价值取向。比如，把团队的生存和发展看作是自己生命的重要组成部分，把创新看成自己的第一需要，具备出色的口才表达技巧，等等。

以公司领导为例，他们要与各种各样的人打交道，除了研究国情、公司状况、市场环境，还要研究人情——处理好与股东的关系、让客户满意、安抚部下等。在与各种人打交道的过程中，善于说谢谢，会极大地增添领导人的亲和力与个性魅力。

更重要的是，领导人善于说“谢谢”，会在危急关头留住人心，渡过难关。比如，公司遭遇发展困境时，经营发展大受冲击，许多员工考虑离职。这时候，领导人如果能够站出来表明立场，表达谢意，一定可以挽留那些对公司有深厚感情的员工，摆脱危机。

会说“谢谢”是一种领导魅力，是每个领导人必须具备的一种能力，必须进行的一项修炼。

学会对下属说“谢谢”

对现代领导者来说，增强下属的满意度，是帮助他们提升工作效率、打造团队竞争力的有力武器。

1949 年，劳伦斯·林道进行了一项员工对工作期望的经典研究，结果表明，员工最想得到的是一些无形的东西，一是感到自己的工作得到赏识和感激；二是参与感；三是体谅人的上司。

不可否认，许多员工更加现实，金钱始终是他们首先考虑的问题。不过，获得认可、尊重，以及实现自我价值毕竟是人的更高层次的追求。领导者要善于通过感谢等方式激励下属，激发他们的工作热情，并赢得人心。

在一些领导者眼里，下属似乎不需要被感谢，不需要精神上的激励。通常，他们会认为：“只要下属尊重我就行，我不在乎他们是否喜欢我”，“薪水就是对员工的认可”，等等。

当下属表现出色时，领导者不能给予及时的表扬、鼓励和感谢，直到错过了感谢他们的机会，这显然是管理上的失误。高明的领导者会使用“胡萝卜”吸引人才、留住人才，引导他们关注团队和组织的目标，并激励他们竭尽所能做出贡献。

当然，领导者必须明确一点：善于表达感谢是一方面，重要的是要言之有物。也就是说，要善于采取恰当的方式感谢下属，在时机把握、气氛营造、心理接受程度上拿捏好尺度。

要知道，糟糕的称赞和感谢是令人沮丧的，至于笼统的"感谢你们每个人的工作"之类的话，还是少说为妙。因为，那只会让下属疑惑：领导真的看清问题，知道自己做了什么吗？

一个业务员在外奔忙了一天，干得相当出色。回到公司后，经理对他说："嘿，今天干得不错。"换成一位会说话的经理人，则会说："现在公司正在创业阶段，大家都会辛苦点儿，不过我们总算度过最艰苦的日子了。再加把劲，公司会好好回报你的。谢谢你这么积极工作，非常感谢！"

事实上，领导者与下属除了在工作分工上的不同外，在人格上是平等的，相互尊重也是自然的。将心比心，感谢下属，尊重对方，这既是现代文明的主题，也是发挥人力资源优势所必须的条件。

经验证明，一个素养高、亲切待人的领导总是比一个冷漠而又高高在上的领导更具号召力、感染力。领导者要注重自身修养，用自己的"言行"影响下属，用"德"、用"人格力量"感召员工，从而增强整个团队的凝聚力、向心力，提高员工的工作效率和工作积极性、主动性。

因此，领导者对下属说谢谢，是大有学问的。掌握说谢谢的技巧，学会随时感谢下属，是每个领导人应该上好的一门必修课。

有一个使者来给大国的皇帝进贡，贡品是三个一模一样的金人。皇帝看到眼前金碧辉煌的雕像非常高兴，正准备宴请使者，谁知对方提出一个问题：这三个金人哪个最有价值？

皇帝立刻召集大臣想出各种解决的办法，比如请珠宝匠检查金人的做工、质地，请卫兵称金人的重量，结果发现三个金人一模一样，根本没有办法区分出来。这下难住了泱泱大国的皇帝，最后他想到了自己的老师。

这位老师的确是一位德高望重的人物，他来到现场看了看，就让人拿来三根稻草。然后，老师胸有成竹地把一根稻草插入第一个金人的耳朵里，很快稻草从另一个耳朵里伸出来。然后，老师按照同样的方法操作，结果第二根稻草从金人的嘴巴里掉出来；到了第三个金人，稻草掉进了金人的肚子里。

接着，老师对皇帝说：第三个金人最有价值！使者看到这种情形，终于认输了。从这个故事中可以得到这样的启发，最有价值的人不一定是最能说的人，我们要善于做个有心人，多听多看，才能真正有所收获。

GE前CE0杰克·韦尔奇在自传中写道："我尤为注重把人作为GE的核心竞争力，在这一点上我倾注了比任何其他事物都多的热情。"

事实的确如此，无论是在休息室、走廊，还是在每一个公司会议上，韦尔奇都会对所见到的公司员工进行考察。正是把遇到的每一个人都当作是对那人的一场面试机会，通过不受任何限制的讨论方式识别和发现人才，这位GE当家人有效掌握了公司的人才布局，为推行自己的经营目标找到了得力的助手。

在倾听中发现下属的价值，就能找到感谢的理由，激励下属有更大的作为。心理学家一般认为，人的一切行动都是由某种动机引起的。动机是人类的一种精神状态，它对人的行动起激发、推动、加强的作用，因此称之为"激励"。

激励是领导工作的重要方面，而实现有效的激励，必须做一个称职的倾听者，在倾听中发现下属的价值。在走廊上碰到下属，你可以用一种人性的、舒服的、专心的态度来一段对话，如果发现下属的成绩，就可以称赞一番，表达一下感激。这种沟通形式，被称之为"前庭走廊"，已经成为领导者提升工作绩效的有益形式。

建议领导者每天一次，至少离开办公室30分钟。从"一分钟赞扬"开始尝试，当看到下属在正确做事时，不要犹豫，告诉他们：你所做的是正确的，没有你的帮助，我们可能会错过公司最主要客户的紧急需求，非常感谢。

真诚地说一声"你辛苦了！""谢谢你！""你真棒！"能让你激励下属，

能让你赢得人心，能帮助你发展人脉，何乐而不为呢？

说“谢谢”是对员工的肯定

索尼董事长盛田昭夫多年来一直保持着一个习惯，那就是经常与普通员工一起就餐、聊天。他认为，这样做能培养员工的归属感，并与他们保持良好关系。

这一天，盛田昭夫按照惯例与大家在一起用餐。忽然，他发现一位年轻员工郁郁寡欢，满腹心事，只顾闷头吃饭。盛田昭夫就主动坐在这名员工对面，与他攀谈。

几杯酒下肚之后，员工终于开口了。原来，这名员工毕业于东京大学，原来有一份待遇优厚的工作。进入索尼之前，对索尼公司崇拜得发狂。但是，进入这家著名公司后，他才发现，自己不是在为索尼工作，而是为课长干活。

他进一步解释说：“科长对我的一些小发明与改进，从来不支持，也没有代表公司表示过感谢。我花了不少心思改进工作，结果一无所获。”

看着这名员工十分泄气、心灰意冷的样子，盛田昭夫感到震惊。他想，类似的问题在公司内部员工中恐怕不少，管理者应该关心他们的真实想法，鼓励、感激那些真心实意为公司做事的人。就这样，盛田昭夫产生了改革人事管理制度的想法。

此后，索尼公司采取了一系列管理举措：

1. 索尼原则上每隔两年就让员工调换一次工作，特别是对于那些精力旺盛，干劲十足的人才，不是让他们被动地等待工作，而是主动地给他们施展才能的机会。

2. 索尼开始每周出版一次内部小报，刊登公司各部门的“求人广告”，员工可以自由而秘密地前去应聘，他们的上司无权阻止。

3. 在索尼公司实行内部招聘制度以后，有能力的人才大多能找到自己较中意的岗位，而且人力资源部门可以发现那些“流出”人才的上司所存在的问题。

这些改革措施，极大地调动了员工的积极性，使他们的才能得到充分发挥。

按照马斯洛的层次需要理论，实现自我价值，获得他人的肯定，是每个人最高层次的需要。在公司内部，员工不仅需要物质上的回报，更在乎老板对他的评价，在乎组织对他的认可。

除了在会议上表扬员工、在职位上提升员工、在薪水上奖赏员工外，老板还要在日常工作中对员工说声“谢谢”。这既是一种尊重，也是对员工的认可。

“谢谢”之所以有这样大的魅力，就在于它是一种肯定，是对他人工作的认同。“肯定”意味着赞赏和支持，特别是在一个组织内部，它是建立合作与互信关系的基础：

从员工心理的角度来看，老板说“谢谢”会产生许多微妙的影响。

1. 每个人都喜欢被人恭维，谁都不愿意默默无闻。所以促使人将自身能力发展到极限的最好办法，是说“谢谢”。

2. 无论多么桀骜不驯的员工都具备常人的一切心理特质，他们在受到认可的情况下，比在遭受指责的情形下更能奋发工作。

3. 在通常情况下，“谢谢”不必用夸张的言辞，也许只要配合点头、微笑就能收到出人意料的效果。

4. 每个人都希望得到别人的注意，不管他愿意承认还是不愿意承认。他心目中有燃烧着的欲望，是一种永远无法满足的渴望，那就是希望被人们承认、欣赏和羡慕。

在公司人际沟通中，“谢谢”是一种肯定的态度，是积极的鼓励、促进和引导。一个善于说谢谢的老板，不但给人谦卑的好印象，还会满足员工希望得到肯定的心理，从而极大地增强自己的亲和力和凝聚力。

我们都渴望被赏识和被肯定，而且会想方设法去得到它，但是没有人会理会阿谀奉承这种不诚恳的东西。在公司内部，老板说谢谢，对员工表达支持、肯定的态度，能提高大家的工作效率。

美国一位创业者卡斯特取得成功后，曾经这样总结经验："我坚持的最重要的一条管理宗旨就是随时表扬、感谢自己的员工。"在许多人看来，表扬、感谢无非就是在会上提提名字而已，但卡斯特做起来却远远不止于此。

这位成功的管理者指出，即使是最普通最一般的人，他们身上也能找出值得称赞的东西，可以发现表达感激的理由。关键是领导者是否有这种意识，能够发现员工身上的闪光点。

正是基于这样的思想，卡斯特对于工作上确实没有什么值得称道的人，也会从生活方面找到恰当的话题，比如他会恰当地说："你今天的衣服真不错。"而当员工帮他做了某件小事时，他则会真诚地说一声"谢谢"。这种赞赏、感谢很容易在员工内心深处产生一种无形的动力，为工作投入自己的热情和努力。

显然，卡斯特成为公司中一个最有魅力的人，这对一位领导者来说简直是如虎添翼。因为得到大家喜欢的领导者更容易聚合团队的力量，从而在激烈的市场竞争中取得胜利。

事实确实如此，卡斯特和员工接触机会很多，大家对他的印象非常好，这在很大程度上帮助他们建立了合作关系，并有效地加速了事业的发展。

在发奖金的时候，这个领导者会走到每一个人的桌子前面，然后他握住他们的手，真诚地说："如果没有你的话，我们的团队就不会取得今天的辉煌业绩，我衷心感谢你。"

显然，这句来自最高领导者的关切之语让每个员工都感到心中温暖如春，从而加倍努力来回报公司对他的信赖。要成为人类有效的领导者，卡耐基告诉你一个原则：赞美最细小的进步，而且是赞美每一次进步，要诚恳地认同、慷慨地赞美，真诚地感激。

第九章

言行如一，用行动去感恩

事实上，很多工作了多年的老员工，也往往没弄清楚管理者和企业对自己的真正期望是什么，他们以为忠实执行、做好分内的工作即可。然而，一个企业真正的期望是不要只做老板交代的事，要怀着感恩的心主动去做没有人吩咐但对公司有帮助、能让公司获得更大利益的事。当一个员工知道如何去发挥自己主动性的时候，他就有可能成为最受企业欢迎的人。

感恩就是对工作决不拖延

商场就是战场，工作就如同战斗。要想在商场上立于不败之地，就必须拥有一支高效能的战斗团队。任何一个经营者都知道，对那些做事拖延的人，是不可能给予太高的期望的。

哪些员工做事不拖延？哪些员工能够高效地完成自己的工作呢？

一个感恩的员工做事从不拖延，感恩的员工知道自己现在从事工作的重要性，知道自己的工作能给自己带来多大的收获，所以他们非常珍惜自己的工作，并且努力高效地完成自己的工作。在日常工作中，他们知道自己的职责是什么，在上司交代工作的时候，他们只有一个回答，那就是："是的，我立刻去做！"并且能够在第一时间将令人满意的业绩呈现在上司面前。

比尔·盖茨说过这样的话："过去，只有适者才能够生存；今天，只有最快处理完事务的人才能够生存。"在人才竞争激烈的公司里，一个人要想立于不败之地，就应当奉行"把工作完成在昨天"的工作理念，一个总能在"前一天"完成工作的员工，无论在什么时候都会是老板心中的优秀员工。

某公司老板要赴海外公干，且要在一个国际性的商务会议上发表演说。他身边的几名要员于是忙得头晕眼花，要把他赴洋公干所需的各种物件都准备妥当，包括演讲稿在内。

在该老板赴洋的那天早晨，各部门主管来送机。有人问其中一个部门主管："你负责的文件打好了没有？"

对方睁着惺忪睡眼，道："今早只有 4 小时睡眠，我熬不住睡过去了，反正我负责的文件是以英文撰写的，老板看不懂英文，在飞机上不可能复读一遍。待他上飞机后，我回公司去把文件打好，再以电讯传去就可以了。”

谁知转眼之间，老板驾到。第一件事就问这位主管：“你负责预备的那份文件和数据呢？”这位主管按他的想法回答了老板。老板闻言，脸色大变：“怎么会这样？我已计划好利用在飞机上的时间，与同行的外籍顾问研究一下自己的报告和数据，不能白白浪费坐飞机的时间啊！”

闻言，这位主管的脸色一片惨白。

一名懂得感恩的员工，他懂得老板吩咐事情的重要性，无论在什么时候，都不会自作聪明地设计工作，他们会谨记工作期限，而且明白，在所有老板的心目中，最理想的任务完成日期是：前一天。

社会学家库尔特·卢因曾经提出一个概念，叫作“力量分析”。在这里面，他描述了两种力量：阻力和动力。他说，有些人一生都踩着刹车前进，比如被拖延、害怕和消极的想法捆住手脚；有的人则是一路踩着油门呼啸前进，比如始终保持积极、合理和自信的心态。这一分析同样适用于工作。如果你希望自己能够成为老板眼中的优秀员工，你就应当把脚从刹车踏板——“拖延”上挪开。

安东尼是IBM公司的一个部门主管，每天醒来就一头扎进工作堆里。忙得焦头烂额，废寝忘食，整个人都快要崩溃了。于是，安东尼去请教一位成功的公司经理。

来到这位公司经理的办公室时，安东尼看见他正在接听一个电话。听得出来，和他通话的是他的一个下属，而这位经理很快就给对方做出了工作指示。刚放下电话，他又迅速签署了一份秘书送进来的文件。接着又是电话询问，又是下属请示，公司经理都马上给予了答复。

半个小时过去了，终于再也没有他人的“打扰”了，这位公司经理于是转过头来问安东尼有何贵干。安东尼站起身来说：“本来我是想请教您，身为一个全球知名公司的部门经理，您是如何处理好那么多的工作的，但现在不用了，您已经通过您的行动给了我一个明确的答案。我明白自己的毛病出在哪里了，您是现在就把经手的问题解决掉，而我却无论遇到什么事，都先接下来，等一会儿再说，结果您的办公桌上空空如也，我办公桌上的文件却堆积如山。是拖延让我感到手忙脚乱的。”

安东尼从这位经理身上学到了绝不拖延的工作习惯，他的工作效率有了很大的提高，和同事、上司之间的合作也变得更加融洽了。一年后，深得上司信任和器重的他被提拔为部门总经理，成为公司炙手可热的人物。

拖延是不会取得成功的，只有心怀感恩，他们才会重视自己工作的重要性，才会想方设法高效地完成任务，并将任务完成得最圆满、最漂亮。这些人，也最终能够得到工作的最佳回馈。

把工作当成自己的事业

有人曾经这样评价自己的工作：“工作就是不折不扣地拿到成果。”

有人却这样对待自己的工作：“工作是自己的事业。”

两种明显不同的心态：前者是被动地对待自己的工作，后者是积极主动地享受工作带给自己的快乐和收获。

对于一个懂得感恩的员工来说，我们不仅要把工作当成一种职业，更要把它当成一种事业。如果你只把工作当作一件差事，或者只把眼光停留在工作本身，那么即使从事你最喜欢的工作，也无法持久地充满激情地工作。但如果你怀着一颗感恩之心，把工作当作自己的一项事业，情况就完全不同了。

为事业而工作，我们就不会成为工作的奴隶，而是一种兴趣，一种生命内在的需要，一个展示智慧和能力的舞台。这样，才能体会到成长的快乐和人生的幸福。正如一位哲学家说的：“工作就是人生的价值、人生的欢乐，也是人生幸福之所在。”所以，当你把工作看作是一种快乐的事业时，生活就会变得很美好；而把工作看成一种苦涩的任务时，生活就会变成一种奴役。

一位著名企业家说过这样一段话：“我的员工中既可悲又可怜的人，是那些只想获得薪水，而对其他一无所知的人。同样的一件事，对于‘工作等于事业’的人来说，意味着执着追求、力求完美；而对于‘工作等于任务’的人而言，意味着出于无奈、不得已而为之。”

一个年轻人取得博士学位后，自愿进入一家制造燃油机的企业从基层做起，担任质检员。刚开始薪水与普通工人相同，工作半个月后，细心的他发现该公司生产成本高，产品质量差，于是他便不遗余力地说服公司老板推行改革来占领市场。身边的同事对他说：“老板给你的薪水也不高啊，你为什么要这么卖命啊？”他笑道：“因为公司给我提供了从基层开始事业的机会，我要感恩报答。”可是现实中，我们又有多少人是站在基层的岗位上工作呢？我们是否把基层看作我们事业的起点呢？

一年后，这个年轻人被晋升为副总经理，薪水翻了十几倍。

职业就是事业，这应当是我们永远坚持的人生观和价值观。这样才会全身心地投入到我们的工作中，我们的事业中，工作才有激情，事业才能发展。有句话说得好：“今天的成就是由昨天的积累而来的，而明天的成功则有赖于今天的努力。”把工作和自己的职业生涯联系起来，对公司为自己提供的锻炼机会心存感恩，你就会感谢工作中的压力和单调，就会相信自己所从事的是一份有价值、有意义的工作，并且从中感受到工作中的使命感和成就感。

成功人生的重要分水岭——为事业打拼而不是为工作奔波。是把工作当作生活的来源，还是把工作当作自己一生的事业，其结果有天壤之别。把工作当成自己事业的人，一个典型的表现就是：充满了自信心，了解自己在做什么，熟悉行业的情况并且会把工作做到位。而只是为工作奔波的人则总是担忧失业，考虑“35 岁以后怎么办”的问题，甚至会落入苦闷的深渊。

美国布拉尼克博士曾对1500名男女做了长达20年的研究。这项研究从他们20多岁开始，直到40多岁为止。这1500人当中，有83位受访者成了百万富翁。研究发现，每个变成富翁的人，都很早就下定决心要专攻某件令他们痴迷的事——他们喜欢做的事。结果，努力工作15或20年后，他们猛然发现，自己的净资产值超过了100万美元。在这类人当中，有百分之七八十都不是企业家，也没有伟大的技艺和天赋，而只是靠他们在工作中的卓越表现和专长成为富翁的。

不可否认，我们工作都有目的，但如果把金钱置于第一位，你就很可能一直处于贫穷之中；而如果把事业置于第一位，你可能很快就会走上致富之路。

工作给我们提供了成就事业的机会，没有工作，便不可能有事业。一个人只有将工作当事业，才能倾注自己全部的热情，才会不惜付出一切，才有可能取得事业的成功。工作意味着去参与、去思考、去创造，我们的事业就是在这一系列有意义的活动中成就的。当我们成功地完成某件工作时，会发现自己的才华、价值也得到了体现。对于愿意为自己的事业献身的人来说，工作不是一种负担，而是一种乐趣，是生活中不可缺少的组成部分，因为我们只有在工作中才能充分发挥自己的才能，实现自身的价值，才能创造更多的价值。

心怀感恩，把工作当成事业，则没有干不好的工作。懂得感恩，热爱自己的工作，成就自己的事业，追求最大的人生乐趣，使我们最终无愧于社会，无愧于企业，无愧于家庭，无愧于自己。

感人之恩，责己之过

“感他人之恩，责自身之过”，是我们处理他人和自己过错的原则。

每个人都有优点，也有缺点。我们强调弥补缺点，纠正不足，并以此来定义进步。而事实上，我们总是把别人的缺点放大，而把自己的缺点缩小甚至忽略。但是要做到感他人之恩，责自身之过，行动起来并没有想象中那么容易。

有这么一则小故事，或许可以给我们一点启示：

阿里一次与好友吉伯、马沙一起外出旅行。三个人经过一处陡峭的山路时，马沙突然失足滑倒，眼看就要摔下万丈山崖。就在这危急时刻，吉伯一下抓住马沙的衣襟，用力将马沙拉了上来。为了记住这一恩德，马沙在路边一块大石头上刻下了这样一行字：“某年某月某日，吉伯救了马沙一命。”

三个人继续向前走。在海边，因为一件小事，吉伯和马沙吵了起来。吉伯一时冲动，打了马沙一记耳光。但是，马沙没有还手。他跑到沙滩上，在沙滩上写下了一行字：“某年某月某日，吉伯打了马沙一个耳光。”

旅游结束后的一天，阿里问马沙：“你把吉伯救你的事刻在石头上；而把他打你的事写在沙滩上，这是为什么呢?”

马沙回答说：“我要永远感谢并永远记住吉伯的救命之恩。至于他打我的事，我想让它随着沙子的流动、海水的冲洗会逐渐忘得一干二净的。”

马沙是一个非常智慧的人，因为他能够正确对待恩惠和怨恨，所以他收获了快乐和尊重，这一点值得我们学习。但是，现实生活中，很多人的做法相反：有的人总是对别人给予的帮助缺乏感激之心，认为是理所当然的，没有什么可以铭记的；甚至，有的人得到别人的帮助不知道应该回报，或者只是一时感激，时过境迁便很快遗忘；有的人甚至不辨是非，恩将仇报。

民间有句俗语说得好："你帮别人快忘记，别人帮你要牢记。"对于工作中的同事，更应该牢记这一点。因为记住同事对自己的好，以感恩的心态对待同事，以宽阔的胸襟回报社会，是一种利人利己、有益社会的行为。

经济学家孙冶方和舞蹈家资华筠都是第五届全国政协委员，他们常在一起开会。一天，孙冶方得知资华筠是著名学者陈翰笙的学生，就主动告诉她："你的恩师也是我的引路人啊。我是在他的影响下，参加革命并且对经济问题产生兴趣的，所以我很感谢他。"

后来，资华筠把这件事告诉了陈翰笙，翰老却说不记得了。资华筠认为老人年事已高，记不清楚了，嗔怪着说："人家大经济学家说您是引路人，您倒把人家忘记了?!"

不料，翰老十分认真地说："我只努力记住自己做过的错事。至于做对的事情，那是自然的、应该的，记不得那么多了。孙冶方选择的道路和成就，是他自己努力的结果，我是没什么功劳的。"

一个铭记着自己的引路人，念念不忘别人对自己的恩典；一个却不记得自己做过的好事，而只努力记住自己做过的错事。陈翰笙先生把自己施人之恩视为自然的、应该的，淡而忘之、不求回报。这种真诚、宽厚的胸怀，是一种更高更深的境界。

随时不忘责己之过，而时时忘记施人之恩，是一种难得的美德。记住自己做过的错事，是吃一堑长一智，避免重蹈覆辙的前提。一个人想要少犯错误，不断取得进步，就必须做到这一点。

人生在世，要互相理解，互相帮助，多反思自己的不足，多感激别人的恩惠，少谈论别人的缺点，对矛盾不要总是耿耿于怀。如果能做到这些，人与人之间的摩擦就会减少许多，社会就会更加和谐，生活也会更加温馨。

要有发自内心的感恩行为

企业是由每一个人组成的，大家有共同的目标和共同的利益。企业里的每一个人都负载着企业生死存亡、成败兴衰的责任，因此，无论职位高低都必须具有很强的责任感。然而进一步归结起来，责任感本质上来自于感恩之心。

在一些企业中，之所以有不少员工没有尽心尽力工作，其中最主要的原因就是他们将工作当成一件养家糊口的、不得不从事的差事，谈不上什么荣誉感和使命感。甚至有很多员工认为，我出力，老板出钱，等价交换，谁也不欠谁的，谁也不用过分认真。对于能够参与这份工作，没有心存感恩，那么必然衍生不负责任的工作态度，因为，他始终没有给自己找到一个认真负责的理由。

心存感恩的人则完全不同，他们把工作看成一种恩赐、一种馈赠。因为接受了恩惠而感恩，所以更加负责任，因为更加负责任，可以使身边的人感受因为他们负责而带来的成果，从而使更多的人投入到感恩——负责——感恩这样的循环中。如此良性循环，工作中就会充满爱，从而营造出和谐、美好的氛围。

这样的人，往往对于升职加薪不抱太多的奢望和苛求，但是又往往无求自得，成为职场中真正的胜利者。

事实证明，对于一个懂得感恩的人来说，履行责任只是一件自然而然的事情。

有一个学习计算机的年轻人大学毕业后，四处求职，暑假过去了，他依然没有找到理想的工作，眼看身上的钱就要花完了。

有一天，报纸上登出一则招聘启事，一家新成立的电脑公司要招聘各种电脑技术人员20名，但需要经过考试。年轻人感觉到机会来了，他在报名后就潜心复习，后来终于在200多名报名者中脱颖而出。

在走上工作岗位后，年轻人才真正认识到自己的知识欠缺太多。公司每晚要留值班人员，家住本市的同事都不愿意值班，他就索性搬到单位住，包揽了所有值班任务。每晚9点关门后，他就在办公室拼命钻研电脑知识，比读大学的时候还勤奋，工作两个月后，他就已经成为公司的技术骨干了。

这时，年轻人的生活依然是艰难的，试用期3个月里每月只有几百元的工资，勉强够吃饭。可是这份工作来之不易，他懂得知足常乐的道理。他努力工作，表现得相当优秀。

两年后，他考取了国际和国内网络工程师资格证书。成为一名网络工程师，得到公司领导的器重和同事们的好评。几年过去，随着公司的发展壮大，不到30岁的他就凭借出色的业绩在这家公司拥有了很高的职位，并拥有一定的股份，前景良好。当人们问起他的成功经验时，年轻人谦虚地说："其实也没什么，我知道这份工作来之不易，于是我每天都用几分钟时间，为自己能有幸拥有眼前的这份工作而心存感恩，为自己能进这样一家公司而感恩。这样，我便有了前进的动力，再苦再累的活也难不倒我了。"

感恩就意味着责任，没有责任感的学生是不懂感恩的学生，没有责任感的老师是不懂感恩的老师，没有责任感的员工是不懂感恩的员工。学习就要承担学习的责任，工作就要尽心尽责。感恩让人的内心萌生责任意识，责任意识让每一个人表现得更加卓越。

在承担责任的过程中，员工会把个人的得失看淡，而将精力放在应尽的责任上。责任就像一根绳子，拉着放任的心，归入正位。没有责任的人生是最危险的人生，也是最痛苦的人生。人生因责任而充实，因责任而幸福！

因为我们感恩，所以负责；因为他人负责，所以我们感恩！

感恩就是自动自发

自动自发的原动力是什么？取得更大成功的必要条件是什么？

2008年5月12日发生了汶川大地震，震动中国，震惊世界。地震发生之后中华民族从未有过地团结在一起，捐钱的捐钱，捐物的捐物，甚至有不少志愿者不顾个人生命危险第一时间亲临灾区参与到抗震救灾中。我也自动自发地参与了多次抗震救灾的慈善活动，并发短信给我所有的朋友和全国各地的学员，希望他们也参与进来。短信发出没多久，在2008年5月16日21时23分我收到了来自新疆长福宫大酒店总裁李春文先生的短信，让我感慨万分。短信是这样写的："我们每一个人都是渺小的，但只要我们众志成城，携手相伴，一切难关、困难都无法阻挡中华民族崛起的脚步。昨天长富宫酒店与勤和居餐饮公司共捐款30万元，员工捐款两万多元，共计32万余元。我们已通过公证处捐献给慈善总会，这是目前新疆最大一笔私营业主捐款。我们会尽力帮助灾区。祝成杰老师一切顺利，健康平安。"

外国企业管理专家讲述过这样一个有趣的例子：如果从A到Z这26个字母分别表示1—26个分值，A是1分，那么Z就是26分。那么，分析三个重要的单词：一个是knowledge（知识），一个是hard work（努力工作），还有一个是attitude（态度）。计算一下我们可以发现，知识是96分，努力工作是98分，态度则是100分，态度分值最高，是满分。

在工作中技能是最基本的要求，努力工作可以克服知识和技能上的不足，而最重要的是态度。员工的工作态度直接决定了他可以走多远。感恩心态是良好的工作态度的内在要求：对公司感恩，对老板感恩，对同事感恩，对客户感恩，因为心怀感恩，才能自动自发地积极工作。

刘浩是一家广告公司的业务员，他不但业务能力强，还精通文案策划。他在工作中有一个习惯，那就是不用领导交代，凡事他都抢着做，就算做完了自己分内的工作，他也不像其他人那样放松地休息，他总是尽自己最大的能力帮助别人，或者专门找事情做。有的员工嘲笑他："工作不要命，该他干的不该他干的，他全包了。"

但是刘浩没有因为别人的异议而改变，他深知工作来之不易，自己只有努力工作才能回报公司，所以他做起事来。就不会心浮气躁。他相信自己所做的工作对公司成长而言总是有意义的。

他兢兢业业地工作，有的客户只要一个策划方案，但他总是争取时间再做一套备用方案来供客户选择，以防万一。这让许多客户感到非常意外，也非常满意。

一次，一个公司的老客户在短时间里需要一套广告方案，而当时策划部的人都有未完成的工作，他们都说自己工作量大，怕完不成任务。手头也有任务的刘浩却自告奋勇地接下了这个任务。他加班加点，最后终于完成了令客户满意的广告推广方案。

这一切老板都看在眼里，很感激他。把客户送走之后，马上就把刘浩叫进了经理室，高兴地说："刘浩，辛苦了，这次真的多亏你。你给公司带来的不仅仅是这一单生意，而是更多。那是一个很大的客户，我们能接到他们公司的活是很不容易的，这次我们给他们留下的印象很好，以后肯定会有更多的合作。"老板在感谢刘浩的同时，不仅肯定了他的能力，而且很欣赏他的工作态度。从而，老板断定刘浩是业务部总经理的最佳人选。

如果你有一份工作，那就尽力享受工作，学会感恩。公司提供的机会、上司和同事的帮助、家人的关心，难道这一切你不应该感激？如果你这样做了，我相信你一定能享受到更多别人无法体会的乐趣，心情会更好，效率会更高，进步会更快，工作也会得到更多的回报。

主动承担更多责任

“感动会变成激励我们承担责任的勇气和动力。”

在2004年“感动中国人物评选”中，华中农业大学毕业生徐本禹放弃了自己读研究生的机会，在贵州农村支教的义举给我们以感动，让我们热泪盈眶。当徐本禹走上银幕时，我们内心的善良被唤醒：当徐本禹走进我们的视线时，人性的那份感动又一次被燃烧起来，这个原本该走入研究生行列的大学生，却义无反顾地从繁华的城市走到大山深处。就是这样平凡的壮举，湿润了每一个人的双眼，也点燃了每一个人内心未熄的火种。然而，让他做出这一抉择的理由却很简单：怀着一颗感恩的心，让自己去主动担负起更多的责任。

“因为别人帮了我，给我以感动，是感动让我懂得‘感恩’，所以我要怀着感恩的心去帮别人，帮助那些需要我帮助的人，担当起我应该担起的那份责任。”就这么简单，却足以感动中国；就这么简单，却拨动了我们的心弦。感恩与责任，徐本禹用如此简单的话语和如此不简单的行动教会了我们都应懂得的道理。“因为别人帮了我，我肯定要帮别人。”这句耳熟能详的话帮助我们理解了感恩与责任的关系。感恩，作为一种精神、一种品质已成为徐本禹的精神动力。

在工作中，我们同样应该怀着感恩的心，因为老板信任并提供给我们一份薪水和一个工作平台，我们就应该责无旁贷地承担起所有的工作职责。

一个不负责任的员工往往会找很多的借口为自己辩解，从借口上分析，很容易将没有责任心的员工分离出来。一个有责任感的员工应时刻严格要求自己：责任面前没有任何借口。

很多人在出现问题之后常用的一个借口就是："我并不十分清楚我的责任，所以才没有把工作做好。"因为不清楚所以才没有做好，听起来顺理成章。可是在这个借口的背后却有一个非常严重的问题，那就是责任感匮乏。一个人一旦缺乏责任意识，那么缺乏的东西还会更多，比如工作的热情，工作的态度，工作的效率，以及对企业的忠诚度等。如果这样，给公司甚至给我们自己带来的损失将是不可估量的。所以，作为一个员工，有必要清楚自己的责任。

社会学家戴维斯说："放弃了自己对社会的责任，就意味着放弃了自身在这个社会中更好的生存机会。"

工作就意味着责任。每一个职位所规定的工作内容就是一份责任，你做了这份工作就应该担负起这份责任。因此，我们每个人都应该对自己所担负的工作充满责任感。

> 美国前总统杜鲁门上任后，在自己的办公桌上摆了个牌子，上面写着"Buckssеophere"，翻译成中文是："问题到此为止。"意思就是说："让自己负起责任来，不要把问题丢给别人。"从某种角度来说，是负责精神成就了美国前总统杜鲁门。

大多数情况下，人们会对那些容易解决的事情负责，而把那些有难度的事情推给别人，这种思维常常会让我们的工作面临失败的命运。

有一个著名的企业家说："职员必须停止把问题推给别人，应该学会运用自己的意志力和责任感，着手行动，处理这些问题，让自己真正承担起自己的责任来。"

世上有许多事情是我们无法控制的，但我们至少可以控制自己的行为。如果不对自己过错的行为负责，我们就不可能对自己的未来负责。面对自己曾做过的事，我们应该做的是承担起自己的那份责任，而不是寻找借口逃避责任。让我们怀着一颗感恩的心，主动去担负起更多的自己应该担负的责任，努力让未来之路充满光明。

让使命感无处不在

使命感，是一个人对待生活、对待事业、对待人生的态度，是一种促使人们积极采取行动，实现自我信仰和人生目标的心理状态。

如果我们每一个人都将我们的工作当作是使命一样去对待，那么，我们不仅能更好地完成我们的工作，而且能获得更多工作以外的有价值的东西。上帝会把最珍贵的礼物放在最后，留给有使命感的人。

在领导巨海同仁的过程中，我发现企业的使命是我们每个人内心奋斗的源泉，我在想有没有触动灵魂的神圣使命？答案是肯定的，巨海人一直肩负着“帮助企业成长，为中国成为世界第一经济强国而努力奋斗”的崇高使命。

对于我们每一个人而言，工作便是一种使命。在自然界，任何一个物种的生存都是建立在辛勤劳作的基础上的，人类也不例外。人类需要通过劳动来获得生存的物质保障。美国最大的化妆品直销公司玫琳凯的创始人玫琳凯·艾施便是一位自始至终都以丰富女性生活为使命的人。也正是她的使命感让她成就了一份美丽而伟大的事业。《福布斯》杂志就曾将她与美国石油大亨摩根、汽车大王福特、软件大王比尔·盖茨相提并论，称他们是200年来最具传奇色彩并获得巨大成功的人，她是其中唯一的女性。1999年，她又作为唯一的商界人士与科学家居里夫人及诺贝尔和平奖获得者特蕾莎修女一同被评为20世纪最有影响力的妇女。几十年来，玫琳凯已成为女性热情、优雅、美丽和成功的代名词。

玫琳凯的成功是与她内心深处那崇高的使命感分不开的。1918年5月12日，玫琳凯出生在得克萨斯州霍特韦尔斯一个贫困的家庭。不久，全家就搬到了休斯敦。从6岁起，玫琳凯就不得不一边与母亲在外打工挣钱养家糊口，一边照顾她得了肺结核的父亲和自己的弟妹。所以，玫琳凯小小年纪就担起了家庭的重任，而这些苦难的经历也让她从小就坚强而自立，并且对家庭充满了使命感。后来，玫琳凯在一家礼品公司一直干了30年，她在那里工作也一直非常努力，每件事都做得非常棒。但是在她42岁那年，她本该晋升为主管，却被一位男士捷足先登。她的老板给她的回答是："玫琳凯，你是我们公司最优秀的员工，但是，你是一个女人！"老板的话深深地刺痛了玫琳凯，她为自己作为一个女人的不公平待遇而悲哀，然而，这样的遭遇又何止她一个人在遭受，还有成千上万的女性在遭受和她一样的悲惨命运。一种想要改变女性命运的强烈的使命感让玫琳凯拿出了她所有的积蓄35万美元开始了她的创业。在强烈的使命感的驱使下，她坚强地战胜了一切困难。她的事业蒸蒸日上，并且最终成就了自己的一番事业，也让无数女性有了属于自己的一份事业，让无数女性在经济上获得了独立，同时也改变了无数女性的命运，而玫琳凯也最终完成了她的使命。

在取得成功后，她仍旧每天坚持工作，并且是一如既往地努力着，用她自己的一句话来形容就是："社会需要的是有使命感的人，社会最终也会回报那些有使命感的人。只有使命感才能让一个人伟大！"

玫琳凯自始至终都将工作本身看成是一种神圣的使命，并一直将其贯彻到公司的文化理念当中。正是这样一种使命感让她创造了一个又一个奇迹，同时也造就了无数生命个体的人生辉煌。

引导一个人走向成功的磁石，就是由使命感而迸发出的真实、乐观和炽热的热情。具备了这三种品质，我们也就得到了全力以赴完成工作的无限力量。

因此，今天不管你在什么领域、什么岗位工作，你都应该重视自己的工作并视为神圣的使命，如同有使命感的牧师将他的工作当成一种使命一样，我们每个人都必须肩负起自己的使命，在自己的职责范围内完成自己的使命。工作是人的天职，是实现人生价值的方式，抱着神圣的使命感去工作，你必将走上成功之路。

承担和不逃避责任

责任是我们每个人必须承担和无法逃避的。

因为责任使我们的人生变得有意义、有价值，没有责任的人生是苍白且乏味的。尽管在我们承担责任的过程中，不可避免地要承担起压力和面对各种困难，但一个真正能够承担起责任的人，终能成为真正的职场强者。那些漠视责任、推卸责任的人早已将感恩的情怀丢掉，他们，也最终会成为被企业，甚至社会抛弃的人。

王强是某集团公司的员工，自从到公司后一直都非常努力，并取得了突出的成绩。老板非常赏识他，他成了老板跟前的“红人”。很快，他被提拔为销售部经理，工资一下子翻了两倍，还有了自己的专用汽车。

刚当上经理那阵子，王强还是像未做经理之前那样努力，每一件事情都做得尽善尽美。

“你犯什么傻啊？”不断有人这样对他说，“你现在已经是经理了，再说老板并不会检查你做的每一件事情，你做得再好：他也不知道啊！”

在多次听到别人说他“犯傻”的话后，王强变得“聪明”了，他学会了投机取巧、学会了察言观色和想方设法迎合老板，不把心思放在工作上，而是放在揣摩老板的意图上。如果他认为某件事情老板要过问，他就会将它做得很好；如果他认为某件事情老板不会过问，他就开始敷衍了事，甚至根本就不做。

终于，在公司的一次中高层领导会议中，老板发现王强隐瞒了工作中的很多问题，并且变得不认真工作了，一怒之下，就把王强解聘了。

诚然，老板不可能看到每一个员工的每一份成绩。可是，如果你养成了追求完美的习惯，把每一件事都做好，就可以保证老板所看到的全是完美的。到时，老板自然会把你该得到的职位和报酬给你。可惜，王强没有意识到这一点，没有意识到责任不是短暂的，而是持之以恒的坚持。

王强被解雇，原因不在于其能力不济，而在于他责任心不强。对责任的漠视使王强逐渐对公司失去了感恩之心，结果自己最终成了被企业和社会所抛弃的人。

工作中，一个人要想赢得老板的信任和尊重，就应该怀有感恩之心，勇敢地承担起责任。一个人即使没有良好的出身、优越的地位，只要他能够勤奋地工作，认真、负责地处理日常工作中的事务，就会赢得别人的敬重和支持。反之，一个人即使高高在上，却不敢承担责任，不懂得感恩，丧失基本的职业道德，便会遭到他人的鄙视和唾弃。

我们生活在一个由责任构建的社会中，亲情缔造的责任让我们感动，友情链接的责任让我们幸福，爱情构筑的责任让我们忠诚。对这一切，我们都应当心存感恩，而不应当漠视和推卸自己的责任，推卸责任会伤害我们的至亲至爱，漠视和逃避责任是对感恩之情的最大亵渎。

员工和企业之间是一种基于责任的契约关系，而不单单是一种利益上的关系。因为一个人工作不仅仅为了钱，为了生存；工作还是人生的一种需要，是人寻找个体价值的一种选择。工作和事业满足了个人自我实现的需要，而这是人最高层次的需要。同时，人们需要认同感和满足感，工作满足了人的这种需要。对此我们应怀着一颗感恩之心，用自己的实际行动去担当责任，当我们带着一颗感恩之心去履行自己的责任时，我们的内心和人生也会因此而显得丰盈和充实。

感恩是职业精神的源头

我们为什么要工作?

我们在为谁工作?

工作的意义是什么?

这么辛苦地工作，究竟值不值得呢?

这些涉及哲学层面的追问和思索，不时会浮现在员工、管理人员和企业经营者的脑海里，它们也是所有职场人士都无法回避的问题。

那么，究竟什么是工作，工作的意义又在哪里呢?

> 曾经在美国费城的大楼上竖起第一根避雷针，有着“第二个普罗米修斯”之称的富兰克林，说过这样一段话：“我读书多，骑马少，做别人的事多，做自己的事少。最终的时刻终将来临，到那时我但愿听到这样的话：‘他活着对大家有益。’”

活着对大家有益，这就是工作的意义——它为我们指明了方向，指引我们排除生活中的种种引诱和干扰，朝着既定的目标前进。如果我们能够明确感受到自己的工作对于他人的价值，我们就会从中感受到无穷的乐趣。

工作对很多人来说，只是谋生和养家糊口的手段，或者仅仅是出于一种非做不可的理由：因为职责的需要，因为制度的约束，因为习惯成自然……但是，他们自己从来没想过，工作是“眼睛能看见的爱”，是对生命的一份感恩与责任。如果每个人都认识到了工作也是一种爱，是爱自己、爱他人，是对生命的爱，那么，还会有谁对自己的生命不负责任呢?

爱是创造力和一切生命的源头，真正能够成就大事、留名青史的人无不是内心充盈着爱和责任，对生命满怀感恩与热爱。从“老吾老以及人之老，幼吾幼以及人之幼”到“先天下之忧而忧，后天下之乐而乐”，我们无不感受到爱与责任的光辉。

工作是生命的馈赠，是天职，是使命。如果能够怀着一颗感恩的心去工作，去帮助他人，为他人创造价值，那么我们不仅能感受到工作带给我们的外在价值和成就，还能体会到工作带给我们的内在幸福与和谐。大爱无声，责任无言。在高度分工的现代社会，在效率至上和业绩为王的时代，在日趋功利和浮躁的社会风气中，让我们牢记，感恩与责任是职业精神的源头，让我们的智慧和汗水在爱的奉献和责任的付出中闪光吧！

第十章

感恩是一种力量，感恩让你更快乐

在工作中，感恩是一种力量，它可以激发人体内在的潜能，这种能量一旦激发，就会给人生带来无法想象的震惊，而感恩就是激发这种能量的导火索。一旦你意识到这种力量的存在，并开始以更加积极的态度运用它，你就能够改变整个人生。

感恩是一种美德

在这个竞争激烈的时代，感恩不仅仅是一种的美德，它更是一种智慧，一种攻略，一条获得能量与成功的途径。

一个懂得感恩的人，会珍惜周围的一切，会和善地对待别人，同样，在工作中他也会坚持不懈地努力工作，成为一个最佳的雇员或合作伙伴。

在工作中，懂得感恩的人会更受欢迎。因为只有懂得感恩的人才会视公司的财富如自己的珍宝，从而小心呵护，不容别人糟蹋，时时想着维护公司的利益。试想，如果你能把公司的东西当成是自己的一样去看待，老板将会怎样看待你呢？

一位大集团的总裁说，经历了这么多年的风风雨雨，他发现，如果一个人有能力，那他会是一个可用的员工，如果一个人懂得感恩，那他会是一个优秀的员工，如果一个人既有能力又有感恩的心，那么这个人你放手让他做什么都可以。这位总裁说的话不无道理，对公司、对事业抱有感恩之心的人，不会找借口来搪塞自己的工作，也不会做任何表面的工作来蒙骗老板。他们认为勤奋工作是一种幸福，努力工作是对职务的最好回报，也是对自己、对老板的最好交代。

诸葛亮是我们每个人都应该学习的楷模，这在他的《前出师表》中有充分的表露："臣本布衣，躬耕于南阳，苟全性命于乱世，不求闻达于诸侯。先帝不以臣卑鄙，猥自枉屈，三顾臣于草庐之中，谘臣以当世之事，由是感激，遂许先帝以驱驰……先帝知臣谨慎，故临崩寄臣以大事也。受命以来，夙夜忧叹，恐托付不效，以伤先帝之明……此臣所以报先帝而忠陛下之职分也……深追先帝遗诏，臣不胜受恩感激……”

公元223年，刘备临终前将国家大事托付给了诸葛亮。

无奈后主无能，国家大事全部压在了他身上。诸葛亮勤政细致，使部属不易作弊和玩忽职守。他裁减官职，简化机构，减轻人民负担，在政治和经济上都取得了很好的效果。

诸葛亮在治理内政的同时，对外也采取了积极措施。他掌权之后，根据蜀国内外情况，断然决定派使臣去东吴讲和。孙权与魏国断交，吴蜀恢复联盟，从此使三国鼎立的局面更加牢固。

草船借箭、空城退敌、三气周瑜、六出祁山……诸葛亮为刘备的蜀汉事业立下了汗马功劳。诸葛亮鞠躬尽瘁，死而后已，用毕生的精力向后人诠释了感恩的真谛。

一位成功人士在个人传记中这样总结他的为人处世哲学：会做事不如会做人，会做人不如会感恩，会感恩的人是最可敬的人。

懂得感恩的人，为人处世是主动乐观、积极进取、爱岗敬业的，他们的前途也是不可限量的，这也成为公司招募人才的首要条件。

可见，感恩不是简单的报恩，它是一种美德也是一种智慧，一种为自己赢得美好未来的资本。读懂感恩，践行感恩，是我们在工作中实现自我价值、创造社会价值的源泉。

感恩是健康成长的催化剂

一个小孩子能够健康成长为大人，并在社会上获得认同，取得成功，这个过程都需要些什么呢？

调查研究表明，正面激励因素与反面的激励因素都能取得神奇的效果。在正面激励因素中，感恩被认为是一个人能够快速、健康成长的最好的催化剂。

下面这个故事就是一个最好的例证。

布里的少年时代是在无止境的顽皮和悖逆中度过的。直到有一天，他意外地得到了一把小提琴——一把漂亮的阿马提小提琴。

少年时一天的下午，布里眼看着他盯了许久的一辆豪华汽车驶出了一幢公寓，他认为时机来了，就翻身跃入院子，从窗户爬进了那户人家，悄悄地潜入了卧室，准备行窃。但进入卧室时，最惶恐、最尴尬的一幕出现了——卧室的床上赫然躺着一个女孩。

短暂的惊慌过后，女孩微笑着说话了："请问，你是要找五楼的瑞克劳德先生吗？"

布里只好机械地向她胡乱点头。

"哦，那么，这是四楼，你走错了。"

那时，布里大脑一片空白，听她这样讲，如获大赦，慌忙掉头就走，这时身后又响起了那个甜甜的声音："你能陪我坐一会儿吗？我病了，每天躺在床上非常寂寞，很想有个人能跟我聊聊天。"布里转回身，默默地坐在了她的床边。他们聊得很开心。

当布里下定决心要离开时，她给他拉了一首小提琴曲——《女王的舞蹈》，他陶醉在优美的旋律中，女孩看出他喜欢小提琴，执意将那把小提琴送给了他。

更让他惊讶的是，当他走出大楼，心情复杂地回头张望，发现身后那个建筑只有四层——根本就不存在五楼。

故事并没有到此结束。当他后来再次去拜访女孩时，从她父亲口中得到了一个不幸的消息——她已离开了这个世界。

他怀着沉重的心情去祭拜了她的墓碑，青色的石板上刻着一首小诗，给他印象最深的是这样一句："把爱奉献给这个世界，所以我是快乐的！"

多年后，布里已是一位声誉卓著的音乐人。

一天，他在一次外出回家时，发现楼上的卧室里传来轻微的响声。

出于职业的敏感，他听出了那是自己那把阿马提小提琴发出的声音，有小偷？

布里快步上楼，果然，一个十一二岁蓬头垢面的小男孩出现在他的面前，他用衣服包着布里新买的皮鞋，另一只手提着那把小提琴。

就在这一瞬间，布里的愤怒被眼中浮现出的青色墓碑所代替，他转而微笑了，说道："你应该就是拉姆斯奇先生的外甥鲁米，对吗？我是他的管家，我早就听他说你要来，你和他长得真像啊！"

少年愣在了那儿，但他很快就反应过来说："是吗？我舅舅出门去了吧？我还是先出去转转。待会儿再来看他吧。"

他同时打算放下那把小提琴，因为没有人会拎着它出去瞎逛。

"你很喜欢拉小提琴吗？"布里问道。

"是的，先生，但我买不起。"少年回答。

"那么，我将这把小提琴送给你吧。"

少年再次惊呆了。他似乎不相信这把小提琴的主人会是一个管家，但还是拿起了它，走下楼梯，他站在客厅回头向他张望时，看到了一张布里在大剧院演出时的巨幅海报，那个特大的头部特写让少年浑身一颤——随即他消失在了布里的视线里。

三年后，在墨尔本市的一次音乐竞赛中，布里应邀担任了那次活动的评委。

在最后，一位叫梅特的小提琴选手夺得了第一名。

在布里颁奖结束后正准备离去时，那个得了冠军的孩子拿着一把小提琴跑到了他的面前，他脸色绯红，说道："布里先生，您还认识我吗？"

布里困惑了。

"您曾经送过我一把小提琴，我一直珍藏着它，直到今天。"少年热泪滚滚。

“以前，几乎世界上的每一个人，包括我自己都认为我是一堆垃圾，是您让我在贫穷和苦难中重新拾起了自尊，让我的心燃起了改变自己的烈火。今天，我可以无愧地将琴还给您了。”

布里明白了，他就是那个“拉姆斯奇的外甥——鲁米!”

就是这么一把小提琴，它改变了两个迷途少年的命运，因为它浸透着：是爱和感恩帮助了他们，也成就了他们的未来。

的确，感恩催生了无数的美丽故事，它是使人健康成长、快乐生活的催化剂。

给予让你更快乐

杰克和一个朋友被困在沙漠里，后来杰克偶然发现了满满的一杯水，是先给朋友，还是留给自己慢慢喝呢？

杰克选择了后者，他没有把水分给朋友。他竭尽全力向沙漠深处跑去，想独享这比黄金还要珍贵的水，但朋友在后面使劲追赶。杰克踉踉跄跄，慌不择路，既要狂奔，又要护住杯中的水，他累得够呛，朋友也气喘吁吁。追了多久不得而知，最后杰克一不小心，一杯水全泼到了黄沙里。结果两人一滴水也没喝进嘴，反而筋疲力尽，求生的信念全无，很快就被黄沙埋葬了。

也许，生活中许多人会自觉或不自觉地选择杰克的做法。

其实，为什么不把水分给别人呢？要知道，给予别人的同时也救了自己。

再看看下面这个故事：

乔治是英国一家手工作坊的小业主，很不幸，一场经济危机使他陷入了困境，产品卖不出去，资金周转不开，物价暴涨，他面临破产的危险。友人纷纷劝他赶快裁员，以减轻经济负担。乔治思考良久，终于做出决定，准备采纳友人的建议。

不知怎么，消息传到了老乔治的耳朵里。第二天清晨，老乔治来到办公室，勒令他收回成命。乔治不服，老乔治便当场解除了乔治的职务。中午，老乔治走进了工人的餐厅，看见大家一脸憔悴、苍白，碗里是白水煮的青菜和几片豆腐，老乔治立刻从街上的小餐馆花三英镑买回两碗红烧肉，端进餐厅，哽咽着动情地说："兄弟们，你们受苦了。现在，我已解除了乔治的职务，并且从今以后，每天中午我和你们一起吃饭——当然，三英镑的红烧肉是必不可少的！"工人们欢呼起来。那时候，三英镑还是个不小的数目——足以供老乔治夫妇一天的基本生活。

每天的三英镑，所带来的效益却是无法用具体的数据计算的。工人们因为心存感激，便拼命干活，努力降低成本，这个手工作坊慢慢渡过了难关，并且一步步发展壮大，最终成为英国一家著名的电器公司，拥有的资产超过了千万英镑。细细想来，老乔治不过是把半杯水慷慨地分给了工人。

从老乔治朴素的语言和行为里，我们可以看出一些经营之道。从小事做起，从最打动人心的角度入手，可以说，他创造了一个奇迹。假如让人性的丑恶循环下去而不加以扼制，那么所有美好的东西，都将会成为丑恶的殉葬品。社会的飞速发展，的确使我们的生活充满了竞争，但是面对竞争时的基本心态应该是严格要求自己，而不是打倒别人。

如果一个人在自己困难的时候还记得向别人施恩，这才是真正的施恩，才能获得别人发自内心的尊重与报答。

下面再来看看乔·吉拉德的故事：

一天，一个普通的中年妇女走进乔·吉拉德的展销室，说她想在这儿看看车，打发一下时间。聊天中，她告诉乔·吉拉德，她想买一辆白色的福特车，就像她表姐开的那辆一样。但对面福特车行的推销员让她过一小时后再去，所以她就先来这儿看看。她说，这是她送给自己的生日礼物，那一天正是她55岁的生日。

“哦，生日快乐！夫人。”乔·吉拉德一边说，一边把她请进办公室，自己出去打了一个电话，然后，乔·吉拉德继续和她交谈，“夫人，您喜欢白色车，既然您现在有时间，请允许我给您介绍一下我们的双门式轿车——它也是白色的。”

他们正谈得投机，女秘书走了进来，递给乔·吉拉德一束玫瑰花。乔·吉拉德十分郑重地把花送给那位妇女说：“尊敬的夫人，有幸知道今天是您的生日。我送您一份薄礼，祝您好运！”

她很受感动，眼眶不由地湿润了。“已经很久没有人给我送过礼物了。”她说，“刚才那位福特车的推销员一定是看我开了部旧车，以为我买不起新车。我刚要看车，他却说要去收一笔款，于是我就上这儿等他。其实我只是想要一辆白色的车而已，只不过我表姐的车是福特，所以我也想买福特。现在想想，不买福特也可以。”

最后，可想而知，她放弃了对面那个公司的车，从乔·吉拉德手里买走了一辆雪佛莱。其实从头到尾，乔·吉拉德都没有劝她放弃福特而买雪佛莱。只是因为她在这里感觉受到了重视，于是放弃了原来的打算，转而选择了乔·吉拉德的产品。

现在，乔·吉拉德已是著名的世界级汽车营销大王。在他15年的推销生涯中，共卖出13001辆汽车，曾创下一年卖出1425辆（平均每天4辆）的纪录，这个成绩被载入《吉尼斯世界纪录大全》。

他有几万名客户，每隔一段时间，这些客户都会接到他寄来的贺卡，上面只有这样的一些话：“祝您生日快乐”，“为您的荣升干杯”，“希望什么时候再能聆听您的教诲”……他成功的秘诀是：决不营销汽车，只营销真诚的问候。

有时候，残酷的竞争和越来越冷漠的人际关系会让我们变得麻木，只为自己着想，很少想到他人。其实，只要努力耕耘，就一定会有收获。很多时候，对他人不经意间付出的小小关爱，是会使自己受益终生的。那么，我们为何不一起努力做一个“送人玫瑰”的人呢？送人玫瑰，我们也会成为快乐的人。

用感恩的心对待生活

有这样一个故事：

一个小和尚负责每天早上清扫寺院里的落叶。这实在是一件苦差事，尤其在秋冬之际，每次起风时，树叶总是随风飞舞。每天早上都需要花费许多时间才能清扫完地上的树叶，这让小和尚头痛不已。他一直想找个好办法以让自己轻松些。

后来，另一个和尚对他说：“你在明天打扫之前先用力摇树，把落叶统统摇下来，后天就可以不用扫落叶了。”

小和尚认为这是个好办法，于是第二天他起了个大早，使劲地摇树，这样他就可以把今天跟明天的落叶一次扫干净了。一整天小和尚都非常开心。

第二天，小和尚走到院子里，不禁傻眼了。院子里如往日一样满地落叶。老和尚慢慢走了过来，对小和尚说：“傻孩子，无论你今天怎么用力摇树，明天落叶还是会飘下来的。”小和尚终于明白了，世上有很多事是无法提前做的，唯有活在当下，才是最真实的人生态度。

库里希坡斯曾经说过：“过去与未来并不是‘存在’的东西，而是‘存在过’和‘可能存在’的东西。唯一‘存在’的是现在。”

再看这样一个故事：

一天，一个人请佛陀指点迷津。

佛陀邀他进入内室，耐心聆听此人滔滔不绝地谈论自己存疑的各种问题达数小时之久。最后，佛陀举手，此人立即住口，想知道佛陀要指点他什么。

“你今天吃了早餐吗?”佛陀问道。

这个人点点头。

“那你洗了早餐的碗吗?”佛陀再问。

这人又点点头，他张口欲言，可佛陀在这人说话之前说道：“你有没有把碗晾干?”

“有啊，”此人有些不耐烦了，“现在你可以为我解惑了吗?”

“你应该已经有了答案。”佛陀回答，接着把他请出了门。

几天后，这个人终于想明白了佛陀点拨的道理。佛陀是在提醒他，要把重点放在眼前，必须全神贯注于当下，因为这才是真正的要点。

活在当下，是全身心地投入人生的一种生活方式。当你活在当下，而没有过去拖在你后面，也没有未来拉着你往前时，你全部的能量都集中在这一时刻，生命因此具有了一种巨大的张力。这就是使生活丰富的唯一方式。除此之外，人们都是“贫穷”的。他们也许拥有世界上大部分的物质财富，但他们是“穷人”。

世界上有两种穷人——有钱的穷人和没有钱的穷人。充实的感觉和对物质财富拥有的多少关系并不大，它往往和你生活的方式、生活的品质、生命的喜乐、生命的特性有关。而所有这些东西只有通过静心地感悟才能了解其中的深意。

当生命就要走到尽头的时候，你不妨问问自己：你觉得这一生有没有遗憾？你认为想做的事你都做了吗？你有没有好好笑过，真正快乐过？

回想一下，你这一生是怎么度过的：年轻的时候，你拼了命想挤进一流的大学；随后，你巴不得赶快毕业找一份好工作；接着，你迫不及待地结婚，有了小孩；然后，你又整天盼望小孩快点长大，好减轻你的负担；后来，小孩长大了，你又恨不得赶快退休；最后，你真的退休了，不过，你也老得几乎连路都走不动了……当你正想停下来好好喘口气的时候，生命也快要结束了。

这不就是大多数人生命的写照吗？他们劳碌了一生，时时刻刻为生命担忧，为未来做准备，一心一意计划着以后发生的事，却忘了把眼光放在“现在”，等到时间一分一秒地溜过，才恍然大悟“时不我待”啊！

智者常劝世人，要记住“活在当下”。到底什么叫作“当下”？简单地说，“当下”包括：你现在正在做的事、停留的地方、周围一起工作和生活的人；“活在当下”就是要你把关注的焦点集中在这些人、事、物上面，全心全意认真地接纳、品尝、投入和体验当下的这一切。

也许你会说：“这有什么难的？我不是一直都活着并与这些为伍吗？”话是不错，问题是，你是不是一直活得很匆忙？不论是吃饭、走路、睡觉、娱乐，你是否总是没什么耐性，急着想赶赴下一个目标？因为，你觉得还有更伟大的目标正等着你去达成，你不能把多余的时间浪费在“现在”这些事情上面，这就是现在大多数人的想法。

但是这些人都无法专注于“现在”，他们总是若有所思，心不在焉，没有把今天做基础，明天的大厦会牢固会长久吗？只想着明天、明年甚至下半辈子的事：有人说“我明年要赚到更多的钱”，有人说“我以后要换更大的房子”，有人说“我打算找更好的工作”。后来，钱真的赚得更多，房子也换得更大，职位也连升好几级，可是，他们并没有变得更快乐，而且还是觉得不满足：“唉！我应该再多赚一点，职位更高一点，想办法过得更舒适！”这就是没有“活在当下”，就算得到再多，也不会觉得快乐。不只是现在觉得不够，以后永远都不会觉得够。

如果你把每一刻的力气都耗费在未知的未来，却对眼前的一切视而不见，你永远也不会得到快乐。一位作家曾经说过：“当你存心去找快乐的时候，往往找不到，唯有让自己活在‘现在’，感谢身边的每一件事物的细微变化，全神贯注于周围的事物，快乐才会不请自来。”也许，人生的快乐、人生的意义就是嗅嗅身旁每一朵绮丽的花，享受一路走来的点点滴滴风景而获得的。

会感恩才能有美好未来

一直以来，我们经常把“感恩”理解成“感谢恩人”的意思。

其实“‘恩人’者，乃于自己有大恩大德者。”而在美国的一次偶遇却让一位学者悟出了“感恩”一词的另一层意味。

故事发生在洛杉矶的一家旅馆。

早晨，我在大堂的餐厅里就餐时，发现自己的右前方有三个黑人孩子，在餐桌上埋头写着什么。在就餐的时间、就餐的地方，这三个孩子却没做与吃饭有关的事。我难以按捺心中的好奇，试探着走了过去。得到他们的应允后，我坐在了他们的旁边。看到我这样一个肤色不同的外国人到来，他们没有一丝扭捏，而是落落大方地与我谈了起来。这三个孩子中，一个十二三岁的戴眼镜的男孩是老大，八九岁的那个女孩是老二，另外一个小男孩五六岁是老三。从谈话中我了解到他们和母亲是暂时住在这家酒店里的，因为他们正在搬家，他们的新家还没有安顿好。

我问他们在做什么，老大自豪地回答说正在写感谢信。他一副理所当然的神情让我满脸疑惑。这三个小孩一大早起来，就是为了写一封感谢信？

我愣了一阵后追问道：“写给谁的？”

“给妈妈。”我心中的疑团一个未解一个又生。

“为什么？”我又问道。

“我们每天都写，这是我们每日必做的功课。”孩子回答道。

哪有每天都写感谢信的？真是不可思议！我凑过去看了一眼他们每人手下的那沓纸。老大在纸上写了八九行字，妹妹写了五六行，小弟弟只写了两三行。再细看其中的内容，却是诸如“路边的野花开得真漂亮”“昨天吃的比萨饼很香”“昨天妈妈给我讲了一个很有意思的故事”之类的简单语句。

我不禁心头一震。原来他们写给妈妈的感谢信不是专门感谢妈妈给他们帮了多大的忙，而是记录下他们幼小心灵中感觉很幸福的一点一滴。他们还不知道什么叫大恩大德，只知道对于每一件美好的事物都应心存感激。他们感谢母亲为了生活而辛勤工作，感谢同伴的热心帮助，感谢兄弟姐妹之间的相互理解……他们对于许多我们认为是理所当然的事物都怀有一颗纯真的感恩之心。

人生在世，不如意事十有八九。如果我们囿于这种“不如意”之中，终日惴惴不安，那生活就会索然无趣了。但是，如果我们像这些孩子一样，拥有一颗“感恩”的心，善于发现事物的美好，感受平凡中的美丽，那我们就会以坦荡的心境、开阔的胸怀来应对生活中的酸甜苦辣，让原本平淡的生活焕发出迷人的光彩。

会感恩才能享受工作

我们有时会感叹工作的平淡无味，有时会心烦工作的琐碎繁重，有时会气馁于工作上的某种失败，但只要我们时常怀有感恩的心态，便能化腐朽为神奇，从平凡中寻到精彩，从失败中吸取教训；只要我们抱了感恩的心态去看待工作，就会发现公司给我们提供了启迪智慧的场所、历练能力的机遇。我们由此获得的便是快乐，我们便能积极地实现，在快乐中工作，在工作中享受成功，做一个真正的职场情绪“环保者”。

在世界著名的希尔顿酒店里，有位保洁员，他在这里工作了将近 20 年，一直在洗手间做保洁工作。洗手间总是被他打扫得干干净净，他甚至自己破费买了一瓶高级香水，放在洗手间里，客人一进来就能闻到一股芳香。客人们对他的服务交口称赞，有的甚至冲着他的良好服务而专门住进这家酒店。他的朋友都替他惋惜，劝他换份工作，他却骄傲地说："我为什么要换工作呢？我的工作就是最好的，看到客人们对我的认可，就是我最大的幸福，我又何必换工作呢？"

美国西雅图有一个很特殊的鱼市场叫ParkplaceMarket，他们特殊的销售方式，被许多电视台报道过，也让那里成了游客如织的观光景点。那里的鱼贩们面带笑容，把冰冻的鱼在空中抛来抛去，像棒球队员那样，他们还唱歌："啊，五条鳍盆飞到明尼苏达去了！""八只蜂蟹飞到堪萨斯去了！"……

有游客问他们："你们在这种环境下工作，为什么会保持愉快的心情呢？"他们说，事实上，这个鱼市场在几年前是一个没有生气的地方，大家整天抱怨，后来，大家认为与其抱怨，倒不如改变工作的品质。于是他们把卖鱼当成了一门艺术，一个创意接着一个创意，一串笑声接着一串笑声。

这种工作气氛，还影响了附近的上班族。他们常到这儿来和鱼贩一起用餐，感受他们乐于工作的好心情。有不少没有办法提升工作士气的主管还专程跑到这里来询问："为什么一整天在这个充满鱼腥味的地方做苦工，你们竟然还这么快乐？"他们已经习惯了给这些不顺心的人排忧解难："实际上，并不是生活亏待了我们，而是我们以前期望太高，忽略了生活本身。"

有时候，鱼贩们还会邀请顾客们参加接鱼游戏。连那些怕鱼腥味的人也很乐意在热情的掌声中和他们一起抛鱼。很多人在进这个鱼市场时愁眉不展，离开时却是笑逐颜开。

想想吧，卖鱼都这么快乐，你每天还抱怨什么呢？

如果你坚持把自己想成是全世界最悲惨的人，你就总会有冤屈、不满、愤懑憋在心里。久而久之，你可能真的以为你就是全天下最悲惨的人了。为什么不想想自己是一个幸运的人？

学会感恩和珍惜吧，这样你才会充满发自内心的知足和快乐。懂得感恩的人，才是积极乐观、主动进取、爱岗敬业的人。

职场快乐的源泉

从你的工作中能不能感受到乐趣，并非取决于你是否喜欢你的工作，而取决于你是否拥有一颗感恩的心去对待自己所从事的工作。

工作岗位是人生旅途拼搏进取的支点，是施展个人才华的平台。它是老板和企业提供给我们的一个提升与发展的机会，而不是简单的雇佣关系。对此，我们要学会感恩。每天提醒自己，为自己能有幸得到这份工作而感恩，为自己能遇到这样的老板、客户和同事而感恩。学会感恩能让我们更加热爱自己的岗位，也从中寻找到了工作的充实感和成就感，体会到了职场中的快乐。

麦克道尔的例子充分说明了这一点。他现在是某跨国公司的执行副总裁，而且是公司董事会最信任的副总裁之一，而他一进入公司的时候只不过是一个最普通的销售助理。

当有人问麦克道尔为什么会做得这么优秀，为什么工作起来不知疲倦，为什么要为公司付出这么多精力时，麦克道尔回答道："工作让我感到快乐，对于我来说工作是一生当中最快乐的事情之一。当我接受一项工作任务时，我实际上是在完成一项让我有强烈成就感的使命，而且这项任务越富有挑战性，我内心的成就感越强。至于我为什么要为公司付出那么多的精力，我想这个问题更容易回答，因为我的事业和公司的事业是绑在一起的，我认为从某种程度上说公司就是我的合伙人，我们必须朝着同一个方向共同努力。如果我努力了、进步了，那么公司的事业就会得到发展；同样，公司的持续发展又为我个人的进步创造了最优越的条件。所以我认为，我为公司付出多少精力都是值得的，也都是应该的。”

视工作为乐趣，人生就是天堂；视工作为痛苦，人生就是地狱。生命本没有意义，是人类赋予了它意义，它才变得有意义的。工作亦是如此，它本身无所谓有趣与否。我们从事的工作是单调乏味还是充实有趣，往往取决于我们对待它的心境。拥有一颗感恩的心，我们就会变得更加谦卑、知足，也更加懂得珍惜眼前的一切。

国外一家报纸曾举办过一次有奖征答，题目是《谁在这个世界上最快乐》，从数以万计的答案中评选出的四个最佳答案是：

作品刚完成，悠闲地吹着口哨欣赏自己作品的艺术家；

正在筑沙堡的儿童；

忙碌了一天，正在为婴儿洗澡的妈妈；

经过了千辛万苦的手术之后，终于拯救了一名重病患者的医生。

其实，这四个答案表达的是同一个主题——工作着的人最快乐！或者可以更准确地表达为：正从事着和完成自己工作的人最快乐！

要懂得品味工作带给你的快乐。堵在路上的时候，很多司机抱怨，又堵车了！真是倒霉。此时我们不妨换一种思维：用心体会一下这个城市的美，你就会发现外面有很多漂亮的女孩子经过，还有非常现代的高楼大厦，虽然每一项工作都具备我们不可改变的客观性，但是我们不能否认“世界本不缺少美，只是缺少发现美的眼睛”。让我们带着快乐去寻找那美丽的地方，并体会这种美丽吧。“的哥”说自己愿意做一个快乐的车夫。快乐并工作着，因为有了工作而快乐，因为快乐而更加积极地工作。

“乐在工作”是简单的四个字，但能由衷地领悟它且能在工作中心生喜悦地“享受”它却不是一件容易的事。

工作对你而言意味着什么，是一份维持生活的薪水，还是一份成就自己人生的事业？

每个人在做一件事情的时候，都是在满足自己的欲望和需求。那么作为一名公司的员工，你是出于哪种需求与欲望，去完成自己的工作呢？

人的一生中，可以没有很大的名望，也可以没有很多的财富，但绝不可以没有工作的乐趣。

快乐源于良好的心态。学会快乐地工作，就是学会发掘自己蕴藏着的内在活力、热情和巨大的创造力，就是学会享受每一天的幸福。如果说良好的心态是前提，适当的压力是促进，工作业绩是激励，那么快乐的工作就应该是贯穿始终的主旋律。没有好的心情，很难谈得上工作效率与成绩。有时我们感叹自己的工作平淡乏味，有时觉得自己的工作琐碎繁重……其实，这一切的一切只是缘于自己的心态，只要愿意怀着感恩的心，愉快地投入工作，那么你就可以体验到平凡与精彩、烦恼与快乐、腐朽与神奇原来是如此容易转换，会发现启迪自己力量和智慧、给予自己灵感和快乐的东西，原来离自己那么近——有一颗感恩的心就可以。

所以，工作中，能不能从你的工作中感受到乐趣，并非取决于你是否喜欢你的工作，而取决于你是否拥有一颗感恩的心，是否带着感恩的心去面对工作中的一切困难。

付出比索取更重要

在我的品牌课程《如何从优秀到卓越》中我讲述了十大制胜策略，其中第四个就是：“持续大量地付出”，因为，投入才会深入，付出才会杰出。

这是一个蕴涵着付出与索取的深刻哲理的寓言故事：

有两个准备转世投胎的人被召集到上帝面前，上帝说："你们当中有一个人是要做一个索取的人，而另一个人是要做一个给予的人，你们愿意如何选择？"

第一个人想到，索取可以坐享其成，非常舒服。于是他抢着说要过索取的人生。另一个人也没有别的选择，于是只好做一个给予的人。上帝满足了两人的选择。第一个人来生做了一个乞丐，整天索取，接受别人的施舍；第二个人则成为大富翁，布施行善，给予他人，并且很快乐。

这个故事教导我们要做一个给予的人。

懂得给予，就永远都可给予；贪求索取，就永远要索取。给予的越多，收获的也越多；索取的越多，收获的就越少。

人的一生，为他人付出得越多，你的心灵就越富足。你就越过得胸怀坦荡、泰然自若。而一个人给予得越少，他的心灵就越干枯，他就越过得心神不宁、忐忑不安。心灵富足的人必会爱人，因为爱就是给予，爱就是富足，爱就是宽广，爱就是一切。

付出、奉献、分享和帮助，这是我们真正的立身之本。只要我们养成习惯，我们就会拥有越来越多的可付出、可奉献、可分享、可给予和可帮助别人的资本，也就有越来越多的心灵与物质的富足。

感恩就是对生活的爱与希望

"我的手还能活动；我的大脑还能思维；我有终生追求的理想；我有爱我和我爱着的亲人与朋友；对了，我还有一颗感恩的心……"谁能想到这段豁达而美妙的文字，竟出自一位在轮椅上生活了30余年的高位瘫痪的残疾人——世界科学巨匠霍金。

在常人看来，命运之神对霍金是苛刻得不能再苛刻了——他口不能说，腿不能站，身体不能动。可他仍感到自己很富有：一根能活动的手指，一个能思维的大脑……这些都让他感到满足并对生活充满了感恩之心。

与霍金相比，我们有的人什么也不缺，要手有手，要脚有脚，身体很健康，可遇到一点磨难就开始怨天尤人。这样的人没有感恩之心，快乐也与他失之交臂。

人生在世，不可能一帆风顺，种种的失败和无奈都需要我们勇敢地面对、旷达地处理。这时候，是一味地埋怨生活，从此变得消沉、萎靡不振，还是对生活满怀感恩，跌倒了再爬起来呢？

仔细想一想，其实生活给予每个人的都不会太少，只要你好好珍惜现在所拥有的，并不断去创造，你就能拥有生命的芬芳，就能拥有幸福的生活，就能迅速摆脱烦恼。

感恩是一种心理安慰，不是对现实的逃避，也不是阿Q的精神胜利法。感恩，是一种歌唱生活的方式，它来自对生活的爱与希望。

冰心老人在《谈生命》一文中写道："在快乐中我们要感谢生命，在痛苦中我们也要感谢生命。快乐固然兴奋，痛苦何尝又不美丽？"我们每个人的哭与笑，是否都是在感谢生命？

当代作家鲍尔吉·原野在《不会感恩的人就不会负疚》中说：

感恩，一要感谢粮食。是粮食让人们活下来并活下去。尽管进退饭局的人久已不进粒米，尽管减肥的人声称与粮食结仇，但从人的属性观察，所有的人都是粮食的受益者。对粮食感恩的人，尽量不剩饭，扔半只馒头手会哆嗦，吃饭认真，看到米粒心生欢喜。这样的人多半是本分人，面色清静安详。如果对粮食——这种朴素而根本的果实心存敬意，由此推想，这人不会暴殄天物，也不会荼毒众生。

感恩，第二项要感谢水、草木、鲜花、小鸟、晴空、土地和干净的空气。它们的存在固然不是为着人们享受，但享受了，要像过客一样怀着敬意默默退出，不打扰它们，更不伤害它们。取我一份，已经足够。蜜蜂采蜜也没有把花朵变成垃圾堆。

以上两项感恩的对象不是有名有姓的人，是大因果。在小因果的感恩链条里面牵连着父母和所有帮助过我们的人……当我们的努力和感恩并没有得到相应的回报时，同样也要心怀感激之情。每一个人、每一件事都不是尽善尽美的。在做出决定前仔细想一想，失败的沮丧、自我成长的喜悦、老板的严格、工作伙伴的热心、客户的支持……这些都是人生中值得感恩的珍宝。如果你每天能带着一颗感恩的心去工作、去生活，相信你的心态必定是愉快而积极的。

第十一章

心存感恩，让你在团队中脱颖而出

有什么样的自我期望，自然就会选择什么样的信念；有什么样的信念，就会选择什么样的态度；有什么样的态度，你就会有什么样的行为；有什么样的行为，就会有什么样的结果。坚持吧，让我们在工作中畅游吧！没有谁能打败你，只有你自己，记住吧：“今天才是生命中最重要的一天！”

荣誉至上

爱德华博士在柯达公司做研发工程师，他想把儿子的生日派对录下来，不仅要装设摄影机，还要辛苦地架起照明灯，真是费力又劳神，而且炽热的灯泡也常让周围的人受不了。

他很想改良家里的家庭摄影机，以便在室内拍摄时不需要用到强力的照明灯。爱德华想要设计出只要在室内灯光下就可以拍摄的摄影机和感光灵敏的相片胶卷，他称之为“随取灯源式家庭摄影机”。

有一天，董事长乔纳博士视察研发部门。他走到爱德华身边问道：“做得如何？”当时，爱德华手上正负责一项放映机计划。“真高兴你问了我，我对家庭摄影机有些新构想。”爱德华说。此话引起了乔纳博士的兴趣，他希望知道爱德华更多的想法。

爱德华继续谈论他关于“随取灯源式家庭摄影机”的构想，分析市场的特性，以及为何此计划能符合公司长期策略。这番话让乔纳博士印象深刻，他在仓促中仍记下重点。数星期后，这项计划竟然出台了。公司内各环节已经悄悄地协调好了，这项“随取灯源式家庭摄影机”竟成了研发部门的第一优先计划。

爱德华的创新构想在市场上大获成功，一直到摄录放影机（V8）这项新科技出现前，“随取灯源式家庭摄影机”都是该公司最重要、利润最高的产品。

爱德华的成功，不仅在于他的好构想，而且他还想到如何让计划更能给公司创造效益。在有些公司，一项工程布置下来，大家明明知道无法完成，但都心照不宣地不告诉老板。因为反正也做不完，大家索性不努力争取去做，而是花更多时间去算计怎样把这项工作的失败怪罪到别人身上。

维护公司利益和荣誉，是衡量一个人是否具有良好职业道德的前提。毫无疑问，一个企业更倾向于选择保持“公司利益第一，团队荣誉至上”职业观的员工，哪怕其能力在某些方面稍微欠缺一些。一个员工固然需要精明能干，但再有能力的员工，不以公司利益为重仍然不能算是名合格的员工。

一个能力非常强的员工，如果“身在曹营心在汉”，早晚会搬起石头砸自己的脚。在工作中，有些岗位可以有机会挣到一些额外的收入，有些员工禁不住金钱的诱惑，抱着能挣一点儿是一点儿的想法，不顾公司的利益来者不拒，还以为老板看不见。或许老板一时看不见，但不会时时都看不见。

身在职场，平时的表现就是你的得分，关键时刻这分数就起了决定性作用。私心过重往往会损害单位的利益，并影响人际关系的和谐，甚至会产生腐败行为，因此，这类人很难得到领导的提拔。

巴克莱全球投资公司的首席执行官帕特里·丹恩女士告诉她的员工们：“不要为自己盘算，应该仔细想一想怎样做才能真正成为企业里最有用的人。”有荣誉感的员工都知道，只有公司强大了，自己才能有更大的发展。事实上，有这样想法的员工才有可能被真正地委以重任。

一个人如果没有以公司为荣的荣誉感，他就不能在工作中尽职尽责，不能成为一个积极进取、自动自发的人，不能为企业争取荣誉、创造荣誉。只要我们把组织利益放在第一位，企业同样会给予我们荣誉。在争取荣誉、创造荣誉、捍卫荣誉、保持荣誉的过程中，我们个人也能不知不觉地融入集体，获得更好发展。

要多替公司想想

现在，不少企业的员工习惯于不断向企业提出要求，要求一旦得不到满足，他们就怒气冲天，萎靡不振，把不满情绪带到工作中，觉得企业对自己不公。诚然，企业应该为员工着想，对员工负责，为员工长期的根本利益着想，但作为员工，也应该为企业着想，对企业负责，踏实勤恳地干好本职工作。如果把企业比喻成一艘大船，它满载着所有员工共同驶向茫茫的事业之海，老总扮演着船长的角色，而员工则是船员，为了顺利到达目的地，在行驶中船员必须与船长一起共同面对海上的狂风、巨浪以及暗礁，齐心协力、各尽所能，才能到达成功的彼岸，也唯有如此，才能实现企业和员工的利益双赢。

懂得感恩的员工善于换位思考。

善于感恩的员工，他们立足当前、立足岗位，用一种积极的心态，认真地审视自我，在帮助公司和他人的发展中实现个人的人生价值：对工作充满热情，事事为企业发展着想，处处以企业大局为重，无论被安排在哪个岗位上，自己都要忠于职守、尽职尽责、自动自发、积极主动地做好本岗位工作；对上级要尊重，对下级要关心，对同事充满亲情，对顾客充满感情，减少对别人的抱怨和指责，懂得相互理解和关爱；在工作中实行“爱心管理”。

作为一名员工，你要时常问自己：“我能为公司做什么？”“我能为老板做些什么？”当你在主动去做事的时候，主动为公司解决难题的时候，你成为公司不可或缺的人物，成了老板最器重的人才。

每一个人都担负着公司兴盛的使命，只有将自己彻底融入公司，全身心地付出，处处为公司着想，站在公司的角度考虑问题，投入自己的满腔热情，懂得一荣俱荣、一损俱损的道理，才能与公司共同进步，获得发展。

任何一家公司在发展的道路上都难免碰到风雨，此时，你是转身离开呢，还是坚持留下来跟公司并肩同行？有些人选择前者，他们从一开始就不相信自己的公司，怀疑自己的老板，因此，很容易中途放弃；有些人选择后者，他们认为自己是公司的一员，就应该自始至终地追随公司。公司遇到困难只是暂时的，如果携手并肩作战，就一定可以渡过难关，赢得美好的未来。

只有为公司着想，才能成为一个真正优秀的职业人。只有处处以公司利益为重，与公司同呼吸、共命运，把工作当成自己的事业，以百倍的勤奋和努力与公司共同发展，才能得到公司的重用，并在事业上取得长足的发展。

要把企业的利益放在第一位

一个懂得感恩的员工首先应该把企业利益放在第一位，无论何时何地，都要最大限度地维护企业的利益。只有那些时刻将企业利益置于首位的人才会赢得老板的赏识，才能够得到更多的晋升机会与更大的发展空间。

一个不懂得感恩的员工即使才华横溢也不会成功，因为他无法得到老板的信任，无论是谁都不喜欢这样的人。

作为一名员工，不要忘了自己的角色，员工需要为企业争取利益，而不是为自己争利益。只有企业发达了，员工才会跟着发达。有时，企业与员工在利益上也会发生冲突，这时员工千万不能把企业利益置之度外。应以企业的利益为重。

乔治是一名工程师，在业界小有名气。2008 年，乔治离开了所在企业，准备进入一家新的实力更加雄厚的企业工作。由于新企业与原企业业务相关，新企业经理面试他的时候，要求他透露一些他在原企业开发项目的情况，但乔治马上回绝了这个要求。理由很简单："尽管我离开了原来的企业，但我不能背叛它，现在和以后都是如此。"

第一次面试就这样不欢而散。但出人意料的是，乔治却收到了录用通知，上面清楚地写着："你被录用了，因为你的能力与才干，还有我们最需要的——维护企业的利益。"

维护企业利益应该是无条件的。比如已经离开原来企业的乔治，在关乎职业生涯的关键时刻也没有放弃这一原则。

维护企业利益应体现在员工职业生涯的每个阶段、每个方面。这个原则是无条件的，只有恪守这个准则的员工才能成为被老板认可的员工，才能赢得信任与尊重，才能获得事业与人生的成功。

从某种程度上来说，不能维护企业利益的员工是相当可怕的，特别是那些身居要职而又居心不良的中层领导者。试想，假如乔治向新的企业泄露了原来企业的一些至关重要的事务，那么，对原企业就是一笔巨大的损失，甚至会直接影响到企业的生存。也就是说，像这种直接参与了企业的经营决策、了解企业商业秘密的人，他们的某些行为甚至可能直接影响到企业的生存和发展。因此，一个企业所器重、所相信的员工，往往是那些可信赖的将企业利益放在第一位的人。

有荣誉感的员工，他们会顾全大局，以企业利益为重，绝不会为个人的私利而损害企业的整体利益。他们知道，只有企业强大了，自己才能有更大的发展空间。事实上，有这样想法的员工才有可能被真正地委以重任。往往是那些有集体荣誉感的员工，才真正知道自己需要的是什么，企业需要的是什么。具有集体荣誉意识的人，在任何一个团队中都会受欢迎。

只要我们努力地去工作，激情地去投入，工作同样会赋予我们荣誉。在争取荣誉、创造荣誉、捍卫荣誉、保持企业荣誉的过程中，我们个人也不知不觉地融入集体，得到更好的发展。

像老板一样积极工作

英特尔前总裁安迪·格鲁夫应邀在加州大学伯克利分校发表演讲的时候，提出以下的建议："不管你在哪里工作，都别把自己当成员工，而应该把企业看成是自己的一样。事业生涯除了你自己之外，全天下没有人可以掌控，这是你自己的事业。你每天都必须和好几百万人竞争，不断提升自己的价值，增强自己的竞争优势以及学习新知识和适应新环境，并且从转换工作以及产业当中学习新的技巧。"

这段话旨在告诉人们：员工应该把企业当成自己的家，应该站在老板的角度，多替企业想想。

一个优秀的员工，就要和老板一样积极地工作，以老板的心态对待企业。那么，什么是老板的心态呢？一个员工在这个企业工作，企业就是你的，你就应该是企业的老板。其实在任何一家企业上班，每个员工都应该有一种主人翁的心态。这个企业是我们的，我要为它的繁荣和发展贡献自己的才智和力量。

像老板一样承担起责任，积极地工作，你就会成为一个值得老板信赖的人，一个老板乐于雇用的人，一个可能成为老板得力助手的人。

史密斯是一家网站建设服务企业的业务人员，该企业主要提供电子商务平台产品。史密斯主要做客户服务工作，包括网站方案的设计、与客户的沟通等。史密斯最近谈了一笔业务，对方企业规模不大，业务也小，可是来来回回已经提交了三份网站建设框架方案建议书了，客户依然不满意。由于是小企业，所以网站建设的费用不是很高，而客户又有太多的要求，史密斯已经有些不耐烦了，准备放弃这个客户，于是他把情况上报给了自己的主管——客户服务经理。

客户服务经理仔细地看了史密斯给客户设计的方案，发现这三份方案基本上大同小异，就是零星和个别栏目名称有些变动。于是，经理找到史密斯问他是否和客户进行过详细交流。史密斯解释说因为要跟其他的客户谈业务，所以没有时间。经理又问史密斯，是否对该企业的平台需求进行过调研。回答是没有，史密斯给出的理由是，所有宣传型网站基本上都是这样的，所以没有必要做这个工作。

经理听完史密斯的回答火冒三丈，他耐着性子对史密斯说："你这是对工作负责的态度吗？没有经过调研，没有和客户交流就提交方案书，让你改方案书你就敷衍了事，换你是客户，你会接受这样的方案吗？"

可史密斯偏偏不识相，还顶嘴说："这不是我的责任，主要是客户太挑剔了。就这么点儿钱，还要这要那的，差不多就可以了。可他偏不干，就没碰到过这么难缠的客户。"

听到这样的回答，经理越发生气，他沉着脸说："纯粹是借口！不用多说了，回去重做吧！直到客户满意为止。"

每一个上司通常都比员工更能从企业的利益考虑。原因就在于他们承担了更多的责任，这种责任也是他们个人成长与发展的动力。在一个企业中，真正的服从来自对企业利益的权衡，是以服从企业的利益为准则的，只要是符合企业利益的事情，就应当毫不犹豫地去做。而与企业利益相违背的事情，则绝不能涉足，这是一种高度责任心的体现。如果你想有更进一步的发展，那么就尝试着以上司的心态、精神、观念来看待工作中的责任问题。

世界上会有哪一个企业对他的员工说"这不是我的责任，所以，我不管"的话吗？你也不可能看到哪位上司会推托本来应当是自己完成的事情。相反，你看到的所有优秀的上司，都是在兢兢业业地履行自己的职责。你更需要记住的是，很多比你优秀的人——他们或许是你的主管，或许是你的老板，或许是你身边的人——都在尽可能地扩大自己能够承担的责任，他们希望自己可以做更多的事情，创造更大的价值，做出更大的贡献。

为什么会发生这种情况呢？原因是大多数有志向的人都知道，承担责任意味着创造更多的成功机会，得到更大的锻炼，这既是实现人生价值的手段，也是实现人生目标的途径。他们同时还认识到，那些缺乏责任感、逃避责任的人，最终将一事无成。

职场上有一句话说得好，你承担的责任越多，你的成就就会越大。你的上司之所以成为上司，可以这样解释：他们比你更愿意承担责任并由此展开一系列积极的行动。这句话反过来说也成立，即如果你能够像你的上司那样承担更多的责任，你的成就也将与你的上司一样。

对个人而言，强烈的责任感体现的是一种积极的生活态度，是成功不可或缺的要素，它对个人的发展有很大的帮助。

能承担责任才能创造价值

有人将企业比喻成一条船，这是再贴切不过的了。

> 纽约最著名的纺织品企业费特曼公司就将自己的企业比喻为一条冰海里的船。在这家企业里，无论是办公室、会议室，还是生产车间的墙壁上，到处都可以看到这样一幅张贴画，画上面就是一条即将撞上冰山的轮船，在画面下面写着一行十分醒目的字："只有你，才能挽救这条船。"

这个企业多年来都经营得特别好，员工待遇也相当高，是什么原因？就是因为这个企业的所有员工一直以来都与企业共命运。他们都知道，掌握企业命运的不仅仅是董事长，不仅仅是董事会成员，还包括他们自己。

一个企业，只有每个人都能做到"企业兴亡，我有责任"，这样的企业才能真正取得成功，并且能够永远领先于别人。因为，如果企业的每名员工都能主动负责，哪有不兴盛的企业？哪有不团结的组织？所以，身为核心员工的你，就应该义无反顾地担起这样一个信念。

优秀的员工都要努力树立“企业兴亡，我有责任”这样的思想。任何一个企业不可能每件事情都只有规定的人员来做，一旦发生什么变故，身为优秀员工的你应该主动承担起责任来。勇于承担责任的员工，才能为企业创造更大的价值。

福特汽车企业虽然是世界500强企业之一，但是它的发展历程不是一帆风顺的，它曾遭遇过严重的危机。

1956年，美国福特汽车企业推出了一款新车。这款汽车式样、功能都很好，价钱也不贵，但是很奇怪，汽车的销路不好，比企业预想的还要差。

企业的高层非常着急，这样的销量连成本都收不回来，想了很久也找不到提高汽车销量的好办法。这时，在福特汽车销售量居全国末位的费城地区，一位毕业不久的大学生，对这款新车产生了浓厚的兴趣，他就是艾柯卡。

艾柯卡起初只是福特汽车企业的一位见习工程师，与汽车的销售毫无关系。但是，企业老总因为这款新车滞销而着急的神情，深深地印在他的脑海里。他开始琢磨：我能不能想办法让这款汽车畅销起来？终于有一天，他灵机一动，有了一个好办法，他迅速来到经理办公室向经理提出了一个创意，即在报上登广告，内容为：“花56美元买一辆56型福特”。

这个创意的核心是：谁想买一辆1956年生产的福特汽车，只需先付20％的货款，余下部分可按每月只付56美元的办法逐步付清。

企业经理觉得他这个方法很棒，于是便采用了。结果，这个创意带来的效果非常好，“花56美元买一辆56型福特”的广告人人皆知。“花56美元买一辆56型福特”的做法，不但打消了很多人对车价的顾虑，还给人们以“每个月才花56美元，实在是太合算了”的印象。

而且在随后的短短三个月中，该款汽车在费城地区的销售量，从原来的末位一跃而为全国的冠军。艾柯卡也因此得到了老板的重用，破格被调到华盛顿总部，被委任为地区经理。此后，每当企业面临重重危机之时，艾柯卡依然能够挺身而出，为福特汽车企业做出巨大贡献。

艾柯卡的故事给予我们这样的启示：能与企业共命运、共患难、主动帮助企业解决问题的人，最容易在人才济济的职场之中脱颖而出。

企业的成长就像个人的成长一样，都不是一帆风顺的。谁都希望自己所在的企业能够不断发展壮大，但是，一个企业在发展的过程当中，难免会陷入困境。而此时，正是考验员工忠诚度的最佳时机。

俗话说：“疾风知劲草，烈火炼真金。”在关键时刻，如果你能够坚守自己的岗位，为企业献计献力，为老板排忧解难，帮助企业顺利渡过难关，企业和老板就会因你的忠诚表现而信任你。虽然处于困境中的企业不能马上为你提供更为优厚的条件，但一旦当企业渡过难关，它便会给予你更高的回报。

你所在的企业就是一条航行于惊涛骇浪中的船，每一个员工都是船上的水手，一旦上了这条船，员工的命运就和企业的命运紧紧拴在一起了，它需要所有的员工全力以赴把船划向成功的彼岸。但是，在很多员工的眼里，似乎从来没有把企业发展当成自己的责任，而是想方设法去谋取更多的薪水。一旦当企业出现困难、陷入困境的时候，便会另谋出路。这样的员工谋取到的只是一份维持生计的工作，永远难以在一生中取得任何成就，实现自己的抱负和人生价值，甚至还会因缺乏忠诚而失去工作。

总之，员工只有与企业共患难，才可能与企业同成长；只有抓住机会证明自己的忠心与称职，老板才会感到你的忠诚，给予你更多的报酬并更器重你。企业的危难是检验忠诚的最佳工具。勇于承担责任，与企业共命运、共患难，永远是员工感恩企业的最好行动。

多做一点额外工作

刘超在一家企业的市场部工作。有一天，由于客服部的人工作推诿，让一个客户非常生气，将事情从客服部闹到了市场部。为了处理这个客户的投诉，刘超跑前跑后总算把问题给解决了。但是，这件事不仅惹得客服部的人不高兴，也遭到了市场部同事的嘲讽，说他这么卖力是为了“大红包”。

很多时候，你费力地去做一些分外的工作，确实像是在做无用功，但从长远看。这种“无用功”对于职场新人是非常有益的，因为这种“无用功”实际上是一种“积累”，而这种“积累”是非常宝贵的，因为只要你有心，它们才可以集腋成裘。如果你什么事都做，什么苦都吃，那么，这些“积累”就会在你身上慢慢积淀成经验，积淀成智慧，积淀成能力，于是，你就比一般的人机会更多，进步更快。比如，你喜欢帮助有困难的同事，久而久之，你就会“积累”许多朋友，当你自己一旦遇到困难，那些你“积累”起的朋友就会自动给你帮忙。所以，作为职场新人，你不能小看这种“积累”。

每个人都希望自己人生价值最大化。人生价值最大化，要从小事做起，从现在做起，否则，它仅仅只存在于你的大脑之中，最后流于空想。作为职场中人，你个人价值最大化的目标应该与你所在企业的目标是统一的。作为企业，它的首要目标当然是利润最大化。而要实现这个目标，企业必须通过向社会提供优质的产品或者服务，从顾客那里取得利润，使自己发展壮大。企业发展壮大了，它就会向员工提供良好的工资福利待遇。可以说，企业越兴旺，员工的工资和福利就越多，反之则越少。所以，企业依赖员工的努力工作，而员工则通过企业的兴旺发达使自己的价值最大化。

因此，企业和员工的目标在本质上是一致的。只有通过主动和努力地工作，为企业创造出最大价值，你个人的价值才能实现。如果没有企业这个平台，你个人直接去实现所谓“价值最大化”是不现实的，除非你自立门户。

每个人工作的重要目标当然是薪水。现代社会是一个商业社会，一切都讲“等价交换”，如果没有钱，你就无法生存，因此，“工作就是为了赚钱”，这种说法天经地义。但是，作为职场中人，你工作仅仅是为了赚钱吗？不管你是否意识到，你工作的目的绝对不仅仅是为了赚钱。

在“工作”的“作”字中，含有“创造”的意思，也就是说，你在工作的过程中，不仅你的躯体在“作”，而且你的大脑或精神也在“作”，你工作是为了创造一些新的价值。所以，你工作不仅是为了自己，也是为他人、为社会做贡献。

一个公司是一个团队，你的工作质量影响着同事们的工作质量，所以，你必须把自己的工作做得最好。当你把你的工作做得最好时，实际上就是给你的同事做出了贡献，使他也能够把自己的工作做得最好。这样，整个公司的产品就做到了最好。由此，你就为这个社会做出了贡献，这个社会因你的工作而进步。社会越进步，你的生活也就越有意义。

“等价交换”是现代商业社会的一条基本原则，但一些职场新人片面地将“等价交换”的原则理解为老板给你多少薪水，你就给老板干多少活。这样，无形中把自己当作了一头拉磨的驴，主人喂你多少草料，你就拉多少圈磨。

其实，公司并不是一手交钱一手交货，进行等价交换的农贸市场，它是一个实现自我价值的平台。你通过自己积极主动地工作，为企业做出贡献，企业通过你的工作取得了效益，因此，它除了给你报酬，还给你提供了机会，让你实现自己的理想。所以，如果你对工作总是采取一种应付的态度，能少做就少做，能躲避就躲避，敷衍了事，采取所谓“等价交换”的原则对待自己的工作，那么，企业也就不会给你机会，你只能永远原地踏步。敷衍工作实际上是在敷衍自己。

的确，刘超可以不去做被同事称之为“费力不讨好”的事，但是，他愿意去做，这样便能使自己进步更快一些。积极主动是职场一种极其珍贵的素质，它能使你变得更加敏捷、更加能干。作为职场新人，你每天多做一点儿，上司和同事就会更关照你和信赖你，从而给你更多的机会，你就能从竞争中脱颖而出。生活是公平的，你流了多少汗水，就会有多少收获，当你斤斤计较，不肯做一点几分外的事时，往往颗粒无收。

要懂得分享

团队就好像是一棵果树，不仅在幼年的时候需要呵护，在果实累累的时候也需要巩固和培育。而与他人分享成功，是进一步团结他人最好的方式。

在企业发展艰难的时候，员工们往往可以众志成城、团结一心、共渡难关，可是在取得了一定的成绩之后，原本团结的局面却往往会出现裂痕，这种可以同辛苦却不能共富贵的怪圈，几乎困扰着每一个企业，这究竟是什么原因呢？

很多人认为，这是因为企业员工素质差、嫉妒心重，其实不然。真正的原因就是企业中出现了几个霸占大家努力劳动才取得的果实却不肯与他人分享的人。

独占易起纷争，分享才能避免劳而无功，分享才能共利。在团队里，任何人的成功都是团队成员共同劳动的结果，仅仅靠一个人是不会干出任何事业来的。

真正优秀的员工，当老板宣布他被提升或者受到奖励的时候，往往都非常谦虚，在享受荣誉的时候，他绝对不会忘了感谢那些和自己一起努力或者曾经帮助过自己的人，让所有曾经参与的人都分享这一荣誉和喜悦。这样的员工，大家往往乐于看到他的成功，当他获得成功的时候往往会得到大家的赞许和掌声。而且大家以后会更努力地团结在他周围，去争取更大的成功——因为大家知道，不管取得多大的成功，他都不会忘记曾经帮助过他的人，大家都会有所回报。

而另外一些员工，他们在获得奖励的时候，眼睛就从正常的位置挪到头顶上了，仿佛自己已经超越了别人，成为“高人一等的贵族”，连说话都高傲起来。这样的员工，自己把自己和团体隔离开来。对于这样的员工，谁以后还愿意帮助他呢？

迈克尔·乔丹在结束自己的篮球生涯时说：“别人总是说，我站在篮球世界的顶端，每当听到这样的赞美，我都感到惶恐。我取得的所有成绩都是和队友们以及教练一起努力的结果，还有赞助商以及支持、鼓励我们的球迷们，荣誉属于你们每一个人，我只是幸运地作为代表，一次次地领取奖杯。”

迈克尔·乔丹在每一场比赛中都和队友们团结一致地去争取胜利，取胜之后他总是和队友们互相拥抱、分享胜利。正是迈克尔·乔丹这种无私的分享精神，皮蓬等一大批 NBA 巨星才甘于充当配角，紧密地团结在他周围，为公牛队取得一个又一个冠军。

在一个山村，有一个农民不安于现状，对自己的玉米收成很不满意。他私下打听，买来优质的玉米种子播种下地，第二年果然大获丰收。他的邻居在惊羡之余，都请求他能卖些新种子给他们，可是，这个农民为保持自己的优势，断然拒绝了大家的请求。

不知为什么，从第三年开始，这个农民的玉米收成差了，到了第四年，更是明显地减少。最后，他找到了原因：原来自己的优质玉米，接受的却是邻人田中劣等玉米的花粉。

一个人拥有优势时，学会保护自己并没有错，但更要明白，要想继续强化自己的优势，还必须学会共享。因为大家共处一个价值链，共处一个系统，所以一荣俱荣，一损俱损。

一个良好的团队，不仅需要精神上的鼓励，更需要物质上的支持。某个人取得成就的时候，千万不要忘了一起拼搏努力的其他团队成员。只有分享，才能共赢。

同时，分享不仅表现在对成果的共享上，更在于对责任和压力的分担上。

一家工厂，因为经营不善，面临倒闭。工人们都在收拾行装，根本就不期望工厂能发工资——每个工人都了解工厂的财务状况。

厂长把大家召集在一起后说："人家很清楚厂里现在的情况，我现在给大家两条路选：第一条路是我申请破产，不过大家放心，我会想办法让大家拿到工资，不过大家将会失去工作，需要重新找工作；第二条路是我把工厂股份化，以股份来代替工资发给每一个人——当然，大家现在获得的不会是利益，而是摊到了债务。"

工人们都静静地听着，厂长顿了顿，继续说："大家在一起工作这么长时间了，为什么不放手搏一下？工厂是我们一起发展起来的，属于我们每一个人，只要我们团结起来，就一定能闯出一条生路。"

结果，所有的工人无一例外地都选择留下来。每个工人都拿到了工厂的股份，所以大家都很拼命，工厂很快就蓬勃发展起来。

选择工作就是选择责任

选择一份工作，就等于选择了一份责任，就等于做出了一份承诺。强烈的责任感能唤醒一个人的良知，也能激发一个人的潜能。但在生活和工作中，随处可见这样一些人，他们失去了自己的责任感，只有别人强迫他们工作时，他们才会工作，他们从来没有真正考虑过自己身体内到底有多少潜能。

有一个商人需要招聘一个伙计。商人在商店的窗户上贴了一张独特的广告——“招聘：一个能自我克制的男士。每星期40欧元，表现突出者可以拿60欧元。”

每个求职者都要经过一个特别的考试，卡特也来应聘。他忐忑不安地等待着，终于，该他出场了。

“能阅读吗？”

“能，先生。”

“你能读一读这一段吗？”商店老板把一张报纸放在卡特面前。

“可以，先生。”

“你能一刻不停顿地朗读吗？”

“可以，先生。”

“很好，跟我来。”商人把卡特带到他的私人办公室，然后把门关上。他把一张报纸送到卡特手上，上面印着卡特要读的一段文字。

阅读刚一开始，商人就放出六只可爱的小狗，小狗跑到卡特的脚边，相互嬉戏追逐。许多应聘者都因受不住诱惑要看看美丽的小狗，视线离开了阅读材料，因而被淘汰。但是，卡特始终没有忘记自己的角色，他知道自己当下是求职者，他不受诱惑，一口气读完了材料。

商人很高兴，他问卡特：“你在读书的时候没有注意到你脚边的小狗吗？”

卡特答道：“是的，我注意到了，先生。”

“我想你应该知道它们的存在，对吗？”

“对，先生。”

“那么，为什么你不看一看它们？”

“因为你告诉过我要不停顿地读完这一段。”

“你总是遵守你的诺言吗？”

“的确是，我总是努力地去做，先生。”

商人在办公室里来回走着，突然高兴地说道："你就是我想要找的人。"

卡特正是商人想要雇用的人，因为他一旦知道了自己的工作职责，就会带着强烈的责任感去完成它。

在生活中，我们常常听见别人说："过一天算一天吧，不至于丢掉饭碗就行了！"这种人已经失去了强烈的责任感，承认了自己人生的失败。

一个有责任感的员工，当他面临挑战和困难时，他会迸发出比以往强大若干倍的能力和勇气，因为他知道，很可能因为他的懦弱而让企业承受巨大的损失，只有勇敢地面对，才有可能真正承担起责任，不让企业遭受损失。

一个逃避困难、不敢面对挑战的员工，很难让人相信他会真正地为企业承担责任，作为企业的领导，有谁敢赋予他更大的使命呢！

以积极的心态投入工作

工作占据了我们生命中的大部分时间。以我本人为例，每天上午9：00上班，下午4：30下班，有着让许多朋友羡慕的上下班时间，但是他们却不知道，下班的很长时间里我仍然在做与工作相关的事情，或者想与工作相关的东西，写稿子、阅读等。

但是，我很享受我的工作，它带给我成就感，我感恩我的工作。我喜欢这句话：如果我们享受工作带来的快乐，那么，我们的人生就是天堂；反之，我们的人生就是地狱。天堂和地狱的分水岭，就在于你对工作的心态。

在工作与生活中一些不经意的场合，我常常听很多人这样说：

"我不过是在为老板打工！"

“凭什么要我做这做那，一个月才给我这么一点儿钱。”

“这不是我的事情，让张三去做吧。”

“差不多就行了。是公司的事，又不是我自己的事情。”

说这些话的，大多数是年轻人。他们本来有着丰富的学识、不错的能力，却由于不断地生活在抱怨中，而常常要面临如何找到下一份工作的难题。

像这样的年轻人可以说到处都有，他们最大的误区就是始终抱着“我不过是在为老板打工”的工作观念，他们认为，工作就是一种简单的雇佣关系，做多做少，做好做坏，和自己没有多大的利害关系。这样的工作观念让无数年轻人错失了人生中宝贵的机会，甚至等到中年时仍在不断地埋怨自己所在的企业。

然而，有一个青年却不是这样想的。

他出生在美国乡村，只受过很短的学校教育。15 岁那年，一贫如洗的他就到一个山村做了马夫。然而雄心勃勃的他无时无刻不在寻找着发展的机遇。三年后，他终于来到钢铁大王卡耐基所属的一个建筑工地打工。一踏进建筑工地，他就抱定了要做公司中最优秀的员工的决心。当其他人在抱怨工作辛苦、薪水低而怠工的时候，他却勤奋地工作着，默默地积累着经验，并自学建筑知识。

一天晚上，同伴们在闲聊，唯独他躲在角落里看书。那天恰巧公司经理到工地检查工作，经理看了看他手中的书，又翻了翻他的笔记，什么也没说就走了。第二天，公司经理把他叫到办公室，问：“你学那些东西干什么?”他回答说：“我想我们公司并不缺少打工者，缺少的是既有工作经验又有专业知识的技术人员或管理者，对吗?”经理点了点头。不久，他就被升任为技师。打工者中，有些人讽刺挖苦他，他回答说：“我不光是在为老板打工，更不单纯为了赚钱，我是在为自己的梦想打工，为自己的远大前途打工。我们只能在业绩中提升自己，我要使自己工作所产生的价值，远远超过所得的薪水，只有这样我才能得到重用，才能获得机遇！”抱着这样的信念，他一步步升到了总工程师的职位。25岁那年，他做了这家建筑公司的总经理。

卡耐基的钢铁公司有一个天才工程师兼合伙人琼斯，在建筑公司最大的布拉德钢铁厂时，发现了一位年轻人具有超人的工作热情和管理才能。当时身为总经理的那位年轻人，每天都最早来到建筑工地。琼斯问他为什么总来这么早，他回答说："只有这样，当有什么急事的时候，才不至于被耽搁。"工厂建好后，琼斯安排他做了自己的副手，主管全厂事务。两年后，琼斯在一次意外事故中不幸身死，他便接任了厂长一职。因为他的天才管理艺术及进取精神，布拉德钢铁厂成了卡耐基钢铁公司的灵魂。因为有了这个工厂，卡耐基才敢说："什么时候我想占领市场，市场就是我的。因为我能造出又便宜又好的钢材。"几年后，他被卡耐基任命为钢铁公司的董事长。

他就是美国人心目中永远的榜样齐瓦勃。

其实，每个人都应该问问自己，你到底在为什么而工作呢？难道你觉得你工作就仅仅是为了让老板看，然后再从他那里换取每个月的工资吗？

其实，你不是在为老板打工，而是在为自己工作。因为工作不仅仅让你获得薪水，更重要的是，它还教给你经验、知识，通过工作，能够提升你自己，从而使你变得更有价值。

为金钱工作，工作只能无味，但为自己工作，工作就能带给你轻松愉快的心情，因为你的付出带给别人快乐，使别人从中获得利益，同时也实现了你自己的人生价值。

第十二章

感恩失败与缺陷，让我们在坚强与完善中成长

在人生的道路上，无论成与败都只是暂时的，如果将暂时看作一贯，将瞬间看作永恒，这将是最大的错误。成功固然美好，但失败也不可或缺。如果说成功是花园中艳丽的花朵，那么失败就是花枝下那不起眼的泥土，花枝若不能及时地从泥土中汲取养分，又怎能开得艳丽多姿？所以，人生经历一些失败并不可怕，要在失败中学会坚强，吸取教训。

越挫越勇

有人向一位溜冰爱好者请教他是怎样学会溜冰的。溜冰爱好者回答说："哦，跌倒了爬起来，爬起来，再跌倒，再继续滑，于是就学会了。"这位溜冰爱好者简单的话语中蕴涵着深刻的哲理：敢于在失败中越挫越勇者才能达到所企望的目的。

真正勇敢的人就如这样，愈为环境所迫，反而愈加奋勇，不战栗不逡巡，昂首挺胸，意志坚定；他敢于面对任何困难，轻视任何厄运，嘲笑任何障碍，因为贫穷困苦不足以损他毫发，反而增强了他的意志、品格、力量与决心，这使他成为所有人中最卓越的人。

这就好像森林里的橡树，经过千百次暴风雨的摧残，非但不折断，反而愈见挺拔。正像暴风雨吹打橡树一般，人们所承受的种种痛苦、磨难，也在启发人们的才能，锻造人们不屈的斗志。

被称为"世界上最伟大的推销员"的乔·吉拉德出生在美国的一个贫民窟，他从懂事起就开始为生计而忙碌。他做过报童、洗碗工、送货员、鞋匠、电炉装配工和住宅建筑承包商，等等。可以说在35岁以前，他的事业是一路坎坷，是一个彻底的失败者，不仅仅是朋友离他而去，还有一身的债务困扰着他，就连妻子、孩子的吃喝都成了让他头疼的问题。

不仅如此，乔·吉拉德从小就有严重的口吃毛病，这让他相当自卑。他换过40多个工作仍然一事无成。最后，他卖掉了汽车，开始了他的推销生涯。

乔·吉拉德来到一个全新的工作岗位，处处碰壁。但他却反复告诉自己："你认为自己行就一定能行。"这已经成了他多年的口头禅。正是他这种“相信自己一定能做得到”的勇气使他走出了第一步。每拜访一个顾客，他总是恭敬地把名片递过去，不管是在街上还是在商店里，他抓住一切可以推销的机会，推销他的产品。正是因为他不懈的努力，也正是因为那种一定能够胜任工作的卓越精神推动着他，三年以后，他成了全世界最伟大的推销员。正是这种去掉“我不能”拥有非凡自信的卓越心态，使他在短短的三年内被《吉尼斯世界纪录》评为“世界上最伟大的推销员”。至今这个一直被世人称为“能向任何人推销出任何商品的神奇人物”还保持着平均每天卖 4 辆汽车的销售纪录。

没人能够逃脱不幸与失败，我们的事业也是一样，既有如沐春风的高峰，也有凄风苦雨的洼谷。即使你走遍天涯海角，寻得一个看破红尘的高僧，他同样也逃脱不了现实的猜疑、精神上的不满和生活中的无聊。世界上不存在极乐天堂，没人能从世俗的烦恼中解脱出来，我们所能做的只能是端正态度，妥当地去应付这些不愉快，让生命在磨难中得到升华。

学着感谢失败、逆境、苦难、挫折吧！因为有它们的存在，我们才敢于面对现实、正视自己；因为有它们的存在，我们才更坚强、更自信；也正因为有它们的存在，我们才能越挫越勇，昂首挺胸地为明天的成功而战斗。

成千上万的人在生命旅程中会屡屡失败，如果他们停留在失败的彼岸，就永远无法到达成功的彼岸。失败是对韧性和钢铁意志的最后考验。在失败中能够“越挫越勇”的人，他的生命也必将更加坚强。

失败是成功的垫脚石

一天，一个农民的驴子掉到了枯井里。那可怜的驴子在井里凄惨地叫了好长时间，农民在井口急得团团转，就是没办法把它救起来。最后，他断然认定：驴子已经老了，这口枯井也该填起来了，不值得花这么大的精力去救驴子。农民把所有的邻居都请来帮他填井。大家抓起铁锹，开始往井里填土。驴子很快就意识到发生了什么事，起初，它只是在井里恐慌地大声哭叫。不一会儿，令大家都很不解的是，它居然安静下来。几锹土过后，农民终于忍不住朝井下看，眼前的情景让他惊呆了。

每一铲砸到驴子背上的土，它都做了出人意料的处理：迅速地抖落下来，然后狠狠地用蹄子踩实。

就这样，没过多久，驴子竟把自己升到了井口。它纵身跳了出来，快步跑开了。在场的每一个人都惊诧不已。

其实，生活也是如此，每个人的一生都不是一帆风顺的，都会遇到各种各样的挫折和失败，就如同砸下来的尘土一般，要想从这苦难的枯井里逃脱出来，走向人生的成功与辉煌，办法只有一个，那就是将它们统统都抖落在地，重重地踩在脚下。因为，生活中我们遇到的每一个困难，每一次失败，其实都是人生历程中的一块垫脚石。

当我们从低处往上攀爬时，没有着力点就无从爬起，没有垫脚石就无处着力，人生的奋斗过程也是如此。

你想拾级而上，就需要自己开路造阶，一次次的经验铺就了我们成功的路，为我们的拾阶而上创造了条件。偶有失手，只往下跌几级不要紧，重要的是有勇气继续向上爬。

如果你能学着向前倾倒，最多不过是双手撑地，对失败的原因略加思索，就可能立刻起身去迎接另一个挑战。然后再把这次挫折看作是一次经验，将来就可避免重蹈覆辙，这样就可以帮助你达到成功。

1906年11月，本田宗一郎出生在日本荒僻的兵库县的一个贫穷家庭。由于家庭贫穷，9个孩子中有5个因营养不良而早夭。

本田在上学的时候非常喜欢逃课，这让他的父亲伤透了脑筋。用本田自己的话说："那种正规的教育真是让人厌恶！"但是，对于学校的实验课，他却非常喜欢，所以他经常逃课去别的班级上他们的实验课。早期的这种富于探索的精神，为他以后的事业奠定了良好的基础。

后来，本田创立了自己的摩托车制造公司。当时摩托车行业已经趋于饱和了，但是他没有畏惧，依然硬着脑袋挤了进去。在5年内，他打败了250个竞争对手，实现了儿时的制造更先进的摩托车的梦想。当然，这期间，他经历了一系列失败。

成功的本田回忆起过去时说："回首我的工作，我感到我除了错误，一系列失败、一系列后悔外什么也没有做。但是有一点使我很自豪，虽然我接连犯错误，但这些错误和失败都不是同一原因造成的。这使我在失败中学到了很多东西。"

"失败是成功的垫脚石"并不是一句空话。一个真正善于学习的人，不仅仅要学习正面的成功事例，还必须懂得从失败中学习。养成从失败中学习的习惯，你的每一次失败便可以说是下一次成功的开始。

美国著名创业教练约翰·奈斯汉有一句名言："硅谷如此成功背后的秘密就是'失败'。"人生的成功是一次次失败的经验累积而成的，请你把失败当作是一种不凡的经验，而不是障碍。唯有将它当作经验，你才能体会出什么叫作垫脚石。

一个人要有所成，有所大成，就必须忍受失败的折磨，在失败中锻炼自己，丰富自己，完善自己，使自己更强大，更稳健。这样，才可以水到渠成地走向成功。明白了这一点，我们就应学会感谢失败，善待失败。

每一次失败都是收获

人生是一条每个人都没有走过的路，迷失方向或陷入困境在所难免，这种时候，我们选择的一定是折回或绕道；做事也是一样，每失败一次，我们就找到了一条无法通行的道路。对于失败者来说，这也是一种别样的收获。

对于一个有自己的理想，目标明确知道自己要得到什么的人来说，每一次的失败都是有价值的，每一次的失败都是达到成功的一块块垫脚石，从失败中总结经验，失败能帮你发现问题所在，每出现了一次差错之后，你就是在向成功迈进了一步，所以不要认为失败是在浪费时间，不要认为自己碌碌无为。

我们来看看松下电器老总松下幸之助年轻时候的一个故事：

松下年轻时，家庭生活贫困，必须靠他一人养家糊口。有一次，瘦弱矮小的松下到一家电器工厂去谋职。他走进这家工厂的人事部，向一位负责人说明了来意，请求对方安排一个哪怕是最低下的工作。这位负责人看到松下衣着肮脏，又瘦又小，觉得很不理想。但又不能直说，于是就找了一个理由：我们现在暂时不缺人，你一个月后再来看看吧。这本来是个托词，但没想到一个月后松下真的来了，那位负责人又推托说此刻有事，过几天再说吧。隔了几天松下又来了。如此反复多次，这位负责人干脆说出了真正的理由："你这样脏兮兮的是进不了我们工厂的。"于是，松下幸之助回去借了一些钱，买了一件整齐的衣服穿上又返回来。这人一看实在没有办法，便告诉松下："关于电器方面的知识你知道得太少了，我们不能要你。"两个月后，松下幸之助再次来到这家企业，说："我已经学了不少有关电器方面的知识，您看我哪方面还有差距，我一项项来弥补。"

这位人事主管盯着他看了半天才说："我干这行几十年了，头一次遇到像你这样来找工作的。我真佩服你的耐心和韧性。"松下幸之助在一次次的被婉拒之后，非但没有气馁，却积极找到自身的不足，靠着毅力打动了主管，终于进了那家工厂。后来松下又以其超人的努力逐渐锻炼成为一个非凡的人物。

在成功者的眼里，失败不只是暂时的挫折，失败还是一次机会，说明你还存在某种不足和欠缺。找到它，补上这个缺口，你就增长了一些经验、能力和智慧，也就会离成功越来越近。失败也是一种收获。它不仅让人们懂得了失败与成功的关系，从而更重要的在于，他所倡导的是一种积极进取的人生态度，不畏艰险的精神状态。这对每个人来说，都是十分重要的。

人人知晓的篮球明星姚明，他每次罚球时大都能投进，命中率如此准确并不是天生的，也不是一两天就能做到的，是付出了很大的努力的结果。在他刚进 NBA 的时候，每天都练习罚球，而且一练习就是几千个，篮球都不知道和他的双手亲密接触了多少回，每一次的失败并没有打击他的信心，而是让他更加倍的努力练习。功夫不负有心人，他的罚球命中率得到不断提高，造就了今天这个神投手。

可见，失败并不可怕，可怕的是不敢面对失败，逃避失败。我们只有在失败中总结经验教训，积极乐观地面对失败，把失败看成是一种收获，是通往成功的基石，那么我们离成功就不远了。

失败了不要紧，怕的是从此消沉，不再前进。人生之路，几多坎坷，失败是必不可少的，没有失败，哪来成功？由此我们不难看出，其实失败也是一种收获，至少它让我们不会重复同样的错误，帮助我们积累经验，从而不断地催促我们向成功迈进。

失败让人看清自己

生命充满了起伏，但是我们也可以从所有发生在身边的事情中，学到一些东西。

一段感情结束、考试失败、失业……在最初的愤怒、依赖、沮丧过去之后，我们可以审视那些失败，利用它们来更加了解自己。

日本推销之神原一平在年轻的时候是个什么都不懂的毛头小子，误打误撞进入了推销行业。但在推销东西的时候，他从来不注意自己的语言是否得体，以及自己给人留下的印象如何。总之一句话，只顾头不顾尾，根本没有想到别人很可能因为自己的不得体举动而不买账。

有一次，他来到一座寺庙向一位老和尚推销保险，他滔滔不绝地向对方介绍投保的种种好处。老和尚很有耐心地听他把话讲完，然后平静地告诉他："听完你的介绍后，丝毫引不起我投保的意愿。"

原一平听到这样的回答很泄气，他知道这一次又失败了。于是呆呆地坐在那里。

老和尚看到他沮丧的样子，指点他说："人与人之间，像这样相对而坐的时候，一定要具备一种强烈吸引对方的魅力，如果你做不到这一点，在这一行你就没什么前途可言。"

老和尚的一席话如当头棒喝，把他打醒了，使他认识到自己的缺点和不足。从此，他开始努力改善自己。若干年后，他成了日本寿险业中的推销大师。

每个人都不是完美的，人生好像就是在不断诠释个人的不完美之处，而这种不完美将以失败这一形式展现，并要求我们创造更好的。所以我们不必抱怨失败，因为它给了人类进步的力量。

失败并不可怕，甚至也不可耻。失败让人多了一份清醒，多了一份弥补不足的机会，通过失败不断积累经验和教训，只有这样，失败才不会变得毫无意义。

李竞在大学时就是个活跃人士，很早就有了市场意识，在大家还闷头读书的时候，他已经知道编《娱乐手册》挣稿费。那时候，他一去外地旅游准大有收获。他通常边玩边为当地人拍照，挣回一部分车费钱。

刚开始的时候他活得很逍遥自在，但不久之后，问题就出现了。人们纷纷打电话投诉他，说侵犯了自己的肖像权。原来，他拿去发表的很多照片都是没有经过人家同意的。有一个人甚至将他告上了法庭，不仅让他损失了颜面，还赔了一大笔钱。这次事件让他不再像以前那么潇洒了，他好像悄悄收起了自己的风头，埋头苦干了起来。

他决定吸取教训，下一次再帮人拍照，发表时，一定要先征得别人的同意。

这虽然是个小小的意外，但他却因此认清了自己。刚开始的时候，他对自己要求不高，甚至做什么事情也不会为别人考虑，在别人眼里他就是爱出风头的人。

而这之后，他似乎也关注起别人对他的评价。没事的时候，他喜欢找几个朋友帮他指出缺点，总之人似乎大变样。

多年后，身为某个知名公司老总的他在接受访问时，别人问他成功的经验是什么，他说出了几年前的那次经历。并告诉记者也就是从那个时候开始，他才知道自己根本不是想象得那么好，是时候改变自己了。

失败让无知、自大的人学会了正视自己，让幼稚、不谙世事的人走向了成熟。因此，面对失败，我们应该真诚地说声“感谢”。因为失败，我们才走向成功；因为失败，我们才有了一次次超越、一次次完善。

失败让我们看清了自己与成功的差距，失败让我们发现了自身的不足，失败让我们纠正了自己的错误。失败与成功相比，失败给人的启示比成功要大得多。所以我们要感谢失败，是它一直提醒着、鞭策着我们。

可以不成功，但一定要成长

生活中很多东西是难以把握的，但是成长是可以把握的，这是对自己的承诺。可能会有人妨碍你的成功，却没人能阻止你的成长。换句话说，这一辈子你可以不成功，但是不能不成长。

人生旅途中，似乎总不是一帆风顺、如愿如期的，总有或多或少的困难与挫折。明智的人应把困难与挫折当作上天对自己的考验与锻炼，勇敢面对，即使是一而再、再而三的遭受打击，也要坚强地爬起，这样才能磨炼自己的意志，在以后的生活中更能经受得住考验。

一位父亲很为他的孩子苦恼。因为他的儿子已经25岁了，做任何事情都是浅尝辄止，遇到困难就止步，碰到挫折就掉头，从来没有取得过成功。有一天，儿子提出要去练跆拳道，父亲说："练就好好练，如果不能取得一番成就，就别来见我。"

第二天，父亲送他到一位跆拳道教练那里，请求他训练自己的孩子。

教练说："你把孩子留在我这边，3个月以后，我一定可以把他训练好。不过，这3个月里面，你不可以来看他。"

父亲同意了。

3个月后，父亲满心欢喜地来接孩子。教练安排孩子和一个跆拳道高手进行一场比赛，以展示这3个月的训练成果。

那位高手一出手，孩子便应声倒地。他站起来继续迎接挑战，但马上又被打倒，他就又站起来……就这样来来回回一共16次。

教练问父亲："你觉得你孩子的表现得怎么样？"

父亲说："我简直羞愧死了！想不到我送他来这里受训3个月，

看到的结果是他这么不经打，被人一打就倒。”

教练说：“我很遗憾你只看到表面的胜负。你有没有看到你儿子那种倒下去立刻又站起来的勇气和毅力呢？这可是这3个月来训练的最大成就啊！”

不断地倒下，再不断地爬起，正是在这种磕磕碰碰中，我们成长了。失败的经历、挫折的过程让我们变得不再脆弱、不再不堪一击、不再畏首畏尾。所以说，即使不成功，也是值得肯定的。

有三个跑单帮的商人，各推着一车陶瓷用具去做买卖，车上都是杯罐、盘子等易碎的厨房用品。

他们来到一座又高又陡的大山，山路全都是羊肠小道，路的一边是高不可攀的山壁，另一边是深不可测的沟壑，地势非常险峻。第一个刚刚推上一段斜坡，一不小心，就把一车用具打翻了，所有的东西都打碎了。

第二个人运气比较好一点，他推上了半山腰，但碰到一条突出来的树根，车子一翻，同样没有剩下一个完好的器皿。

第三个人尽千辛万苦，终于推到了山头，却在喘了一口气之后，一不留神，车子滑了下去，全部用品都倒在地上，没有留下一个不破的。

三车器皿都打碎了之后，三个人便坐在山顶上，十分痛心地聊了起来：“要是能扶住车子，加把力气，就能推过山了。”第一个人说。

“要是能多加小心，注意前面的路况，就好了。”第二个人说。

“要是能在下坡时，推稳车子，慢慢下山，就好了。”第三个人说。一个路过的老人听到他们的谈话，帮他们下了一个结论：你们各人都总结出了经验教训，记住这个教训，在以后推车过山做买卖的时候，就不会再翻车了。这三个人得到老人的鼓励，就快快乐乐地推着空车回去，准备重新来过。

人生总会有不同阶段的失败，有人只看到失败的惨痛结果，却没有觉察到失败带给我们的最珍贵的东西。失败、挫折让我们的羽翼更加丰满、让我们的双臂更加结实厚重，让我们的性格更加坚韧，最后交织融合，升华自己生命的力量。

在失败、挫折中学会成长，姑且看作是上天对我们“特别”的关怀，对我们怜悯与施舍，我们也应做出成绩，做出榜样。在失败与挫折中提升人格力量，磨砺性格的力量，增强信念的力量，从而一步步迈向卓越。

从哪里跌倒，从哪里爬起来

一个人在做事过程中都有可能失败，人生之路，一帆风顺者少，曲折坎坷者多，我们要有承受的勇气。其实，遭受挫折、失败并不可怕，遭遇厄运也不可悲，可怕的是你在挫折、失败面前站不直腰，可悲的是你在厄运面前彻底屈服。

面临人生的逆境，唯有积极的心态才是正确的选择，以一种不逃避、不放弃、始终如一的态度面对失败和挫折，我们才能走向成功。

汽车界赫赫有名的李·艾柯卡，有过一段坎坷的人生经历。在事业处于高峰的时候，突然落入低谷，但在低谷时，他却时常对自己说：从哪里跌倒，从哪里爬起来。他是这样说，也是这样做的。

艾柯卡从小受父亲的影响特别喜欢汽车，后来经过自己的努力，他成了福特公司仅次于老板的“二号人物”，这让老板对他都有了一份猜忌。后来因为他没有合理地解决处理人事纠纷，并且未能抢先打开一种车型的市场，老板以他不能收拾局面和不能高效工作为由免去了他的一切职务。

面对这突如其来的打击，艾柯卡感觉自己是从珠穆朗玛峰坠入了万丈深渊，这几乎置他于死地。妻子气得心脏病发作，女儿埋怨他无能。他在愤怒、彷徨、苦闷中甚至想到过自杀，但他最终没有那样做。他相信自己的能力，他相信只要努力，自己一定能再拥有曾经有过的一切。

当时，艾柯卡被解雇的消息在企业界引起了极大的轰动，人们不知道艾柯卡到底做错了什么，福特老板竟把一个能为他 8 年赢取 35 亿美元的员工辞去。许多公司虽然愿意聘请艾柯卡但对他都存有一丝芥蒂，这让艾柯卡十分生气，他暗暗下定决心，一定要证明自己，让自己从失败的地方再次站起来。

恰恰在这时，美国三大汽车巨头之一的克莱斯勒公司由于经营不善正濒临倒闭，希望有位能人来挽救这一残局。这对艾柯卡而言无疑是一次难得的机会——不仅能够做自己钟爱的工作，还有机会在他失败的地方重新证明自己。

就这样他主动找到了克莱斯勒汽车公司董事长约翰·李嘉图。他向李嘉图表示，以前的失败不能否定他的能力，他表示有信心带领克莱斯勒公司走出低谷。李嘉图考虑之后决定让他留下继承他的职位。

由于前任的无能，公司几乎处于无政府状态，各项工作都处于混乱中，公司更是连续 3 个季度亏损达 1.6 亿美元。

面对这样的状况，艾柯卡断然采取行动，大刀阔斧地进行改革。首先是整顿队伍，先后关闭 20 个工厂，连续裁员 7.4 万人，而 35 位副总裁仅留下两人。但同时他提拔了一批优秀的人才。

经过整顿，艾柯卡拥有了一个一流的指挥班子，接着他集中公司的人力、物力、财力，尽快拿出了一个适销对路的产品。而对公司出现的任何重大纠纷他定会亲自做出合理解决。

经过努力，艾柯卡根据石油行情果断地开发出早已绝迹的敞篷汽车和高速省油的 K 型车，先声夺人，畅销市场，之后不久终于使克莱斯勒公司奇迹般地走出了低谷，第一次出现了赢利。

后来的一年中，公司赢得了历史上的最高利润——9.25 亿美元。接下来的3年，公司还清了所有贷款，并获得了23.8亿美元的纯利润。克莱斯勒公司重新站了起来，而艾柯卡也从他失败的地方重新站了起来。

艾柯卡在失败时没有做出极端的行为，也没有一直失落、沉沦下去，而是勇敢地站了起来，并紧紧抓住转变命运的机会，成就了不平凡的人生。

从哪里跌倒，从哪里爬起来，这是一种积极的生活态度，是一种自强不息的奋斗精神，是永不言败的高亢宣言。在前行的道路上，它给人以力量，给人以动力，让人不断地向成功迈进。

暂时遭遇不幸或失败之人，要有一颗执着之心，摆正自己的心态，要善于利用时机多给自己一次选择的机会，而不要做“庸夫”，自寻烦恼，这样，生活还照样会阳光普照，人生还照样会精彩动人。

不因失败而放弃

心理学家曾做过这样一个实验：将小白鼠放到一个有门的笼子里，笼子的底是金属的，然后，给笼子底通低电流，使小白鼠受到虽然不致命，但是会引起相当痛楚的电击。如果将笼子门打开，小白鼠会立刻跑出笼子以逃避电击。但如果用一个玻璃板将笼子门堵住，那么小白鼠在遇到电击往外跑的时候，就会在玻璃板上撞一下，然后被挡回来。重复给笼子底通电，使小白鼠一次又一次地在企图逃跑的时候受到玻璃板的阻碍。最终，小白鼠学会了屈服，它伏在笼子里，被动地忍受着电击的折磨，完全放弃了逃跑的企图。这时，即使笼子门上的玻璃板移走，而且让小白鼠的鼻子从门伸出笼外，它也不会主动逃出笼子，而是放弃所有努力，绝望而被动地忍受着痛苦。小白鼠的这种状态，在心理学上被称为“习得性无助”。

习得性无助是描述动物——包括人在内，在愿望多次受到挫折，经历多次失败后，表现出来的绝望和放弃的态度。这时的基本心理过程是退缩和放弃，对人来说，还有自我怀疑、自我否定和自我设限等，这会使人变得悲观绝望、听天由命，听任外界的摆布，任自己的命运随着外力的强弱而波动起伏。

其实，人生本来就是一个迂回曲折的过程，失败、挫折是常有的事情，一遇失败就退缩，一见挫折就放弃的人终将一事无成。闻名于世的大作曲家贝多芬说：“卓越的人的一大优点是：在不利于己的遭遇里百折不挠。”所以，要想实现自己的愿望、理想，就必须全力以赴、毫不犹豫、坚持不懈地去实行。

桑德斯上校是“肯德基炸鸡”连锁店的创办人，他在65岁时才开始从事这个事业。因为他身无分文，只能靠救济生活，他拿到第一张救济金支票，金额只有105美元，当时他的内心沮丧极了。但他没有去怪这个社会，他想就是这样也要靠自己的努力去改变命运。

于是，他便思量起自己现在所拥有的东西，试图找出可为之处。突然他想道：“我拥有一个人人都会喜欢的炸鸡秘方，我何不用它来改变自己？”紧接着一连串的想法又从脑海里蹦出来：“如果我将这份炸鸡秘方卖给餐馆，并且教他们怎么做，那么他们的生意就会变得红火起来，而我也可以从餐馆中拿到提成。”

想至此他便行动起来，挨家挨户地去餐馆推销他的炸鸡秘方，但是没有人相信他，餐馆的老板一个个都拒绝了他，还当面嘲笑他：“得了吧，老家伙，若有这么好的秘方，你干吗还穿这么可笑的白色衣服？你怎么还会拿来推荐给我们？”这些刺耳的话语并没有让桑德斯选择放弃，他相信总有一天会有人采用他的炸鸡秘方。

时间一天天过去，他仍然继续着自己的推销，每天驾驶着他那架又破又旧的老爷车，饿了就用他示范做给别人的炸鸡充饥，困了就和衣睡在汽车后座上，而只要一醒来他就继续向人推销他的秘方。

一次次失败之后，他没有因为别人的拒绝而懊恼，觉得是自己的说辞还不具备说服力。于是，他便认真地研究，认真地坚持。他相信只要自己坚持一定有人会相信他，并采用他的秘方。

终于，就在他无数次的坚持后，有人愿意试一下。就是这样的一试竟然非同凡响，人们对这种炸鸡非常喜爱，吃的人越来越多，一家家的分店在供不应求中开了起来，不仅这样，他的分店还在其他国家一家家地开了起来，而且同样很受欢迎。

这就是桑德斯的创业之路，在他身上我们看到了一样可贵的东西，那就是在失败面前仍然坚持，永不放弃。

失败面前不退缩、不放弃，让我们多了一份耐心、一份坚韧、一份自信。拥有这种积极的心态，心才不至于干枯，黑暗才不再漫长，日子才不会索然无味，成功的第一缕曙光才会第一时间照耀我们。

只要坚持到底就一定会成功，人生唯一的失败，就是当你选择放弃的时候。因此，当你处于困境的时候，你应该继续坚持下去，只要你所做的是对的，总有一天成功的大门将为你而开。

尺有所短，寸有所长

美国社会专家研究显示，人的智商、天赋都是均衡的，或许你在某一方面有优势，但不一定在别的方面能够赢过人家。有优势的同时就会存在劣势。因此，在生活中我们不但要看到自己的不足，还要看到自己的长处，正确看待自己和别人，切忌看待事物的片面性和绝对化。

有这样一个寓言故事。

国王的橱柜里有两个罐子，一个是陶罐，另一个是铁罐。铁罐很骄傲，总是瞧不起陶罐，常常数落它。

“你敢碰我吗？”铁罐傲慢地问陶罐。

“不敢，铁罐兄弟。”陶罐谦虚地回答说。

“我就知道你不敢碰我，你这个懦弱的东西！”铁罐得意扬扬，脸上露出了更加轻蔑的表情。

“是的，我确实不敢碰你，但这并不代表懦弱！”陶罐平静地说：“我们存在的意义就是盛放东西，并不是用来互相碰撞的。在完成我们的本职工作方面，我做得并不比你差！”

“闭嘴！”铁罐气急败坏地喊道，“你怎么敢和我比较！你小心点吧，用不了几天，你就会被人打碎而且丢到地沟里去，我却可以永远站在这里！”

“你为什么这样说呢？”陶罐说，“我们和睦相处不好吗？”

“和你在一起我感到丢人，你算什么玩意儿！”铁罐说，“我们走着瞧吧，总有一天我要把你打成碎片！”

陶罐叹了口气，不再理会铁罐了。

很多年以后，国王死了，王宫也倒塌了，陶罐和铁罐都被遗落在荒野之中。历史是公平的，它们身上同样都积满了灰尘和污物。

又过了很多年，有一群考古学家来到了这里：“哟，这里有一只罐子！”一个人惊讶地喊道。

“真的，是一只陶罐！”另一个人说。

大家把陶罐捧起，把上面的泥土清理干净，看起来和当年在王宫的时候完全一样——完整、漂亮。

“好美的一只陶罐！”一个人说，“小心点，千万别把它弄碎了！这是一件珍贵的古董，很有文化价值的。”

“谢谢你们！”陶罐兴奋地说，“有一只铁罐就在下面，请你们把它也挖出来吧，它一定也闷坏了。”

人们立即动手，翻来翻去，把土都翻遍了，却没有发现那只铁罐的踪影。是的，它已经不知道在什么年代完全氧化，早就消失得无影无踪了。

尺有所短，寸有所长，不要因为自己的优点而沾沾自喜，也不要因为自己的缺陷而灰心丧气，有时优点会转变为缺点，缺陷会成就完美，就像寓言中铁罐和陶罐一样，在不同的场合和条件下会发生很大的转变。

有位哲人曾说："垃圾只是放错了地方的宝贝。日本就曾把垃圾压制成楼板建造高楼大厦。反过来说，宝贝如果放错了地方，也会成为垃圾的。"我们每个人都有自己的优点和强项，人才往往是"尺有所短，寸有所长"，各有各的用场，不能用一种才能否认另一种才能。

伟大的马克思有许多天赋，但他在写给燕妮许多诗后，发现自己并不具备杰出的诗才，并做了深刻的自我解剖："模糊而不成形的感情，不自然，纯粹是从脑子里虚构出来的。现实和理想之间的完全对立；修辞上的斟酌代替了诗的意境。"

作家朱自清也曾分析过自己缺乏小说才能的短处，在散文集《背影》自序中说："我写过诗，写过小说，写过散文。25岁以前，喜欢写诗，近几年诗情枯竭，搁笔已久……我觉得小说非常难写，不用说长篇，就是短篇，那种经济的、严密的结构，我一辈子也写不出来。我不知道怎样处置我的材料，使它们各得其所。至于戏剧，我更始终不敢染指。我所写的大抵还是散文多。"

20世纪20年代，著名史学家姜亮夫考入清华大学研究院。当时他极想成为"诗人"，把自己在成都高等师范读书时所写的400多首诗词整理出来，去请教梁启超先生。不料梁毫不客气地指出他囿于"理性"而无才华，不适宜于文艺创作。姜亮夫回到寝室用一根火柴将"小集子"化成灰烬。诗人之梦醒了，从此他埋头攻读中国历史、语言、楚辞学、民俗学等，取得一系列成果。可谓"失之东隅，收之桑榆"。

人无完人，不可能在每个领域都很突出，有的方面甚至缺陷十分明显。不同的人，生理素质、心理特点、智能结构等千差万别。有的多条理，善于分析；有的多灵气，富有幻想；有的擅巧计，能于谋略；有的富形象，善于表演。只要比较准确或大致对应地找到自己的目标或方向，你就或早或晚，或近或远会有突出的表现。

尺有所短，寸有所长。每一个人都不是十全十美的，既然我们无法达到完美，不如保持一颗中庸与平常的心，容忍一定量的错误和残缺，这样做事才能游刃有余，这样生活才能无比轻松、自在和坦然。

正视缺憾

“金无足赤，人无完人”，每个生命体都不是完美无瑕的，我们很难找到一位绝对完美主义者，因为完美主义者对事物一味理想化的要求导致了内心的苛刻与紧张，这与完美所要求的内心平和是相矛盾的，两者不可以融为一体。

现实生活中，有许多人都过得很不开心、很不惬意，就是因为他们对环境总存有这样、那样的不满，他们没有看到自己所拥有的和幸福的一面。也许你会说：“我并非不满，我只是指出还存在的问题而已。”其实，当你觉得问题存在时，你的潜意识已经让你感到不满了，你的内心已不再平静了。

要求完美是件好事，但如果过了头，反而比不求完美更糟。完美主义者生活中没有好朋友，找不到生活上的伴侣，工作收效不大或一次次失去工作，因而整日闷闷不乐。这是因为他谁都看不上，只看到别人身上的缺点儿，因而交不到朋友；工作中，完美主义者总是想使客观条件和自己的能力达到尽善尽美时才去做，要定一个方案总是想找到一个最完美的，因而在等待和找寻中失误，被领导批评、开除。这样的人一生都不会快乐起来。

人生永远都是有缺憾的，佛经里说的“娑婆”世界就是永远存在缺憾而不得完美的世界。世界并不完美，留些遗憾倒可以使人清醒，催人奋进，反而是好事。有句话叫作你没有皱纹的祖母是可怕的，没有遗憾的过去无法链接人生，所以正视缺憾才会生活得从容、达观和上进。

武田信玄是日本战国时代最懂得作战的人，连织田信长也相当怕他，所以在信玄有生之年当中，他们几乎不曾交过战。而信玄对于胜败的看法实在相当的有趣，他的看法是：“作战的胜利，胜之五分是为上，胜之七分是为中，胜之十分是为下。”这和完美主义者的想法是完全相反的。他的家臣问他为什么，他说：“胜之五分可以激励自己再接再厉，胜之七分将会懈怠，而胜之十分就会生出骄气。”连信玄终身的死敌上杉彬也赞同他这种说法。上杉彬曾说过这么一句话：“我之所以不及信玄，就在这一点上。”

实际上，信玄一直实行着胜敌六七分的方针。所以他从16岁开始，打了38年的仗，从来就没有打败过一次。而自己所攻下的领地与城池，也从未被夺回去过。将信玄的这个想法奉为圭臬的是德川家康，如果没有信玄这个完美主义者的话，德川家族300年的历史也不一定存在。

世界并不完美，人生当有不足。有了不足，人们才会不断奋斗，不断拼搏，武田信玄对于作战的看法，不仅适用于打仗，还适用于人类的发展。从哲学意义上讲，人类永远不满足自己的现状，包括自己的住房条件、自己的生活水平、自己的经济水平，这就决定了人类需要不断奋斗、不断创造。从手工制作到机器化，从初级水平到高级水平，没有缺陷，产品就不会一代代升级。没有缺陷就意味着圆满，绝对的圆满便意味着没有追求，没有奋斗的价值，人们的思想和生活就会停滞。生活中也正是有缺憾的存在，我们才会有梦想，有希望，当为梦想和希望而付出努力时，我们就会赢得自己完整的人生。

所以，如果你有过于要求完美的心理趋向，就应尽快调整。当你认为情况应该比现在更好时，要努力把握住自己，礼貌地提醒自己现实中的生活其实很好。当你放弃自己苛刻的眼光时，一切事情都变得美好起来了。不刻意追求完美，你不会感觉到生活到处充满明媚的阳光。

生活不可能完美无缺，正因为有了残缺，我们才有梦、有希望、有追求。当我们为梦想和希望而付出努力时，我们就已经拥有了一个完整的自我。生活不是一场必须拿满分的考试，生活更像一个足球赛季，当我们能继续在比赛中前进并珍惜每场比赛时，我们就赢得了自己的完整。

活出自己的精彩

人有一种奇怪的心理，那就是往往容易站在自己不足以及自己遭受的挫折、磨难的立场上去揣想别人，觉得别人都比自己优越、快乐、幸福；相比之下，自己则成了世界上最差劲、最晦气、最不幸的人。

其实，很多事情往往都是双刃剑，若只看到刀刃的一面，受伤的永远都是自己。你应该去看好的一面，并对身边拥有的一切倍加珍视并心存感激。时间久了，你就会变成一个精神世界的强者，拥有属于自己的精彩。

她站在台上，不时地挥舞着她的双手；仰着头，脖子伸得老长，与她尖尖的下巴扯成一条直线；她的嘴张着，眼睛眯成一条线，诡谲地看着台下的学生，偶尔，她的口中也会咿咿唔唔的，不知在说些什么。实际上，她基本上是个不能说话的人。但她的听力很好，只要对方猜中或说出她的意见，她就会乐得大叫一声，伸出右手，用两个指头指着你；或拍着手，歪歪斜斜地向你走来，送给你一张用她的画制作的明信片。

她就是黄美廉，一个自小就患脑性麻痹的病人。

脑性麻痹夺去了她肢体的平衡感，也夺走了她发声讲话的能力。从小，她就生活在众多异样的目光之中。她的成长过程，可以说是充满了血泪的。但是，她却没有让这些外在的痛苦击败她内在奋斗精神。相反，她昂然面对，迎向一切的挑战和挫折，终于获得了加州大学艺术博士学位。她用自己的双手当画笔，用色彩告诉人们“寰宇之力与美”，并且灿烂地“活出生命的色彩”。

在这次演讲会上，全声学生都被她难以控制自如的肢体动作震慑住了。这是一场倾倒生命、与生命相遇的演讲会。

就在演讲会准备开始时，一个学生走上前，小声地问道：“请问黄博士，您从小就长成这个样子，您是怎样看您自己？您难道对命运就没有过怨恨吗？”

演讲会主持人心头一紧，真是太不成熟了，怎么可以在大庭广众之下问这个问题，太刺激人了，他担心黄美廉会受不了。

“我怎么看自己？”黄美廉用粉笔在黑板上写下这几个字。写完这个问题，她停下笔来，歪着头，回头看着发问的同学，然后嫣然一笑，回过头在黑板上龙飞凤舞地写了起来：

一、我好可爱！

二、我的腿很长很美！

三、爸爸妈妈这么爱我！

四、我会画画！我会写稿！

五、我有只可爱的猫！

六、还有……

教室内鸦雀无声，没有人敢讲话。写完这些，她回过头来定定地看着大家，然后又回过头在黑板上写下了她的结论：“我只看我所有的，不看我所没有的。”

掌声立即从学生群中响起。

不专注于自己的缺陷，才能活出潇洒、美满的人生。就像黄美廉一样，珍惜自己所拥有的，努力发现不完美中的快乐，脚踏实地朝目标奋斗，就会从不完美中有所获得。

赖斯利说："人生的意义不在于拿到一副好牌，而在于怎么样打好一副烂牌。"很多像黄美廉一样的成功人士都有着这样或那样的缺陷，但他们都没有因此而自卑，而是超越了这些弱点，成就了自己的精彩人生。

戴维·布伦基特聪明过人且具有远见卓识，1987年被选为英国下议院议员，而且是工党影子内阁的教育大臣。可他自己只是个什么也看不见的盲人；达尔文病魔缠身40多年，仍然四处考察，发表了著名的进化论；爱迪生小时候被司机暴打导致耳朵失去听觉，居然发明了留声机。

有句话说："上帝散布给人间的苦难与月光一样地均等。"是的，这个世界上，没有一个人活得容易，更没有一个人整日为鲜花与掌声所包围。知道了这一点，就无须再抱怨命运的乖蹇和不济了，只要我们还活着，就要努力改变残缺的命运，继续开创美好的人生！

每个人都会有不同的缺陷，对此，请不要轻易责难命运，也不要为此痛哭流涕，因为没有一个人是完美的。面对缺陷最明智的态度是：学会从缺陷中站起，珍惜自己所拥有的，以积极的心态、坚定的信念去战胜那些所谓的困难，最终会走出一条阳光大道。

把缺点改变成亮点

大千世界找不到一个完美无瑕的人，每个人身上都有缺点，无论自身的缺点是与生俱来的，还是后天的灾难所致，我们都不必为此心力交瘁，或躲躲藏藏，也不必把它当作泰山压在心头。唯一的方法就是直面自己的不足，树立信心，从而达到成功的彼岸。

卡丝·黛莉天生有一副优美动听的歌喉，但却长着一口难看的龅牙。有一次，她报名参加歌唱比赛。上台后，由于她只顾掩饰她的龅牙，歌喉都没有放开，以至于唱的歌都跑调了，台下观众哄堂大笑。有位评委到后台找到她，很认真地告诉她："你音乐潜质很好，你肯定会成功，但必须忘掉你的龅牙。"

从此以后，卡丝·黛莉开始学着接受自己的缺陷，慢慢忽略自己的龅牙。她下定决心，要用歌声去打动观众，而非自己的容貌。后来，她在一次全国性大赛中，以极富个性化的歌唱才华倾倒了观众和评委，美国乐坛一位著名的歌唱家就此诞生。她的龅牙也因此同她的名字一样有名。许多歌迷还夸她有一口漂亮的龅牙呢！

正视自己的缺点，将会像卡丝·黛莉一样赢得尊重和完美的人生。但是日常生活中，许多人对自身的缺点不能正确地理解和认识，从而陷入自卑、自怜的怪圈不能自拔。

美国首屈一指的个人成长权威博恩·崔西说："毫不夸张地说，一个有力的、积极的自我形象是成功人生的最合适的准备。"所以树立信心，肯定自己对于成功最重要。我们应该有"天生我材必有用"的自信，明白自己立于世，必定有不同于别人的个性和特色，如果我们不能充分发挥并表现自己的个性，这对于世界，对于自己都是一个损失。这种意识，一定可以使我们产生坚定的自信并助我们成功。

在《卡桑德拉大桥》《昨天、今天和明天》等影片中，索菲亚·罗兰以其独特的魅力给观众留下深刻鲜明的印象。她的长鼻子、大眼睛、大嘴、丰满的胸部和臀部都使她多了一份不可抗拒的美。

可是，你知道吗？在索菲亚·罗兰初试镜头的时候，差点儿因为她的长鼻子和丰腴的臀部而没能走上影坛。摄影师们都嫌她的鼻子太长、臀部太发达，建议她动手术缩短鼻子、削减臀部，可是索菲亚·罗兰坚决不同意。

索菲亚·罗兰在她的自述中详细地记叙了当时的情景：

有一天，他（指卡洛——作者注）叫我上他的办公室去。我们刚刚进行了第三次或第四次试镜头，我记不清了。他以试探性的口吻对我说："我刚才同摄影师开了个会，他们说的结果全一样，噢，那是关于你的鼻子的。”

“我的鼻子怎么啦？”尽管我知道将发生什么事，但我还是问道。

“嗯，咳．如果你要在电影界做一番事业，你也许该考虑作一些变动。”

“你的意思是要动动我的鼻子？”

“对。还有，也许你得把臀部削减一点。你看，我只是提出所有摄影师们的意见。这鼻子不会有多大问题，只要缩短一点，摄影师就能够拍它了，你明白吗？”

我当然懂得因为我的外形和已经成名的那些女演员颇有不同，她们都相貌出众，五官端正，而我却不是这样。我的脸毛病太多，但这些毛病加在一起反而会更有魅力呢。如果我的鼻子上有一个肿块，我会毫不犹豫地把它除掉。但是，说我的鼻子太长，不，那是毫无道理的，因为我知道，鼻子是脸的主要部分，它使脸具有特点。我喜欢我的鼻子和脸的本来的样子。“说实在的，”我对卡洛说：“我的脸确实与众不同，但是我为什么要长得跟别人一样呢？”

“我懂，”卡洛说，“我也希望保持你的本来面目，但是那些摄影师……”

“我要保持我的本色，我什么也不愿改变。”

“好吧，我们再看看。”卡洛说，他表示抱歉，不该提出这个问题。

“至于我的臀部，”我说，“无可否认，我的臀部确实有点过于发达，但那是我的一部分，是我所以成为我的一部分，那是我的特色。我愿意保持我的本来面目。”

正是这次谈话，使导演卡洛·庞蒂真正地认识了索菲亚·罗兰，了解了她并且欣赏她。后来，卡洛·庞蒂成了罗兰的丈夫。由于罗兰没有对摄影师们的话言听计从，没有对自己失去信心，所以她才得以在电影中充分展示她的与众不同的美。而且，她的独特外貌和热情、开朗、奔放的气质开始得到人们的承认。自1950年至1979年，她先后在75部影片中扮演角色，被人们称为“从贫民窟飞出来的天鹅”。1961年，她主演的《两妇人》获得巨大成功，她因此而荣获奥斯卡最佳女演员金像奖。

每个人都是一个独立的自我，每个人都有自己的优点和缺点，世上绝对没有十全十美之人，但一个人如果能了解自己的优点和缺点以及这些优点和缺点在不同时空对你所具有的意义，那就差不多接近十全十美了。

完美的未必是最好的

很多人做事时总是追求一种完美，从而导致在一件事情上虚耗太多的时间和精力。事实上，完美不一定是最好的，我们应该改变自己的思维模式，灵活机智地处理事情。

日本人仓冈天心所写的《茶之书》中，有这么一则有趣的故事：

茶师千利休让儿子少庵打扫庭园，当儿子认认真真完成工作的时候，茶师却说：“不够干净。”要求他再重新打扫一次。于是少庵又花了两个小时的时间扫园，然后他说：“父亲，已经扫完了，石阶洗了三次，石灯笼也擦拭多遍。树木冲洒过了水，苔藓上也闪耀着翠绿，没有一枝一叶留在地面。”

茶师却斥道：“傻瓜，这不是打扫庭园的方法，这像是洁癖。”说着，他步入园中，用力摇动一棵树，抖落一地金色、红色的树叶，说：“打扫庭园不只是要求清洁，也要求美和自然。”

千利休这样做其实是训诫儿子做事不要苛求完美，过于完美不仅违背自然，也往往使我们离完美更远。

因此，在现实生活中，保持中庸与平常心是很重要的。勤劳、自我要求高原本是美德，但一旦要求到了十全十美的程度，就成了苛求，既不能得到修身养性的益处，心情也不会愉快。

很多人都看过谢尔·希尔弗斯坦画的一幅名为《缺失的一角》的寓言。

由于缺了一角，它总是不快乐，于是动身去寻找那失落的一角。它唱着歌向前滚动，其间有苦有乐。它因为缺了一角，不能滚得太快，它和小虫说话，闻花香，蝴蝶还站在它头上跳舞。它经历了很多，也碰到很多失落的一角，可是有的太小，有的太大，有的太尖，有的太钝……终于它找到了恰到好处的一角，太合适了！它高兴极了，因为再也不缺一角了，它滚得很快，快得都不能停下来了，它不能和小虫说话，也不能闻花香，蝴蝶也不站到它头上了……它累了，于是把那一角轻轻放下了，从容地向前滚动着……

我们每个人都是缺少了一角的，那缺失的一角，也许不够可爱，但那也是生命的一部分，我们要正视它的存在。正因为我们缺失了那一角，我们必须去认识、去找寻、去完善，那样才会丰富多彩。

有遗憾、缺陷，这才是真实的人生，完美主义者根本一开始就在做一个不可能实现的梦。我们应该把完美的肥皂泡带人梦乡，把做人的实际还原于生活的残缺。

有一位著名的小提琴家声称，自己每天晚上必定要故意拉错一个音符，因为“过于完美会让上帝嫉妒”。而一位著名诗人也曾说，面前同样的两名美女，他宁愿选择那个鼻子上带有一点小雀斑的女孩，因为她的魅力就在那一小块缺陷上。

所有这些事实都告诉我们，有缺憾的美才是真正的美，而过于完美的美则不再是美。

生活中的我们如果一切都很完美，没有缺憾、缺失、缺陷，那我们就不知道自己怎么发展，怎么完善，那一生都不会有太大的改变，也就没有多彩的人生。从这个角度来说，完美就成了不完美。所以我们应该感谢不完美的存在，因为有了它，才使我们的生活有了目标，有了动力。

生活不需要太完美

生命的残缺，如同罗丹的维纳斯雕像一样，正是因为有了断臂的缺陷而变得更加典雅特别，美丽动人，而且美得更意外，美得更趣味盎然，美得更令人心醉神迷。

生活总有这样那样的缺陷，实际上，缺陷也是一种美，缺憾和损伤通常是我们进入另一种美丽的契机。不美只是生活的一部分，拥有缺陷是人生另一种意义上的丰富与充实。任何人都有缺点，重要的是看你如何看待它，如果能将这些"缺点"转化为"优势"，将个"优势"好好发挥并运用，就能得到更好的效果。其实，有些缺点也许恰恰在不经意间铸就了另一种人生。

这是一个来自越战归来的士兵的故事。他从旧金山打电话给他的父母，告诉他们："爸妈，我回来了，可是我有个不情之请。我想带一个朋友同我一起回家。""当然好啊！"他们回答，"我们很欢迎他的到来。"

不过儿子又继续下去："我要告诉你们的是，他在越战里受了重伤，少了一条胳臂和一只脚，他现在走投无路，我想请他回来成为我们家庭中的一分子，和我们一起生活。"

"儿子，我很遗憾，不过或许我们可以帮他找个安身之处。"父亲又接着说，"儿子，你知不知道自己在说些什么。像他这样残障的人会对我们的生活造成很大的负担。我们还有自己的生活要过，不能就让他这样破坏了。我建议你先回家然后忘了他，他会找到属于自己的生活。"

就在此时儿子挂电话，他的父母再也没有他的消息了。

几天后，这对父母接到了来自旧金山警局的电话，告诉他们亲爱的儿子已经坠楼身亡了。警方相信这只是单纯的自杀案件。于是他们伤心欲绝地飞往旧金山，并在警方带领之下辨认儿子的遗体。

那的确是他们的儿子，但惊讶的是，儿子居然只有一条胳臂和一条腿。

故事中的父母就和我们大多数人一样，难以接受和原谅生活中的缺陷，这自然让人失去很多美好的东西。人生不可能太圆满，正视缺陷，它或许能将我们带人另一片风景。所以，我们可以选择走出不完美的心境，而不是在不完美里哀叹。假如我们一味地追求所谓的完美，就不可能轻轻松松地面对生活了。

生活本身并不完美，而完美主义者最普遍的思维方法是“要么全有，要么全无”。研究表明，这种强迫性的完美主义不利于人的心理健康，也会影响工作效率和人际关系，甚至会导致人的自尊心受到严重损害，以致自我挫败。

完美主义者以非逻辑、歪曲的思维方法看待生活。在人际交往中，他们常常会感到孤独，这是因为他们害怕自己的意见不被采纳，使自己的完美形象受到影响。他们总是为自己的言行辩解，对别人却品头论足，指指点点。这样的做法常常伤害别人，影响朋友、同事之间的关系，导致他们陷入孤独的境地。

从前，有位渔夫从海里捞到一颗晶莹剔透的大珍珠。他非常高兴，爱不释手，但美中不足的是珍珠上面有个小黑点。渔夫想，如果能够把小黑点去掉，珍珠将完美无瑕，变成无价之宝。于是渔夫剥掉一层壳，但黑点仍旧存在；再剥一层，黑点还在；一层层地剥到最后，黑点终于没有了，但是珍珠也不复存在了。

从故事中我们看到，渔夫想得到的是完美，但在他消除了所谓的不足时，美也消失在他追求完美的过程中了。其实，有黑点的珍珠只是白璧微瑕，而且正是其不着痕迹、浑然天成的可贵之处。这种美，美得朴实，美得自然，美得真切。

在美国，《独立宣言》是广受尊重的历史文件，其地位也许仅次于《联邦宪法》。《独立宣言》的原件珍藏于华盛顿国家档案馆，是美国的无价之宝。

然而这样一份神圣的、庄严的文件，有谁能料到，其中竟有两处“缺憾”。

原来，当初这份文件成稿以后，大家发现遗漏了两个字母，但是，没有人认为应该重新抄写一遍，只是在行间把这两个字母加了上去，并打上了“八”符号。在上面签字的56名美国精英，并未因此认为这有辱于这份赋予国家自由的文件的圣洁。

因此，要求自己时时保持完美是一种残酷的自我主义。人生并没有真正的完美，我们要以一颗宽容之心与原谅那些所谓的“不完美”。

完美是一种理想，是一种虚幻的境界。在现实当中，如果对人对己都以完美为标尺，将会受到无情的打击。因为它限制你的前进，剥夺你获得甜美生活的权利和机会，使你无法过正常人的生活。

缺陷也是一种价值

卡耐基曾经说过：一种缺陷，如果生在一个庸人身上，他会把它看作是一个千载难逢的借口，竭力利用它来偷懒、求恕、懦弱。但如果生长在一个有作为的人身上，他不仅会用种种方法来将它克服，还会利用它干出一番不平凡的事业来。霍金就用自己的成功经历印证了这句话。

霍金教授在21岁的时候，他被确诊患有罕见的、不能治愈肌萎缩性脊髓侧索硬化。1963年，医生说他只能活两年半。并且随着病情的恶化，他将失去所有的活动能力。然而，这种致命的打击并没有击倒霍金，他也并没有因为自己丧失所有活动能力而否认自己的价值。霍金曾自嘲道：“幸亏我选择了理论物理学，因为研究它用头脑就可以了。”霍金虽然不能用笔和纸工作，却因借助描绘在纸上的精神图像表达他的思想而得到补偿。霍金的方法使较传统的需要假说、实验和观测的科学方法更加直觉。由于霍金无法发声，他只能借助声音合成器来发声，这一组合十分费力，所以他的讲演风格既简练又准确，没有其他讲演者频繁使用的矫揉造作，从而赢得了更加广泛的喝彩。

在生活中，我们都有这样或是那样的缺点、缺陷，然而，只要我们有信心，通过自身不懈的努力，就一定能克服自身的障碍，找到生活的意义。

张海迪5岁时因患脊髓血管瘤，高位截瘫。她因此没进过学校，童年起就开始以顽强的毅力自学知识，她先后自学了小学、中学和大学的专业课程。

1983年，张海迪开始走上文学创作的道路，她以顽强的毅力克服病痛和困难，精益求精地进行创作。她的作品在社会上在青少年中引起很强的反响，长篇小说《轮椅上的梦》已在日本，韩国出版。她曾三次应邀出访过日本，韩国，举办演讲音乐会，她自强不息的奋斗历程也鼓舞着不同民族的人们。

有的人常常把自己的注意力放在自己的缺陷和缺点上，自然而然地就觉得自己不够好，很自卑。这种人总是觉得自己的生活不圆满，这也不如意那也不舒心，于是导致自己心情抑郁、觉得生活无味。

实际上，缺陷也是一种价值，缺憾和损伤通常是我们进入另一种美丽的契机。不美只是生活的一部分，拥有缺陷是人生另一种意义上的丰富与充实。任何人都有缺点，重要的是看你如何看待它，如果能将这些“缺点”转化为“优势”，将个“优势”好好发挥并运用，就能得到更好的效果。其实，有些缺点也许恰恰在不经意间铸就了另一种人生。

一个终日消沉的艺术家说：“如果我没有完美主义，那我只是一个平平庸庸的人，谁愿意空活百岁，碌碌无为呢？”这位艺术家把完美主义看成了自己为取得成功必须付出的代价。他相信实现完美是他达到理想高度的惟一途径。但是实际情况呢？他对失败的恐惧使他做事都如履薄冰，他的作品总是缺乏一种艺术的力度。

人生并没有真正的完美，完美只是在理想中存在。刻意去追求完美会使人疲惫不堪。而正是因为有了残缺，我们才有希望，才有梦想。当我们为希望和梦想而付出努力时，我们就会发现缺陷自有它的美丽之处。

缺陷不一定都是坏的，有可能就是你的长处和优点，只要会利用，可能还会给你带来意想不到的效果，但是，前提是你必须要正视缺陷，不要因为缺陷而自卑，不要让缺陷成为成功路上的“绊脚石”。

面对缺陷不自卑

自卑是一种常见的心理现象，严重时可构成心理障碍，这种心理对人们迈向成功是有害无益。正如《圣经》所言：狂妄的人有救，自卑的人没有救。

自卑心理有时往往缘于自身的缺陷和弱点，比如：身材缺陷、生理缺陷等。其实，人无完人，每个人都不是十全十美的，都有这样那样的缺陷和不足，坦然面对有时比遮遮掩掩更好。

美国著名演说家罗伯特，头秃得很厉害，在他头顶上很难找到几根头发，在他过60岁生日那天，有许多朋友来给他庆贺生日，妻子悄悄地劝他戴顶帽子，罗伯特却大声说：“我的夫人劝我今天戴顶帽子，可是你们不知是光着秃头有多好，我是第一个知道下雨的人！”人们都为他的幽默、坦然、大度所感染，现场气氛变得异常轻松、愉快。

人有了自卑感，心理很容易失衡，但是我们从不少人身上发现，人因为某一部分的缺陷产生自卑感，同时也会产生出一种不断弥补自己弱点的本领。

十几年前，她在北京的一所大学里上学，大部分时间，她都在自卑中度过。她疑心同学们在暗地里嘲笑她，嫌她肥胖的样子太难看。她不敢穿裙子，不敢上体育课，大学结束的时候，她差一点儿毕不了业，不是因为功课太差，而是因为她不敢参加体育长跑测试。老师说：只要你跑了，不管多慢，都算你及格。可是她就是不敢跑，她想跟老师解释，她不是抗拒，而是因为恐惧，恐惧自己肥胖的身躯跑起来一定非常的笨拙，非常的难看，一定会遭到同学们的耻笑。可是，她连跟老师解释的勇气都没有，茫然不知所措，只能傻乎乎地跟着老师走，老师去哪儿，她就去哪儿，老师回家做饭，她就跟着老师去做饭……最后老师烦了，勉强算她及格。她，就是现在中央电视台的著名节目主持人，经常面对全国几亿电视观众侃侃而谈，是完全靠自己的才气而丝毫没有凭借外貌走上中央电视台主持人岗位的——张越。

每个人都是既有优点、又有缺点的。自卑者要学会正确看待自己的优缺点，努力发现自己的可爱之处，强化自己的长处，弥补自己的短处，这样才能一步步走向成功。其次，要转移自己的注意力，不要老盯着自己的弱项和失败，而应将注意力和精力集中到自己最感兴趣最擅长的事情上，从中获得的乐趣和成就感将强化你的自信，驱散自卑的阴影，缓解心理压力和紧张情绪。

从另一个方面弥补自己的弱点也可以战胜自卑。社会的需要和分工万象纷呈，总有适合自己的工种。一个人这方面有缺陷，便可从另一方面谋求发展。一个身材矮小过于肥胖的人，可能当不成模特，可是这世界上对身材没有苛刻要求的工作多的是。只要拥有这种积极心态，才有可能将自己的某种缺陷转化为自强不息的推动力量。这方面的事例数不胜数，如下肢瘫痪的罗斯福、身材矮小的拿破仑、身短耳聋的贝多芬、少年坎坷艰辛的巨商松下幸之助、霍英东、王永庆，这些人要么有自身缺陷，要么有家庭缺陷，但他们都超越了缺陷，成了成功的人。克服缺陷，才能战胜自卑，才能使自己得到更大的发展。大凡在事业上做出突出成绩的人，在这方面都是做得很好的。

日本前首相田中角荣天资聪慧，但在中学时患有口吃的毛病，这给他带来很大的苦恼，他还因此变得孤僻、羞怯和自卑。有一次上课，他的同桌把一根粉笔扔向讲台，老师误以为是田中角荣干的，他站起来为自己辩解。但又气又恼说不清楚，同学们都笑了起来，田中角荣面红耳赤不再说话。老师认定是他做错了又不承认，所以处罚了他。这件事对田中刺激很大，他回家后，分析自己口吃的原因主要还是源于个人的紧张和胆怯。从此，他常常鼓励自己在公共场合发言，主动参加话剧演出，并经常练习，终于克服了口吃的毛病，为他以后的成功奠定了基础。

坦然面对自己缺陷的人是强者，也是智者，他们摒弃了不必要的自欺欺人，选择从容与毫不畏惧的态度，于是幸运才会降临到他们的身上。总之，缺陷不是绊脚石，缺陷是人成长和收获的一个契机，如何把握全靠自己。

取长补短

宋朝诗人卢梅坡的《雪梅》诗写道："梅雪争春未肯降，骚人阁笔费评章。梅须逊雪三分白，雪却输梅一段香。"

梅雪争春，究竟哪个美？其实是无法加以评论的。纷纷扬扬、自天而降的雪是那样洁白无瑕，"凌寒独自开"的梅那样淡雅、清香，它们以各自的特长共同装点了冬季的大自然。

世界上各种事物都是这样，从不同的角度看，各有所长，又各有其短，唯有互相取长补短，才会相得益彰，各显千秋。

生活在大千世界的各色人等都有自身的长处与不足，如果能取人之长，补己之短，并将这一行为当作习惯运用在日常生活中，必然会不断地提升、完善自己，使自己强大起来。

《吕氏春秋·不广》中记载了一种前腿如鼠，后腿如兔的奇怪动物——蛩蹶，长短不一的脚使它举步维艰。但它却经常利用自己的利齿采噬植草给一种叫蛩蛩距虚的动物，这种动物没有利齿，却有强壮的四肢，在每次山火到来时，蛩蛩距虚便把蛩蹶负于背上，共同逃难。

动物这种取长补短，互相合作的生存哲学未尝不是一种智慧，更是获取成功的不二法门。历史上多少成功的范例证明：只有养成向他人学习，取长补短的好习惯，才能充分发挥自身优势，利用他人的优势来弥补自己不足，才能在社会中取得成就。

丹麦天文学者第谷有出色的观察能力，他花了很长时间观测行星的位置，遗憾的是他不擅长理论研究，结果得出了许多错误的结论。后来，第谷请了德国天文学家开普勒做助手，开普勒观察技术不如第谷，但很有理论研究才华。结果开普勒在第谷精密观察的基础上，通过自己深刻的理论研究，终于发明了行星运动的三定律。显然，离开了开普勒，第谷的观察材料或许派不上用场；离开了第谷，开普勒也不会有这样伟大的发现。正是这两位学者结合在一起，互相取长补短，才在天文学领域做出了卓越的贡献。

歌德与席勒的友情是足以照彻欧洲文学史半边天空的传奇。年长成熟的歌德给了席勒安定的呵护，而年轻激越的席勒给了歌德新的创作热情，于是《浮士德》跃出水面，它的光焰穿过历史的黑暗点亮了今天的天空。

倘若没有魏玛城中的相遇、相知、相辅相成，歌德也许仍限于繁杂的政务中，而席勒也许已在困窘的生活面前湮没无闻。无法想象，没有他们，19世纪的文化星空将会黯淡到何等地步。更无法想象，他们若是走上互相牵绊的歧途，历史又会是如何面目。

一个人若想成功，取他人之长，补己之短是必然的，同样，一个民族一个国家要想强盛，也应当学习借鉴别国的长处。中国，一条原本昂首于世界之巅的国家，却因为闭关锁国成了列强口中的肥肉，于是在西方舰炮的轰击下，腐朽的清政府也有人喊出了“师夷长技以制夷”的口号。新中国成立之后，明智的中国人更加明白了“巧借它物，补己之短”的重要性，于是改革开放、吸引外资，促进了中国的繁荣、富强和发展。

总之，世界上任何事物都不是完美的，如果抱残守缺、故步自封，将无法成就自己。只有取长补短，才能由弱变强、由小变大、由不足变完善，这是成功的有效方法。

理解好“取长补短”对你有百利而无一害的，他是你的好朋友，是你的良师益友。有了他会让你离成功更近一些，会帮助你更好地实现你的目标和理想。所以你要深深地把握他，让他与你不离不弃，成为你的知己。

用人中的长短哲学

一位专门从事人力资本研究的学者说过这样的话：“发现并运用一个人优点，你只能得60分；如果你想得80分的话，就必须容忍一个人的缺点，发现并合理利用这个人的缺点和不足。”这话既有新意，又富哲理。

扬长避短是用人的基本方略。然而，在现实生活中，人的长处和短处并不是绝对的，没有静止不变的长，也没有一成不变的短。在不同的情景和条件下，长与短都会向自己的对立面转化，长的可以变短，短的可以变长。这种长与短互换的规律，是长短辩证关系中最容易被人忽视的一部分。用人的关键并不在于用这个人而不用那个人，而在于怎样使自己的每个下属都能得到最适当的位置发挥最大的潜能。因此，一个开明的管理者应学会容忍下属的缺点，同时积极挖掘他们的优点，尝试用长处弥补短处，使每个人都能发挥专长。有人性格倔强固执己见，但他同时颇有主见，不会随波逐流，轻易附和别人意见；有人办事缓慢，手里不出活，但他同时往往办事有条有理，踏实细致；有人性格不合群经常我行我素，但他同时可能有诸多发明创造，甚至硕果累累。管理者的高明之处，就在于短中见长，善用其短。

唐朝大臣韩愰门下有一位书生，此君平时不善言谈，不懂世故，脾气古怪，在众多门生当中他显得非常平庸，但韩愰却从这位书生不通人情世故的短处中，看到了他铁面无私、刚直不阿的长处，于是任命他为“监库门”。此君上任之后，恪尽职守，库亏之事极少发生。

清代有位将军叫杨时斋，他认为军营中没有无用之人。聋子，安排在左右当侍者，可避免泄露重要军事机密；哑巴，派他传递密信，一旦被敌人抓住，除了搜去密信之外，再也问不出更多的东西；瘸子，命令他去守护炮台，坚守阵地，他很难弃阵而逃；瞎子，听觉特别好，命他战前伏在阵前窃听敌军的动静，担负侦察任务。杨时斋的用人观点虽然有夸张之嫌，但却诠释了这样一个道理：任何人在短处之中肯定蕴藏着可用的长处。

现代企业中善用人短的企业家也大有人在。松下电器公司副总经理中尾哲二郎就是松下先生善用人短的例证。

中尾原来是由松下公司下属的一个承包厂雇用来的。一次承包厂的老板对前来视察的松下幸之助说：“这个家伙没用，尽发牢骚，我们这儿的工作，他一样也看不上眼，而且尽讲些怪话。”松下觉得像中尾这样的人，只要给他换个合适的环境，采取适当的使用方式，爱发牢骚爱挑剔的毛病有可能变成敢于坚持原则、勇于创新的优点，于是他当场就向这位老板表示，愿让中尾进松下公司。中尾进入松下公司后，在松下幸之助的任用下，果然弱点变成了优点，短处转化为长处，表现出旺盛的创造力，成为松下公司中出类拔萃的人才。

听说我国南方有这样一位厂长，他让爱吹毛求疵的人去当产品质量管理员；让谨小慎微的人去当安全生产监督员；让一些斤斤计较的人去参加财务管理；让爱道听途说传播小道消息的人去当信息员；让性情急躁争强好胜的人去当青年突击队长……结果，这个工厂变消极因素为积极因素，大家各司其职，各尽其力，工厂效益成倍增长。

任何人有其长处，就必有其短处。人的长处固然值得发扬，而从人的短处中挖掘出长处，由善用人长发展到善用人短，这是用人的最高境界。长短互换的规律告诉我们，任何时候对任何一个人都不要僵化地看待，不要静止地看待一个人的长处和短处，要积极地创造使短处变长处的条件，同时也要防止长处变短处的情况发生。

每个人都没有永恒的劣势，巧妙地把“劣势”转换成“优势”，就能创造出意想不到的效果。优秀的管理人了解了员工的优缺点，把他们安排在合适的工作岗位，让长处发挥其所长，让短转化为长处，就能达到用人的最高境界。